同感、他人与道德

从现象学的观点看

张浩军 著

生活·讀書·新知 三联书店

图书在版编目（CIP）数据

同感、他人与道德：从现象学的观点看/张浩军著．—北京：
生活·读书·新知三联书店，2024.1
ISBN 978-7-108-07731-8

Ⅰ．①同…　Ⅱ．①张…　Ⅲ．①现象学　Ⅳ．① B81-06

中国国家版本馆 CIP 数据核字 (2023) 第 195070 号

责任编辑　李静韬
装帧设计　薛　宇
责任校对　曹忠苓
责任印制　李思佳
出版发行　生活·讀書·新知 三联书店
　　　　　（北京市东城区美术馆东街 22 号 100010）
网　　址　www.sdxjpc.com
经　　销　新华书店
印　　刷　河北松源印刷有限公司
版　　次　2024 年 1 月北京第 1 版
　　　　　2024 年 1 月北京第 1 次印刷
开　　本　880 毫米 × 1230 毫米　1/32　印张 12.75
字　　数　286 千字
印　　数　0,001－1,500 册
定　　价　88.00 元
（印装查询：01064002715；邮购查询：01084010542）

献给我的女儿

张熙宁

目 录

序

　　哲学问题与其他所有学科的问题不同，它们属于基础性的问题。与其他学科的问题更为不同的是，哲学问题往往是不断深入的。也就是说，既有可能"往前走"，也有可能"向后退"，不断地"面向事情本身"，往往是一个问题引出新的问题，所以哲学家们总是走在解决问题的道路上，这大概就是"哲学史是问题史"的含义。基础性的问题虽然看起来离现实生活很远，却又与现实生活息息相关，哲学思考的乐趣即在于此。

　　"同感"（Einfühlung）问题就是这样的哲学问题。

　　虽然"同感"是一个很晚才出现的概念①，但是与此相关的问题十分古老，或许可以说与人类的历史一样悠久。从哲学上说，哲学从诞生起便要求获得关于宇宙的知识，自然哲学众说纷纭，智者以"人（个人的感觉）是万物的尺度"动摇了知识的基础，乃有苏格拉底－柏拉图以理念论确立了思想与存在的同一性，貌似忽略了人与人之间的"同感"问题，而以理性（思想）来实现同一性。近代哲学的创始人笛卡尔虽然"发现"了一切认识活动的逻辑前提——我思，但是他仍然延续着理性（思想）的普遍性立场。直到黑格尔为止的古典哲学乃以大写的理性作为个体理性的基础和根据，亦以大写的主体作为个人主体的基础和根据，仿佛个体理性之间的关系及个人主体之间的关系，全然不是问题，至少个人

---

① 　参见张浩军：《同感、他人与道德》，前言。

1

主体或个体理性被"淹没"在普遍的主体或普遍的理性之中，由此而构成理性的神话或主体的神话。

可以说，直到胡塞尔，哲学家们才真正自觉地提出"交互主体性"的问题。正如张浩军教授《同感、他人与道德》的副标题"从现象学的观点看"所示，这部学术著作的问题意识、方法论原则以及核心概念，或直接或间接，基本上都是围绕胡塞尔现象学而形成和展开的。

"同感"、"他人"和"道德"这三个关键词，核心是"同感"，"他人"与"道德"则是"同感"的应有之义，本质上都与"交互主体性"相关。张浩军教授首先考察了 Einfühlung 与 Sympathie 这两个概念，此前他在翻译施泰因的 *Zum Problem der Einfühlung*[①] 时，将 Einfühlung 译作"移情"，而现在这部学术专著则改译为"同感"，或许是受到倪梁康教授的影响。按照张浩军教授的考察，从西方思想史来看，对"同感"的理解形成了四条基本的进路：同感美学、同感心理学、同感伦理学和同感现象学。他所做的工作，既是梳理这四条进路和相互之间的关系，也是从现象学的角度审视同感美学、同感心理学和同感伦理学，一如本书的副标题——"从现象学的观点看"。鉴于"同感"理论的重要代表利普斯展开了同感理论的三个面向：同感美学、同感心理学和同感伦理学，胡塞尔借用了利普斯的同感概念，并且在与利普斯争辩的过程中形成了"交互主体性"的理论，因此作者在此背景之下，深入讨论了精神分析语境中的"移情"，施泰因从现象学立场对同感的考察，舍勒对同情的本

---

① 参见艾迪特·施泰因：《论移情问题》，张浩军译，上海：华东师范大学出版社，2014 年。

质与形式的分析，舒茨对同感、他人与主体间性问题的研究，列维纳斯的他人伦理学及同感与道德的关系。书中对于同感、他人与道德进行了比较系统的现象学考察，本书应该是相关研究领域中第一部比较全面、深入而且深刻的学术专著。

正如张浩军教授在第八章的结语中所说，同感以及与之相关的种种问题构成了众多学科的研究主题，在诸研究中，现象学、神经科学和道德心理学取得的成果尤为显著，也在理论和实践上对彼此产生了十分重要的影响。由此，现象学的同感理论就与神经科学和道德心理学的同感理论处于一种紧张关系之中。如何将现象学的同感理论与神经科学和道德心理学的同感理论协调起来，或者说，现象学如何从神经科学那里获得有益的借鉴，并为道德心理学的同感理论找到合理的根据，这是一个有待进一步研究和解答的理论难题。由此可见，张浩军教授关于同感的研究，始于问题，也终于问题，并且将之带入前沿领域之中，衷心希望他将相关的问题继续追问下去。

现象学经过倪梁康、孙周兴、靳希平等诸位教授的多年努力，成为国内西方哲学研究领域的"显学"。若干年前，北京大学哲学系的靳希平教授和张祥龙教授荣休，倪梁康教授戏言长江以北没有现象学了。虽是戏言，但是的确现在现象学研究的重镇主要在南方。我对现象学非常感兴趣，属于半路出家，半瓶子醋，门下一些弟子对现象学的研究都比我精深。张浩军教授研习现象学有年，算是他的"童子功"，他的博士论文《从形式逻辑到先验逻辑——胡塞尔逻辑学思想研究》（首都师范大学出版社，2010年）深受好评，他也参加了由倪梁康教授主持的《胡塞尔文集》的翻译工作，是胡塞尔《形式逻辑与先验论逻辑》的译者（即将出版）。近年来，随着一些海外归国学子的加盟，北方的现象学研究有了一批年轻有为的青年学人，可喜可贺。

值此张浩军教授新作出版之际，遵嘱为序。

张志伟

2022 年 12 月 2 日

前　言

一

　　"同感"（Einfühlung）是一个很晚近的概念，直到 18 世纪才由德国人发明。它最早源于"同感美学"（Einfühlungsästhetik），旨在刻画人的审美体验的本质，因此同感首先是一个美学概念。同感美学发端于由约翰·G.冯·赫尔德（Johann G. von Herder, 1744—1803）、约翰·沃尔夫冈·冯·歌德（Johann Wolfgang von Goethe, 1749—1832）、诺瓦利斯（Novalis, 1772—1801）和让·保罗·里希特（Jean Paul Richter, 1763—1825）等人开创的德国浪漫主义文学，奠基者是费舍尔父子，即弗里德里希·特奥多尔·费舍尔（Friedrich Theodor Vischer, 1807—1887）和罗伯特·费舍尔（Robert Vischer, 1847—1933），集大成者是特奥多尔·利普斯（Theodor Lipps, 1851—1914）。德国浪漫主义者将同感看作"自然的生命化以及人与世界灵魂之间的泛神论的融合"[①]，弗里德里希·特奥多尔·费舍尔（以下称老费舍尔）吸收了格奥尔格·W.F.黑格尔（Georg W. F. Hegel, 1770—1831）"自然人化"的观念，用"象征主义"来表达同感："象征主义给艺术和自然灌注生气、

──────────

[①]　Earl of Listowel, *A Critical History of Modern Aesthetics*, London/New York: Routledge, 2016, p. 188.

1

给事物赋予我们自己的灵魂和心情"①。罗伯特·费舍尔（以下称小费舍尔）把同感看作"将主观感受投射到客观事物中去的审美活动过程"②。利普斯把同感看作自我的一种移置（Versetzen），即把我们亲身体验到的东西，我们的力量感，我们的努力、意志、主动或被动的感受，移置到外在于我们的物体中去，移置到在这些物体身上发生的或与它们一起发生的东西中去，从而赋予对象以生命和情感。③

　　作为同感理论最重要的代表，利普斯展开了同感的三个理论面向：同感美学、同感心理学和同感伦理学。他把同感分为审美同感和实践同感，前者导向的是同感美学，而后者导向的则是同感心理学和同感伦理学。同感美学的对象一般是"物"，而同感心理学和同感伦理学的对象则是"人"，更确切地说，是"他人"。同感美学认为，我们的审美体验本质上是一个同感的过程，同感就是将非人的无生命或有生命对象"人化"。同感心理学认为，他人不是一般意义上的物理对象，我们只有通过同感才能进入他人的心灵世界，才能把他人真正"构造"为他人。他人是自我的一种投射和特殊类

---

① Earl of Listowel, *A Critical History of Modern Aesthetics*, p. 54. 据《哲学历史词典》，同感美学的观念是由老费舍尔于 1843 年构想出来的。参见 Joachim Ritter, hrsg., *Historisches Wörterbuch der Philosophie*, Band 2, Basel: Schwabe & Co. AG., 1972, S. 398.

② 倪梁康:《关于几个西方心理哲学核心概念的含义及其中译问题的思考（一）》，载于《西北师大学报》2021 年第 3 期，第 45 页。

③ Theodor Lipps, *Raumästhetik und geometrisch-optische Täuschungen*, Leipzig: Barth, 1897, S. 6.

型的双重化（Verdoppelung）。[①] 同感伦理学认为，人天生具有同感的能力，而同感是同情的充分条件，对他人的同感始终会驱使我们采取利他的道德行动。[②]

利普斯同感理论最大的问题是将同感理解为"投射"。在审美同感中，我欣赏和享受的对象是我自己："在对美的客体进行审美观照时，我感到自己充满活力、自由、自豪。但是，我之所以产生这样的感受，不是因为我面对客体或者与客体相对而立，而是因为我就在客体之中。"[③] 因此，审美欣赏本质上是一种自我欣赏。真正的审美对象不再是单纯的自然物体或人工制品，而是被"对象化"了的人格自我。从同感心理学的角度来看，他人是自我的创造物（geschaffen），是我的一种"投射"（Projektion）、"映射"（Spiegelung）、"辐射"（Hineinstrahlung）的产物。[④] 我是他人的原型，他人是我的副本（counterpart）。如果他人只是我的复制品，那么我认识的也永远只是我自己而非真正的他人。进而，从同感伦理学的角度来看，我对"他人"的同情、我的利他行为也无非是一种"自爱"而已。

---

① Theodor Lipps, „Einfühlung und Altruismus," in *Schriften zur Einfühlung. Mit einer Einleitung und Anmerkungen*, hrsg. von Faustino Fabbianelli, Baden-Baden: Ergon Verlag, 2018, S. 212.

② Ibid., S. 218.

③ Theodor Lipps, „Einfühlung, innere Nachahmung, und Organempfindung," in *Archiv für die gesamte Psychologie: Organ d. Deutschen Gesellschaft für Psychologie*, hrsg. von E. Meumann, Band 1, Frankfurt, M.: Akad. Verl.-Ges., 1903, S. 186; 转引自 Theodor Lipps, *Schriften zur Einfühlung. Mit einer Einleitung und Anmerkungen*, hrsg. von Faustino Fabbianelli, Baden-Baden: Ergon Verlag, 2018, S. 36.

④ Theodor Lipps, „Einfühlung und Altruismus, " S. 212.

二

从同感理论的历史效应来看，除了同感美学之外，其第二个最重要的理论贡献是对他人问题的解答。所谓他人问题，在我看来包含三个基本的向度：（1）从存在论上来说，他人是如何存在的？他人具有什么样的存在地位？（2）从认识论上来说，他人是谁？他人是如何被我认识的？（这个问题在当代心灵哲学中被表述为"他心认知"问题。）（3）从伦理学上来说，他人与我，何者优先？

"他人"在近代哲学直至德国古典哲学中，似乎从来都不是一个"问题"，因为"普遍理性主体消融了他者"。[①] 恰如莫里斯·梅洛－庞蒂（Maurice Merleau-Ponty，1908—1961）所说，由于伊曼纽尔·康德（Immanuel Kant，1724—1804）的批判哲学试图从世界场景出发，探求被众多经验自我所分享的这个共同世界得以可能的条件，并且在这些经验自我全都分有但却并未使其有任何减损以至消亡的先验自我中找到了这一可能性的条件，所以，关于他人认识的问题就始终没有在康德哲学中被提出来。换言之，由于作为普遍的理性主体，先验自我既是（包括）他人的我，也是（包括）我的我，它已经独自解答了关于世界之可能性的问题，因此我们再无须追问"谁在沉思"这个问题。[②] 相反，随着19世纪下半叶心理学的兴起和20世纪初现象学的创生，"意识觉醒了"[③]，他人问题

① 杨大春：《感性的诗学：梅洛－庞蒂与法国哲学主流》，北京：人民出版社，2005年，第326页。
② 梅洛－庞蒂：《知觉现象学》，杨大春、张尧均、关群德译，北京：商务印书馆，2021年，"导论"，第99页。
③ 同上。

逐渐成了意识科学和意识哲学的一个核心问题：他人作为一个不同于我的意识主体是如何存在的？我们如何认识他人（心）？如何证明我所认识的他人（心）就是他人（心）本身？他人（心）可以直接认识或直接通达吗？正是由于上述问题的提出，心理学家和现象学家必须为他人的存在（认识）提供证明，以至于被阿尔弗雷德·舒茨（Alfred Schütz, 1899—1959）讥讽为哲学的另一个丑闻。[①]

19世纪末20世纪初，哲学家们主要是通过类比推理理论（Die Analogieschlußtheorie）和同感理论处理他人问题的。[②] 类比推理理论的代表人物是心理学家本诺·埃尔德曼（Benno Erdmann，1851—1921）和哲学家约翰·斯图尔特·密尔（John Stuart Mill，1806—1873）。他们认为，当我们经验他人时，最先由他人给予我们的东西并不是被赋予了灵魂的身体，而只是物理的、无灵魂的肉体。也就是说，灵魂和肉体是分离存在的，我们无法在他人的肉体中直接感知他人的"我"，我是基于对我自己的心理状态、行为动机、行为方式和后果的理解，通过类比推理来把握他人的"我"的。同感理论的代表人物是利普斯，他认为我们对他人的同感本质上是一种"模仿"（Nachahmung），正是通过模仿，我们在一种"同一化"（identifizieren）的体验中把握到了他人的体验。正因此，

---

① Alfred Schütz, "Begriffs-und Theoriebildung in den Sozialwissenschaften," in *Gesammelte Aufsätze: Das Problem der sozialen Wirklichkeit*, Band 1, Den Haag: Martinus Nijhoff, 1971. 康德在驳斥唯心论时曾经指出，迄今为止的哲学还要一再为外部世界的存在提供证明，这是哲学的一个丑闻。

② Matthias Schloßberger, *Die Erfahrung des Anderen: Gefühle im menschlichen Miteinander*, Band 2, *Philosophische Anthroprologie*, Berlin: Akademie Verlag, 2005. S. 11.

利普斯的同感理论也常常被叫作模仿理论。这种理论深刻影响了后来的美学、心理学和社会认知理论。

他人问题是现象学的核心问题。这个问题首先是由埃德蒙德·胡塞尔（Edmand Husserl, 1859—1988）提出的。胡塞尔之所以提出这个问题，一是为了贯彻其意向性理论，二是为了克服"唯我论"的先验假象（Transzendentaler Schein）。一方面，胡塞尔认为意向性的本质结构是 noesis-noema（意识活动－意识对象），一切的 noema 都是在意识中被"构造"的对象，他人作为 noema，同样需要从意识中获得其"存在"的根据和"认识"的根据。另一方面，当胡塞尔赋予意识（先验自我）以绝对的权利，认为一切对象都是被意识所构造的对象时，就不可避免地陷入"唯我论"。尽管胡塞尔声称，现象学意义上的唯我论，只是一种"假象"（Schein），而且本质上是一种"好的"唯我论，但他仍然有必要说明，自我何以不是一个孤独的"单子"，而是与他人处在一种"共主体的"或"交互主体的"（intersubjective）的关系中。

胡塞尔既反对类比推理，又反对利普斯的同感理论。他反对类比推理，是因为在他看来，人的肉体和心灵并非分离存在的，我们完全可以在他人的肉体中直接感知他人的"我"，他人的"心灵"是通过肉体同时向我"显现"的，我们不是基于对自己的心理状态、行为动机、行为方式和后果的理解，通过类比的方式来把握他人的心灵生活的。我们根本无须也不能通过类比从自我推导出他人。他反对利普斯意义上的同感，是因为在他看来，同感不是自我的"投射"，也不是对他人的"模仿"。尽管胡塞尔批评利普斯的同感理论陷入心理学的谬误，但他仍然借用了利普斯的"同感"概念来说明他人的"构造"过程，因为他终其一生也没有找到一个令其满意的词来刻画他的新思想，而只能"旧瓶装新酒"。

胡塞尔对同感问题的研究始于 1905 年左右，而且主要是在与利普斯的辨析中展开的。[①] 这项研究一直持续到他去世，历经 30 年左右的时间。在耿宁（Iso Kern）主编的三卷本《主体间性现象学》（1905—1935 年）中，收集了胡塞尔几乎所有关于这一主题的论述，包括《笛卡尔式的沉思》中专论同感问题的"第五沉思"的初稿和相关修改文稿。

胡塞尔所谓的同感，是指一个人对另一个人的意识或心灵生活的经验，是以第一人称的形式对另一个意识、心灵或精神的经验生活的深入感受。[②] 他说："在同感中，进行同感的自我经验到其他自我的心灵生活，更确切地说，其他自我的意识。"[③] 胡塞尔的学生艾迪特·施泰因（Edith Stein，1891—1942）对同感问题进行了系统而深入的研究，她说同感"是对异己主体及其体验行为的经验"[④]，是"一种自成一类的经验性行为"（eine Art erfahrender Akte *sui generis*）。[⑤]

可以说，胡塞尔的同感理论在一定程度上克服了类比推理理论和模仿理论的缺陷，在承认他人之绝对外在性和他异性的前提

---

① Cf. Edmund Husserl, *Zur Phänomenologie der Intersubjektivität. Texte aus dem Nachlaß. Erste Teil: 1905–1920.*,Husserliana XIII, hrsg. von Iso Kern, Den Haag: Martinus Nijhoff, 1973, „Einleitung des Herausgebers," S. XXV.

② Cf. Dermot Moran and Joseph Cohen, *The Husserl Dictionary,* London / New York: Continuum Press, 2012, p. 94.

③ Edmund Husserl, *Zur Phänomenologie der Intersubjektivität, Husserliana* XIII, S. 187.

④ Edith Stein, *Zum Problem der Einfühlung*, Freiburg: Herder Verlag, 2002, S. 5.

⑤ Ibid., S. 20.

下，为他人的可通达性和可理解性奠定了理论基础。但是，胡塞
尔以周围世界中的他人为样本、以肉体为中介、以知觉为核心的
意向性分析也存在理论短板和缺陷，同时也招致马丁·海德格尔
（Martin Heidegger，1889—1976）、马克斯·舍勒（Max Scheler，
1874—1928）、舒茨、伊曼努尔·列维纳斯（Emmanuel Levinas，
1906—1995）等哲学家的批评。①

三

作为一种社会性的情感，同感不可避免地将自我与他人关联在
一起。我们对他人的同感只是一种认知意义上的知觉行为，还是
同时也具有一种道德性质，即由于同感到他人的不幸或痛苦，从
而产生对他人的怜悯、同情？从历史上来看，18 世纪的道德感哲
学家最先给出了肯定的回答，即同感是一种道德情感，它可以从
动机上引发道德行为。由于在 18 世纪，empathy（移情 / 同感）
这个概念还没有被发明出来，所以道德感哲学家们通用的概念是
sympathy（同情）。安东尼·沙夫茨伯里（Anthony, the Third Earl of
Shaftesbury，1671—1713）、弗兰西斯·哈奇森（Francis Hutcheson,
1694—1746）、大卫·休谟（David Hume，1711—1776）、亚当·斯
密（Adam Smith，1723—1790）等哲学家普遍认为，同情是人的
一种自然情感，它是道德的基础。

"同情"是一个充满了歧义的概念，它至少包含自然哲学意义
上的同情（也即同感）和道德哲学意义上的同情（怜悯）两种含

---

① 具体的批评详见本书第二章第四节。

义。在前一种意义上，同感 = 同情。或者，反过来，"sympathy/
Sympathie"应该译为"同感"或"共感"（Mitfühlung）。从西方思
想史上来看，早在古希腊哲学那里，就已经出现"sympatheia"这
个概念。这个概念主要被用来刻画宇宙万物的统一性与联系、自然
整体的统一性与联系 [①]，因此，它首先是一个自然哲学的概念。这
种用法一直延续到了 18 世纪的道德感哲学中。而恰恰是在这种哲
学中，sympathy 的另一种含义即道德哲学的含义也涌现了出来。[②]

利普斯深受道德感哲学家特别是休谟的影响，在对同感进行
系统研究的基础上提出，人在本性上是一个利他主义者，天然地
具有对他人的快乐或悲伤产生同感的能力，只要我们意识到自己
与他人是共在的，我们就必然会对他人产生同情，从而采取利他的
行动。[③]

利普斯之后，同感伦理学在当代获得了进一步发展。伦理学家
弗朗斯·德瓦尔（Frans de Waal）、M. 约翰逊（M. Johnson）、劳伦
斯·布鲁姆（Lawrence Blum）都反对以康德为代表的理性主义伦
理学，认为道德情感先于道德原则。当代道德情感主义的最主要代
表当属迈克尔·斯洛特（Michael Slote），他在继承 18 世纪道德感哲
学的基础上丰富和发展了移情理论，将移情看作情感主义伦理学的
核心概念，他基于"移情 - 利他假设"，通过区分一阶移情和二阶
移情，进一步强化了早期道德情感主义的观点，认为移情不仅是道德

[①]　Joachim Ritter und Karlfried Gründer, hrsg., *Historisches Wörterbuch der Philosophie*, Band 10, Basel: Schwabe & Co. AG., 1998, S. 752.

[②]　张浩军:《同感与道德》，载于《哲学动态》2016 年第 6 期，第 73—74 页。

[③]　Theodor Lipps, „Einfühlung und Altruismus," S. 218.

行动的充要条件，而且也是道德评价的充要条件。

鉴于同感与道德这种内在联系，以瓦尔特·赫尔佐克（Walter Herzog）、艾略特·图里尔（Elliott Turiel）、内尔·诺丁斯（Nel Noddings）等人为代表的教育学家、品德心理学家都认为，同感教育、关怀教育应当成为家庭和学校道德教育的核心。[①]

在我看来，将同感看作同情的基础或道德的前提条件是一种误解。同感本质上是自我对他人的心灵或精神人格的理解，它是一种经验性质的认识，是一种特殊类型的知觉行为，而不是一种情感。我们对他人心灵状态的理解与道德并无必然联系。为他人之乐而乐，因他人之悲而悲，或是建立在理解之上的共感（Mitgefühl），或是盲目的感受传染（Gefühlsansteckung），这两种意识状态均与道德无涉。只有对他人的快乐感到痛苦，对他人的不幸感到幸灾乐祸，这样的情感才可能具有道德性而且往往是否定性质的。不过，也不尽然。如果一个正人君子看到恶贯满盈的坏人"起朱楼"，"宴宾客"，日日笙歌、荒淫享乐，从而感到痛苦和愤懑，我们就不能说他的这种情感不道德。进而，如果这位正人君子眼看着坏人"楼塌了"，遭了报应，从而感到高兴和快意，我们同样也不能说他就不道德。就此而言，舍勒的论断是正确的：只有对于本身自在地有道德价值的快乐（或悲伤）、对固有的价值内涵所要求的快乐（或悲伤）所产生的同乐（或同悲），才可能具有道德价值。[②]

---

① 关于这一问题的具体讨论详见本书第八章"同感与道德"。

② Max Scheler, *Wesen und Formen der Sympathie, Max Schelers Gesammelte Werke* Bd. 7, hrsg. von Manfred S. Frings, Bern/München: Francke Verlag, 1973, S. 17. 下引此书皆缩略为"*WFS*"。

同感不等于同情，同情也不等于道德。同情本质上是一种"同悲"（Mitleid），对一个人的快乐表示"同情"不合常理。同情一个人的处境，并不必然意味着在道德上认可一个人的行为，也并不意味着会采取一个道德行动，例如，我们可能会同情一个罪犯（妻离子散、家破人亡），但并不因此而认为他是无辜的，我们对他表示怜悯，但并不一定会帮助他。在同情和道德之间还有一段距离。

同感与道德之间没有必然联系，它是一种"中立的"意识行为，与道德无涉。一个有很强同感能力的人并不一定有很强的同情心，也不意味着他品德高尚。相反，他很可能是一个虐待狂、伪君子。同感教育固然可以提高一个人的感知能力，对他人的处境保持敏感，但并不一定能使他变成一个好人。

四

本书的写作缘于我对同感问题的研究。大约在 2010 年，我开始关注同感问题，此后于 2014 年翻译出版了现象学家艾迪特·施泰因的著作《论移情问题》。为了将现象学对这一问题的讨论与美学、心理学等贯通起来，我将"Einfühlung"译为"移情"，而并没有选择当时已经比较流行的"同感"这个译名。这部译著出版之后，不断有读者与我联系，或是索要电子版的译文，或是就书中的内容进行讨论，这使我对同感问题的兴趣日益浓厚，更加强化了对它的关注和思考。后来在不断的阅读和学习中，我被问题牵引着进入一个更大的思想世界，利普斯、胡塞尔、施泰因、舒茨、舍勒、列维纳斯成了我重点关注的几个现象学家，同感与他人或主体间性、同感与同情、同感与共感、同感与移情（Übertragung/

transference)、同感与道德的关系问题成了我的研究重心。本书的八章内容，也主要是围绕这些现象学家的思想和这些问题展开的，其中个别章节的内容先后在《哲学研究》《哲学动态》《世界哲学》《学术研究》等刊物上发表过，在此也对这些刊物表示感谢！

在第一章，我首先从词源学、思想史和翻译史的角度对本书所涉及的两个核心概念"Einfühlung"和"Sympathie"做了系统的辨析，并对相关的汉语译名做了考察。

第二章，我以利普斯为灵魂人物，梳理了理解同感概念的四条进路，分别是同感美学、同感心理学、同感伦理学和同感现象学。

由于汉语中的"移情"是一个同名异义词，它既可以对应精神分析学中的"Übertragung / transference"，又可以对应心理学和现象学中的"Einfühlung / empathy"，所以，为了澄清二者的区别和联系，我在第三章专门对精神分析中的"移情"概念做了系统论述，尽可能澄清移情与反移情、移情与同感、移情与道德之间的关系。

作为胡塞尔唯一的女弟子，施泰因在其指导下完成了博士论文《历史发展和现象学考察中的同感问题》，她在这篇论文中对同感的本质、心理物体个体的构造、同感对于精神人格的理解、同感现象及其在社会共同体和共同体构成物上的运用、伦理领域中的同感、审美领域中的同感等问题做了系统研究，为了进一步揭示同感的本质，我在第四章专门围绕施泰因的博士论文对相关问题进行了考察。

舍勒是同感理论最重要的批评者，也是现象学伦理学的创建者，他在《同情的本质与形式》中对广义的"同情"概念做了分类考察，并就同情与道德的关系提出了自己的见解。本书第五章以舍勒的思想为核心，对同情与共感、共感与道德、爱与道德的关系做了梳理和论述。

作为现象学心理学的忠实接受者和现象学社会学的开创者，舒茨在《社会世界的意义构成》《胡塞尔的先验主体间性问题》等关键文本中对胡塞尔的同感理论和主体间性理论进行了详细的分析和批判，利用现象学的心理学为精神科学（Geistwissenschaft）的奠基做了有益的尝试。我在第六章围绕舒茨社会世界现象学中的他人问题、舒茨对胡塞尔主体间性理论的批判以及他对精神科学的奠基这三个大的问题进行了考察。

通过建构"同一－他者"模式对主体性哲学和总体性哲学进行了严厉批判的列维纳斯，开创了一门作为第一哲学的他人伦理学或责任伦理学，他对胡塞尔的意识哲学展开批判的同时，也对其同感理论和主体间性理论进行了批判。第七章围绕上述问题对列维纳斯的他人伦理学做了较为系统的论述。

第八章的主题是同感与道德，着重从道德心理学和社会心理学的角度讨论了同感与道德动机、利他主义、道德感知和道德教育的问题。

纵览全书，主要的议题始终集中在"同感"、"他人"与"道德"这三个大的问题上，而且我对这些问题的考察，基本是从现象学视角出发并以现象学理论作为背靠的，因此之故，我将书名定为《同感、他人与道德——从现象学的观点看》。通常来说，前言部分可以看作是对全书主要内容的一个概览或导言，我在上面写下的这些文字也想起到这样的作用。由于全书议题较多，内容繁杂，若想全面了解我的所思所论，还请读者诸君翻阅正文。本书虽是过去近十年以来的研究成果，但因学识和能力有限，难免蜻蜓点水，浮光掠影。错漏不足之处，恳请方家不吝赐教。

本书初稿完成之后，我请朱刚老师、李薇老师和王珅、王继、张杰等学友进行了部分或全文的审读，他们都非常认真地指出了书稿存在的不足，并提出了宝贵的修改意见，在此表示衷心感谢！

本书是我博士论文出版之后的第二部专著，因此，在定稿后，我特意请我的博士导师张志伟教授作序，也算是对我这些年部分研究成果的"检阅"。张老师看完书稿后，慨然应允，令我十分感动。在此也向张老师表达诚挚的敬意和感谢！

我的研究生邓俊杰帮我对文中的引注格式做了技术化的处理，并且补充了人名索引和主题索引，在此也表示感谢！

本书的写作和出版先后得到北京市哲学社会科学规划项目"现象学语境中的移情"（项目编号：13ZXB002）、中国政法大学优秀中青年教师培养支持计划、中国政法大学青年教师学术创新团队项目"中西伦理思想比较研究"（项目编号：19CXTD06）和中国政法大学钱端升杰出学者支持计划项目的资助，在此表示衷心感谢！

最后，也要感谢责任编辑李静韬女士为本书出版付出的辛劳！

张浩军

2023 年 3 月 30 日于城南寓所

第一章
Einfühlung 与 Sympathie[*]

近年来，在哲学领域，现象学对他人和主体间性问题的讨论、分析的心灵哲学对他心问题的讨论、伦理学对同感与道德问题的讨论、政治哲学对启蒙情感主义的讨论，不约而同地将对同感问题的研究推向了一个热潮。这些研究涉及的核心论题包括：（1）Einfühlung 的本质及其汉语翻译；（2）同感（Einfühlung）是否是一种伦理德性；（3）同感是否是同情（Sympathie）的充分必要条件；（4）同感（或同情）对社会道德规范和政治原则的建构具有何种影响。[①] 通过对这些论题的研究，学者们对同感的本质、同感

---

[*] 本章部分内容曾以《论"Einfühlung"与"Sympathie"：基于词源学、思想史和翻译史的考察》为题发表于《天津社会科学》2023 年第 2 期。

[①] 参见陈立胜：《恻隐之心："同感"、"同情"与"在世基调"》，载于《哲学研究》第 12 期，2011 年，第 19—27 页；陈真：《论斯洛特的道德情感主义》，载于《哲学研究》第 6 期，2013 年，第 102—110 页；倪梁康：《早期现象学运动中的特奥多尔·利普斯与埃德蒙德·胡塞尔：从移情心理学到同感现象学》，载于《中国高校社会科学》第 3 期，2013 年，第 65—73 页；倪梁康：《关于几个西方心理哲学核心概念的含义及其中译问题的思考（一）》，载于《西北师大学报》（社会科学版）第 3 期，2021 年，第 44—54 页；李义天：《移情是美德伦理的充要条件吗：对迈克尔·斯洛特道德情感主义的分析与批评》，载于《道德与文明》第 2 期，2018 年，第 15—21 页；张浩军：《施泰因论移情的本质》，载于《世界哲学》第 2 期，2013 年，第 142—150 页；张浩军：《同感与道德》，载于《哲学动态》第 6 期，2016 年，第 73—80 页；张浩军：《精神分析语境中的移情》，载于《现代哲学》第 1 期，2022 年，（转下页）

与同情（道德）、同感与社会正义的关系有了更深入的认识，也形成了一些基本的共识。但在我看来，现有的讨论中仍然存在一个比较严重的问题，即不少论者在说理的过程中往往不加区分地将同感（移情）和同情混淆起来使用，既没有准确刻画同感（移情）的本质，也没有对同情概念的复杂含义做深入分析，以至造成了很多误解。为此，我认为很有必要从词源学、思想史和翻译史的角度对同感与同情这两个基本概念进行系统考察，从观念的流变、思想的传承和翻译的转换几个层面，更为透彻地厘清二者间错综复杂的关系，进一步统一思想和认识。本章的任务就是实施这项考察的工作，以为后文的讨论奠定一个基本的概念基础。

第一节　关于"Einfühlung"与"Sympathie"的汉译

汉语哲学中常用的"移情"或"同感"一词通常对应的是英语中的"empathy"，而英语中的"empathy"又源于德语的"Einfühlung"。可以说，来自德语哲学传统的 Einfühlung 和来自英语哲学传统（当然可以上溯到古希腊哲学）的 sympathy 共同塑造了 empathy 的含义。

（接上页）第 92—100 页；王鸿赫：《利普斯的代入感理论及其困境》，载于《哲学与文化》第 11 期，2020 年，第 43—56 页；蔡蓁：《移情是一种亚里士多德式的美德？》，载于《哲学研究》第 3 期，2021 年，第 109—118 页；迈克尔·L. 弗雷泽：《同情的启蒙》，胡靖译，南京：译林出版社，2016 年；迈克尔·斯洛特：《关怀伦理与移情》，韩玉胜译，南京：译林出版社，2022 年。

不论是在日常语言，还是在哲学讨论中，"Sympathie/sympathy"这两个词通常都被翻译为"同情"，这种译法相对确定。严复（1854—1921）在翻译赫胥黎的《天演论》时，将"sympathy"译为"善相感"①，意即"善相感通"②。从语境来看，这里的"善相感"实即"同感"，也即人与人之间的相互感通、相互理解。从译名上来看，"善相感"显然不是一个好的译名，既非名词，亦非动词，而是一个具有复合结构的短语（根据意思，"善相感"是一个多层短语，第一层是"善－相感"——动宾结构，第二层是"相－感"——状中结构）。在严复之后，"善相感"这种译法并未被沿袭下来，更为流行的是"同情"。

但与"Sympathie/sympathy"相比，"Einfühlung/Empathie/empathy"这三个词的翻译就比较复杂，迄今为止，常见的有"感情移入""移感""移情""共情""同感""同理心""神入"等多种译法。

20世纪20年代左右，德国哲学家利普斯的移情美学开始引入中国。蔡元培（1868—1940）在1921年2月19日出版的《北京大学日刊》第811号上发表了《美学的进化》一文，对西方美学史做

---

① 赫胥黎说："I have termed this evolution of the feelings out of which the primitive bonds of human society are so largely forged, into the organized and personified sympathy we call conscience, the ethical process."（Cf. Thomas H. Huxley, *Evolution and Ethics and Other Essays*, in *Collected Essays*, Vol. IX, London: Macmillan and Co. , 1895, p. 30）。严复的翻译是，"群之所以不涣，由人心之有天良。天良生于善相感"。参见赫胥黎:《天演论》（商务本），严复译，《严复全集》第一卷，福州：福建教育出版社，2014年，第288页。

② 参见赫胥黎:《天演论》（商务本），2014年，第287页。

了概述，其中提到了"注重感情移入主义的栗丕斯（Th. Lipps）"①。
1921 年秋，蔡元培在北京大学讲授"美学"课程，开始撰写《美学通论》，其中的一章为《美学的趋向》，在这一章里，他对利普斯的感情移入说做了简要介绍和评论。②吕澂（1896—1989）的《美学概论》（1923 年）、黄忏华（1890—1977）的《美学略史》（1924 年）、陈望道（1891—1977）和范寿康（1896—1983）同年出版的同名著作《美学概论》（1927 年）最早介绍了利普斯的移情说，但他们都将"Einfühlung"译为"感情移入"。③1932 年，朱光潜（1897—1986）在他的《谈美》第三部分"子非鱼，安知鱼之乐？"中专门谈到"移情作用"这个概念，并下了定义。1933年，他在《悲剧心理学》中使用了"Einfühlung"这个概念。④1936年，陈望道从日译本转译的利普斯的《伦理学底根本问题》⑤出

①　实即利普斯。此文作于 1920 年 10 月 30 日，参见蔡元培：《蔡元培美育论集》，高平叔编，长沙：湖南教育出版社，1987 年，第 98 页。

②　参见蔡元培：《蔡元培美育论集》，第 140—141 页。

③　牟春：《"移情说"与中国现代美学观念的生成》，上海：上海书店出版社，2016 年，第 6 页。

④　《悲剧心理学》是朱光潜在法国斯特拉斯堡大学读书期间用英文写就的博士论文，1933 年由斯特拉斯堡大学出版社出版，1983 年 2 月，人民文学出版社出版了张隆溪翻译的中译本。参见朱光潜：《朱光潜全集》第二卷，合肥：安徽教育出版社，1987 年，"第二卷说明"；参见朱光潜：《悲剧心理学》，《朱光潜全集》第二卷，合肥：安徽教育出版社，1987 年，"第四章"，第 267 页。

⑤　《伦理学的根本问题》由利普斯集中论述伦理学问题的 10 篇讲座稿组成。本文在论及审美同感与实践同感的区分以及同感与道德的关系时所引用的"Einfühlung und Altruismus"一文是他的第一篇讲座稿"Einleitung, Egoismus und Altruismus"的其中一部分，收录在利普斯于 1905 年出版的《伦理学的根本问题：10 篇讲座稿》一书的第 11—34 页〔Theodor Lipps,（转下页）

版，在该书中他将"Einfühlung"译为"移感"。[①]1937 年，钱锺书（1910—1998）在《中国固有的文学批评的一个特点》一文中提及并使用了"移情作用"这个概念。[②]自朱光潜以后，在美学语境中，"Einfühlung"通译为"移情"。[③]

"Einfühlung"也是伦理学的一个重要概念。在情感主义伦理学中，"Einfühlung"一般被译为"移情"。[④]在现象学伦理学中，"Einfühlung"一般被译为"同感"。[⑤]

在现象学语境中，"Einfühlung"有两种基本的译法，一是"移情"，二是"同感"。我在早期翻译艾迪特·施泰因的《论移情问题》(*Zum Problem der Einfühlung*，1917 年)时，为了将这一概念与心理学和美学的讨论贯通起来，选择了"移情"这种译法。但

（接上页）*Die ethischen Grundfragen: Zehn Vorträge*. Zweite, teilsweise umgearbeitete Auflage, Hamburg/Leipzig: Verlag von Leopold Voss, 1905, S. 11-34]. 现收入由 Faustino Fabbianelli 主编的《同感论集》第 207—225 页（Theodor Lipps, *Schriften zur Einfühlung: Mit einer Einleitung und Anmerkungen*, hrsg. von Faustino Fabbianelli, Baden-Baden: Ergon Verlag, 2018）。

① 利普斯:《伦理学底根本问题》，陈望道译，北京：中华书局，1936 年，第 10 页。

② 参见牟春:《"移情说"与中国现代美学观念的生成》，第 22 页。

③ 参见同上书，第 29 页。

④ 参见迈克尔·斯洛特:《道德到美德》，周亮译，南京：译林出版社，2017 年；李义天:《移情是美德伦理的充要条件吗：对迈克尔·斯洛特道德情感主义的分析与批评》，载于《道德与文明》第 2 期，2018 年，第 15—21 页；陈真:《论斯洛特的道德情感主义》，载于《哲学研究》第 6 期，2013 年，第 102—110 页。

⑤ 参见张浩军:《同感与道德》，载于《哲学动态》第 6 期，2016 年，第 73—80 页；陈立胜:《恻隐之心:"同感"、"同情"与"在世基调"》，载于《哲学研究》第 12 期，2011 年，第 19—27 页。

是，从语义和用法上来说，这个词译为"移感"或"同感"（依语境）似乎更合适。目前所见现象学的论著或译作中，"同感"更为流行。王鸿赫最近提出了一个新的译名"代入感"，并对移情和同感这两种译法都给出了一个比较合理的评论。王鸿赫说：

> 德文 Einfühlung 一词是动词 einfühlen 的名词化，作为动词的通常用法是 sich in+ 第四格名词 +einfühlen。目前 Einfühlung/einfühlen 流行的译法是"同感"和"移情"。译成"移情"的主要问题在于，它把词干 Fühlen 窄化为感情或情绪性的感受，而 Fühlen 本义上可指主体各种各样的感受，感情或情绪只是其中的一类而已。就此而言，"同感"是更好的译法，"感"即"感受"，译 Fühlen。但"同感"中的"同"并未贴切地译出 einfühlen 一词的前缀 ein-，"ein-"在此意为"进入"，即"进入"到（他人的）感受当中。而"同感"中的"同"无论理解为"相同"还是"一同"都有失妥当。因为，其一，若理解为"相同"，则"同感"强调的是一种结果：我（去感受他人的感受）所感受到的，与他人的感受相同。但 Einfühlung/einfühlen 本义强调的是我"去感受他人的感受"这一意向行为本身，不论其结果是相同、部分相同，抑或不同，都不影响 Einfühlung 成其为自身。在此，"相同"毋宁说只是一种理想的状况。其二，若理解为"一同"，即"一同感受"，则用它翻译 mitfühlen 才准确。所以，综上原因，我选择在日常语言中也时常出现的"代入感"来翻译 Einfühlung，一来它保留了"同感"译名中准确的那部分，二来它还表达

出了 ein-，即"入"的含义。①

　　我完全同意王鸿赫对"Einfühlung/einfühlen"的语义分析，但对其"代入感"的译名持保留意见。因为"代入感"这个词容易让人产生"用 A 代替 B"或者"把 A 当成 B"来进行感受的误解。例如，演戏的时候，陈道明把自己代入"康熙"这个角色，陈道明感知的始终是自己的感受，而不是康熙的感受。但"einfühlen"强调的是 A 对 B 当下、现时感受的感受和理解。在当下的周围世界中，我们对他人的"einfühlen"，既无须代入，亦无须想象，而只需直观（知觉）。

　　关于"Einfühlung"的翻译，倪梁康坚持认为，在利普斯、胡塞尔和舍勒等哲学家那里均应译为"同感"，理由有三。（1）这个词的含义在他们那里要远大于它后来为心理学所理解和接受的范围，也远超出"情"的范围。（2）它与"同情"（Sympathie）概念之间存在一种若即若离的关系。（3）中文的"同感"（如"深有同感"）一词超出道德情感的语境，带有认知理解方面的含义，而且也与舍勒后来的再造词"同一感"（Einsfühlen）相呼应。② 我同意倪梁康上述看法中的（1）和（2），对（3）存疑。因为，例如，当 A 和 B 两个人同时看完梵·高的画展后，A 说："梵·高的画真是太美了！"B 也随之附和说："我亦深有同感。"这里的"深有同感"确实超出了道德情感的语境，也的确带有认知理解方面的含义，但

---

① 　王鸿赫：《利普斯的代入感理论及其困境》，第 43—44 页脚注。
② 　参见倪梁康：《早期现象学运动中的特奥多尔·利普斯与埃德蒙德·胡塞尔：从移情心理学到同感现象学》，第 66 页脚注。

它不是 Einfühlung，而是 Mitgefühl（共同感受）。A 与 B 有共同的意向对象，即梵·高的画。他们的感受不是相互的，也不是针对第三人的。

在心理学中，"Einfühlung"或"empathy"通常被译为"共情"，其含义与"同感"类似，也是指对他人的心理生活、情绪、感受的理解和把握。只不过这两个译名一个突出"情"，一个突出"感"。此外，这个概念还有一种译法，即"同理心"，这种译法常见于台湾学者的译著中。我并不认为这是一个好的译法，因为从字面来看，"Einfühlung"或"empathy"既没有"理"的含义，也没有"心"的含义。所谓"人同此心，心同此理"，在对他人的构造或理解中，这种译法勉强可以接受，但在同感美学的语境中，说自我与物体具有同理心，则于理不通了。

倪梁康认为，不论将"Einfühlung"或"empathy"译为"移情"，还是"共情"，抑或"同理心"，都会在语法上造成某种误解，因为它们都无法作为动词使用，"被移情的""被共情的""被同理心的"，不仅中文说不通，而且还会因指称不明而造成误解。但"被同感的"或"被同感知到的"就可以避免这种尴尬。[1] 我认为倪梁康的观点有一定道理，但在涉及精神分析学的语境时，在"Übertragung/transference"被通译为"移情"的情况下，仍然会出现"被移情的"这样的表述。[2] 而且，"同情"（Sympathie/

---

[1] 参见倪梁康：《关于几个西方心理哲学核心概念的含义及其中译问题的思考（一）》，第 46 页。

[2] 在西格蒙德·弗洛伊德（Sigmund Freud, 1856—1939）开创的精神分析学中，"移情"（Übertragung）指的是病人将过去对某个重要他人（例如父母）的具有乱伦性质的爱"转移"到精神分析师或治疗师身上的（转下页）

sympathy）这个词在汉语中也常常被用作动词，它既有主动用法，也有被动用法，例如，我们会说"我同情你"或者"他是一个被同情的对象"。在这种情况下，我们似乎不觉得有什么不妥，反而觉得十分自然。"同情"可以用，为何"移情""共情"就用不得？在我看来，这其实也是一个语言习惯的问题。

我认为，"Einfühlung"这个概念在汉语译名上的差异植根于其用法上的差异，而其用法上的差异又植根于思想史传统和诠释传统。从西方思想史来看，对"Einfühlung"的理解形成了四条基本的进路：（1）同感美学；（2）同感心理学；（3）同感伦理学；（4）同感现象学。[1]

就 Einfühlung/empathy 与 Sympathie/sympathy 的 关 系 而 言，后者是一个比前者更古老的概念，前者从出于后者，它分享了后者的其中一种含义（自然哲学意义上的同情），正是这种含义构成了我们今天所谓的移情或共情或同感。在现代思想语境中，前者逐渐替代了后者，成了心理学、社会心理学、现象学、实践医学、认知神经科学和公共话语中的核心概念。[2] 而后者的另一种含义（道德哲学意义上的同情），则在伦理学中得到了固化，从而成了道

（接上页）现象，而"同感"（Einfühlung）则指的是精神分析师或治疗师对病人的这种移情的理解和感受。因主题和篇幅所限，本文不展开对"移情"（Übertragung）与"同感"（Einfühlung）关系的讨论。

[1] 关于这一点，我将在下文做详细分析。另外，也可参看拙文：《理解 Einfühlung 的四条进路：以利普斯为核心的考察》，载于《哲学研究》第 10 期，2021 年，第 107—117 页。

[2] Cf. P. M. S. Hacker, *The Passions: A Study of Human Nature*, First Edition, Hoboken, N. J.: Wiley-Blackwell, 2018, p. 357.

德哲学或道德心理学的一个专属概念。

第二节 自然哲学中的 Sympathy

据《哲学历史词典》的解释，英语中的"sympathy"这个词源自古希腊语中的"sympatheia"（συμπάθεια），这个希腊词的拉丁译名通常有两个："sympatheia"和"consensus"，其英语译名常见的有三个"sympathy"、"compassion"和"empathy"，其法语译名是"sympathie"。[①] 就"sympathy"这个词来说，前缀"sym-"来自古希腊语的"συμ-"，意思是"共同、一起"，而词干"-pathy"则来自古希腊语中的"πάθος"，基本意思是"情感"，相当于英语中的"emotion"，从广义上来说，包含快乐、痛苦、欲望等情感或感受。[②] "sympathy"的动词形式"sympathize"常常被解释为"feel with"。

《哲学历史词典》指出，sympatheia 这个希腊词最初在引入欧洲语言时，首先并不是用来表达人际间的好感（Zuneigung）。现在这个词即使不是唯一的但也是最流行的用法始于 18 世纪。直到近代，sympatheia 还是一个自然哲学的概念，它的意思是"一同被

---

① Cf. Joachim Ritter und Karlfried Gründer, hrsg., *Historisches Wörterbuch der Philosophie*, Band 10, Basel: Schwabe & Co. AG., 1998, S. 751.

② David Konstan 的 "The Concept of 'Emotion' from Plato to Cicero" 一文对"πάθος"的历史变迁有非常详尽的分析。中译文参见崔延强主编：《努斯：希腊罗马哲学研究》第 2 辑：《情感与怀疑：希腊哲学对理性的反思》，执行主编：梁中和，上海：上海人民出版社，第 145—165 页。

刺激或一同被感染"（Zusammen-Affiziert-Sein）。虽然德语中常常用"Mit-Leid"（同悲）这个词来翻译 sympatheia，但"Mit-Leid"这个词的含义在古希腊语中是用其他的词来表示的。[①] 从德语对 sympatheia 这个词的翻译来看，它特指一种消极的、否定的情绪或感受，这或许也是它逐渐变成一个伦理学或道德哲学术语的主要原因。而据 P. M. S. 哈克（P. M. S. Hacker）的考察，sympathy 这个词来自古希腊语的 sunpatheia，sun 是"与……一起"（with）的意思，而 patheia 是"感受、经历、遭受痛苦"（feeling, undergoing, suffering）的意思。[②] 这个词在后期拉丁语中写作"sympathia"，而且在古希腊哲学中的用法也传输到了罗曼语族（Romance languages）中，直到 16 世纪中叶才进入英语。在英语中，其最早的用法是感觉与其对象的"一致"（concord）、声音之间的和谐（harmony）或共鸣（consonance）、友谊的平等性（equality of friendship）、使心灵联结在一起的那些方式（manners making the conjunction of minds）。[③] 另一种用法是指事物之间超自然的亲缘性、相互吸引或共同的敏感性。在古希腊人那里，sympatheia 这个词主

---

① Cf. Joachim Ritter und Karlfried Gründer, hrsg., *Historisches Wörterbuch der Philosophie*, Band 10, S. 751–752. 作为名词，Mitleid 所对应的古希腊语是 ἔλεος 和 οἶκτος。作为动词，mitleiden 对应的古希腊语是 ἐλεεῖν 和 οἰκτίζειν/οἰκτίρειν（动词不定式）。换言之，ἐλεεῖν 是 ἔλεος 的动词形式，而 οἰκτίζειν/οἰκτίρειν 是 οἶκτος 的动词形式。感谢靳希平、詹文杰、崔延强和常旭旻等几位教授的指教和讨论。

② Cf. P. M. S. Hacker, *The Passions: A Study of Human Nature*, p. 358. 哈克这里的"sunpatheia"应是拼写错误，正确的写法是"sumpatheia"。

③ Cf. Ibid.

要被用来刻画事物的统一性与联系、自然整体的统一性与联系。①

不论是在柏拉图的城邦、亚里士多德的自然（physis）、伊壁鸠鲁的"物理－原子论"（Physik-Atomismus），还是在斯多亚学派的"普纽玛－宇宙论"（Pneuma-Kosmologie）、新柏拉图主义的世界灵魂（die Weltseele）中，我们都可以看到 sympatheia 这个概念的影子。②例如，在《国家篇》中，柏拉图认为，公民与城邦具有一种"同感"的能力："在我们之中，如果有一个人，他的一个手指受伤了，那就那整个的共同体，那通过肉体一直延伸到灵魂，并且在那里被那起统治作用的原则组成为一个单一的有机组织的共同体，就有所感觉了，然后在局部受损的同时，整个地一起感到疼痛了。"③ 在《蒂迈欧篇》（Timaeus）中，柏拉图把宇宙描述为一个可见的、活的造物（zoön），在这个活的造物中，一切事物天然地具有一种族类的亲缘关系，而正是这种亲缘关系，使得万事万物都具有一种同感的能力。④

亚里士多德常常在一种生理学的意义上使用 sympatheia 这个词：如果大脑的外皮层受热或受冷，那么心灵就会立刻有所反应，"因为心灵的同感能力是最精微而灵敏的"⑤。伊壁鸠鲁在

---

① Joachim Ritter und Karlfried Gründer, hrsg., *Historisches Wörterbuch der Philosophie*, S. 752.

② Ibid.

③ 柏拉图:《理想国》第五卷，顾寿观译，吴天岳校注，长沙：岳麓书社，2010，462c-462d，第 230 页。

④ Cf. Francis E. Peters, *Greek Philosophical Terms: A historical Lexicon*, New York: New York University Press/London: University of London Press, 1967, p. 186.

⑤ Aristotles, *Parts of Animals*, II. 7, 653B7；转引自 Anthony Preus, *Historical Dictionary of Ancient Greek Philosophy*, the second edition, Lanham/Boulder/New York/London: Rowman & Littlefield Publishing, 2015, p. 372。

《致希罗多德的信50—53》中也在一种物理学的意义上使用了"sympatheia"这个词，他说，身体中的原子所做的知觉运动通过sympatheia 相互沟通。[1]

在斯多亚学派的宇宙论中，sympatheia 首次变成了一个具有明确含义的概念。宇宙被看作物体，这个物体被支配一切的普纽玛保持在张力中，各个部分相互依存，而且在一种亲缘关系中彼此影响。由此，诸如月相与潮汐或磁性之间的关系就得到了解释。[2] 克吕西波斯（Chrysippus）和波西杜尼斯（Posidonius）是斯多亚学派的两个代表人物。前者通过提出灵魂（psychē）与肉体的"交互作用"（interaction）来证明灵魂必定是一个物体（the soul must be a body）。后者则通过把"sympatheia"扩展到宇宙层面上，从而提出了"宇宙的同感"（cosmic sympathy）这一说法。[3]

新柏拉图主义者普罗提诺（Plotinus）也相信宇宙的同感（cosmic sympathy），而且用它来解释占卜（divination）、占星术

---

[1] Cf. Anthony Preus, *Historical Dictionary of Ancient Greek Philosophy*, p. 372.

[2] 自莱因哈特（K. Reinhardt）颇具影响的著作《宇宙与同感》（*Kosmos und Sympathie*, 1926 年）发表以来，一种对"整体与相互同感的统一性"的理解首先与波西杜尼斯联系在了一起。这种理解不仅对医学及其"整体诊断学"（ganzheitliche Krankheitsdiagnostik）（例如中医的辨证施治，整体疗法），而且也对占星术（Astrologie）与占卜术（Mantik）产生了重要影响。人们发现，可以用同感来解释"超距作用"（actio in distans / Fernwirkungen）。Cf. Francis E. Peters, *Greek Philosophical Terms: A historical Lexicon*, p. 188; Joachim Ritter und Karlfried Gründer, hrsg., *Historisches Wörterbuch der Philosophie*, Band 10, S. 752.

[3] Cf. Anthony Preus, *Historical Dictionary of Ancient Greek Philosophy*, pp. 372–373.

（astrology）和魔法（magic）①。他认为，宇宙是一个活的有机体，它的一切部分都充满宇宙灵魂（universal soul）。宇宙的各个部分之所以相互作用，不是因为它们相互接触（contact），而是因为它们具有相似性。②

古罗马博物学家盖乌斯·普林尼·塞孔都斯（Gaius Plinius Secundus，又称老普林尼）通过汲取古代的奇幻文学和《同感书》（*Sympathie-Bücher*）中的内容而完成的《自然史》（*Naturgeschichte*）对希腊人的"同感"与"反感"（Antipathie）概念及其与巫术的关系做了详尽的分析。例如鱼对聚居地的喜爱（sympathy）和反感（antipathy），"自然在反感中的超级力量"。③ 他也把 sympathy 看作无生命物体（例如铁与磁石）之间"自然的友善关系"（natural amity）或"共同感受"（fellow-feeling）。④ 他说："我们将在适当的地方谈论磁石及其与铁的同感作用"。⑤ 通过普林尼，自然哲学的、魔法的同感概念在文艺复兴和早期近代的炼金术、魔法和医疗论文中产生了巨大影响。⑥

在 16—17 世纪，同感作为事物联系与和谐的学说被广为接受。

---

① Cf. Ibid.

② Cf. Francis E. Peters, *Greek Philosophical Terms: A historical Lexicon*, p. 188.

③ Pliny, *Natural History*, Volume I, Cambridge: Harvard University Press / London: William Heinemann Ltd., trans. by H. Rackham, 1944, p. 143.

④ Cf. P. M. S. Hacker, *The Passions: A Study of Human Nature*, p. 358.

⑤ Pliny, *Natural History*, Volume IX, Cambridge: Harvard University Press / London: William Heinemann Ltd., trans. by H. Rackham, 1952, p. 235.

⑥ Cf. Joachim Ritter und Karlfried Gründer, hrsg., *Historisches Wörterbuch der Philosophie*, Band 10, S. 753. 也可参见 P. M. S. Hacker, *The Passions: A Study of Human Nature*, p. 358。

人们将同感划分为不同的类型，并对其效果进行比较研究。[1] 在意大利医学家 G. 弗拉卡斯托罗（G. Fracastoro，1478—1553）那里，同感被用来解释传染病，他没有把同感理解为魔法，而是以科学的态度将其理解为最小微粒的交换（Austausch kleinster Teilchen）。后来，人们基于微粒论，以机械的方式尝试去解释"同感粉末"（sympathetischen Pulvers）和"武器药膏"（Waffensalbe）的作用。人们围绕同感药膏（武器药膏）的效果展开争论，因为有人相信，它们可以治愈伤口。据卢梭在《忏悔录》中的回忆，他曾经按照一名物理学家的配方调制所谓的"同感之墨"（encre de sympathie）。[2] 由于"同感药膏"在 18 世纪被广为讨论，所以策德勒（Zedler）在其《普通百科全书》（*Universal-Lexicon*）中，在"同感药膏"这一关键词下，列举了不同的类型、配方及其用法，而且也列举了怀疑论者的埋由。[3]

　　近代经验主义哲学的开创者培根拒绝接受同感（Sympathie）

---

① Cf. Joachim Ritter und Karlfried Gründer, hrsg., *Historisches Wörterbuch der Philosophie*, Band 10, S. 753.

② Jean-Jacques Rousseau, *Les Confessions* I, éd. par AD. Van Bever, Paris: Georges Cres et Cie, 1913, "Livre V", p. 353；目前所见中译本都不约而同地将 "encre de sympathie" 译为"密写墨水"。按卢梭的说法，其配方是生石灰（chaux vive）、雌黄（主要成分是三硫化二砷）（orpiment）和水。雌黄有剧毒，卢梭因为实验失败，险些因此丧命，双眼看不见东西约六个多星期。参见卢梭：《忏悔录》第一部，黎星译，北京：商务印书馆，1986 年，"第五卷"，第 270 页；卢梭：《卢梭全集》第 1 卷：《忏悔录》（上），李平沤译，北京：商务印书馆，2012 年，第 291 页；卢梭：《忏悔录》，陈筱卿译，重庆：重庆出版社，2008 年，第 189 页。

③ Cf. Joachim Ritter und Karlfried Gründer, hrsg., *Historisches Wörterbuch der Philosophie*, Band 10, S. 754.

和反感（Antipathie）这样的概念，因为他认为这些概念是"懒惰和无知的自负"，是使人沉睡、给人带来美梦的安眠药，而且从它们那里，我们根本得不到任何关于原因的知识。他说，"那些神秘的、特定的性质，或同感和反感，在很大程度上是对哲学的败坏"，[1] "我几乎厌倦了同感和反感这样的词，因为迷信和虚妄总是与它们关联在一起"。[2]

与此同时，法国的数学家和科学家马林·梅森（Marin Mersenne，1588—1648）认为，在机械论的自然哲学框架中，作为解释模型的同感和反感已经过时了："人们把同感与反感这两个概念，以及各种神秘的性质引入艺术与科学中，以便掩盖其缺陷，为其无知辩护，或者天真地承认他们一无所知；……一旦人们认识了这些结果的原因，同感将与无知一起消失。"[3] 逾百年之后，康德认识到，甚至有理性的人也接受了同感这种荒谬的东西"。[4] 与康德一样，浪漫派的自然哲学家与这一时代的诗人和文学家继承了古代和文艺复兴时期的自然魔法（Naturmagie），但他们本身不使用同感这个词，而是谈论"和谐"（Übereinstimmung）或"亲和力"（Wahlverwandtschaft）。[5] 尤其是诺瓦利斯的著作贯穿了对于"全能的自然的同感"（allmächtigen Sympathie der Natur）的理解，这种理

---

[1] Cf. Joachim Ritter und Karlfried Gründer, hrsg., *Historisches Wörterbuch der Philosophie*, Band 10, S. 754.

[2] Ibid.

[3] Ibid.

[4] 康德:《一位视灵者的梦》,《康德著作全集》第二卷，李秋零译，北京：中国人民大学出版社，2004 年，第 357 页。

[5] 例如，歌德便著有小说《亲和力》（J. W. Goethe, *Die Wahlverwandtschaften: Ein Roman*, Stuttgart: Reclam Verlag, 1956 ）。

解被改造成了"宇宙变化的表象理论"（Wechselrepräsentationslehre des Universums）。①

直到 19 世纪晚期，在医学 – 治疗学的语境中仍然保留着同感概念。德国名医 C. W. 胡弗兰德（C.W. Hufeland，1762—1836）用同感这个词指称这样一些现象，"通过生命自然之间的及其与宇宙之间的有机联结和相互关系，这些现象在其之下并且通过宇宙而得到奠基"，"因此，在同感中，个体生命对整体生命的依赖是显而易见的"。②

20 世纪，同感这个概念还偶尔见于"类似疗法"或"顺势疗法"（Homöopathie）中，但在哲学和日常语言中，这一概念仅仅用来表达人类的爱好或好感（Zuneigung）。而在此之前，爱好或好感只是自然哲学的同感概念的其中一种并不重要的含义。③

第三节　道德哲学中的 Sympathy

如上所述，16 世纪之前的 Sympathy 主要指包括人在内的万事万物之间的一种"同感"或"共同感受"，用希腊人的话说，它所刻画的是小宇宙与小宇宙之间、小宇宙与大宇宙之间的和谐、统一状态。

---

① Joachim Ritter und Karlfried Gründer, hrsg., *Historisches Wörterbuch der Philosophie*, Band 10, S. 754.

② Ibid.

③ Cf. Ibid.

自 16 世纪中叶以来，自然哲学的同感概念（sympathy）在社会的、道德的和政治的关系领域得到了强化，它被用来指称人与人之间的吸引力（Anziehungskraft）或者感觉的和谐一致。哈克也认为，从 16 世纪末、17 世纪初开始，sympathy 的含义逐渐扩展到人类关系中，意指人与人之间的亲和性、性情或感受的一致、气质或禀赋的和谐。^①莎士比亚在其喜剧《温莎的风流娘儿们》（1602年）中用 sympathy 指感受或性情的"一致"或愉快的约定（happy agreement）^②，或"气味相投"^③。在第二幕第一景中，福斯塔夫在给裴琪大娘的情书中写道："你年纪不算轻了，我也是一样；这么说，咱们是彼此彼此。你爱风流，我也是一样；哈，哈！咱们更加可以说得是彼此彼此了。"^④哈克认为，从莎士比亚的戏剧中可以看出，sympathy 的含义已经扩展到了人与人之间的共同感受（fellow-feeling）上，它指人与人之间的相似感受、进入或分享他人感受的能力，因此也包括对他人的不幸表示怜悯（commiseration）或同情（compassion）的感受。^⑤因此，到 17 世纪末，人们便可以谈

---

① P. M. S. Hacker, *The Passions: A Study of Human Nature*, p. 358.

② Cf. Ibid, p. 359.

③ 梁实秋将 sympathy 译为"气味相投"。参见莎士比亚：《温莎的风流娘儿们》，梁实秋译，北京：中国广播电视出版社 / 台北：远东图书公司，2001 年，第 53 页。

④ 莎士比亚的原文是：You are not Young, no more than I; Go to then, there's sympathy: You are merry, so am I; ha, ha! Then there's more sympathy: You love sack, and so do I; Would you desire better sympathy? 转引自 P. M. S. Hacker, *The Passions: A Study of Human Nature*, p. 359。中译文引自莎士比亚：《温莎的风流娘儿们》，方平译，上海：上海译文出版社，2016 年，第 42 页。

⑤ Cf. P. M. S. Hacker, *The Passions: A Study of Human Nature*, p. 359.

论与他人的"诚实的和真正的同感和共同感受",英国诗人弥尔顿（Milton）也写过"回应同感和爱的目光"这样的诗句。[1]

在 18 世纪，同感（sympathy）这个词成了伤感文学的时髦词，它意指与某物的一种直接的亲缘关系（Affinität）或对某人的好感、爱慕，指心与心的和谐一致，指友爱和博爱。[2]18 世纪初的法国小说家、戏剧家 P. 马里沃在《同感的奇怪效果》中描写了许多决斗、沉船、凶杀的凄惨场景，小说中的主人公常常被这些场景所打动，对他人的悲惨遭遇产生"同感"（sympathy）。德国文豪歌德在《少年维特的烦恼》中也用"Sympathie"这个词表示与他人的情绪有切身关联的感觉。英国作家亨利·菲尔丁在其小说《阿米莉亚》中也说，女主人公对她的朋友贝内特夫人"一触即发的痛苦"深表同感。[3]

17 世纪末，同感（sympathy）逐渐成了英国道德感哲学（Moral Sense Philosophy）中的一个重要概念。在沙夫茨伯里、哈奇森、休谟、亚当·斯密等人的讨论中，"同感"（sympathy）往往被看作审美体验和道德的基础。道德并不像康德主义者所认为的那样建立在理性的基础上，而是建立在我们的自然禀赋或情感上。[4]

虽然哲学家们常常把同感（sympathy）与具有宗教含义的"同

---

① Cf. P. M. S. Hacker, *The Passions: A Study of Human Nature*, p. 359.

② Cf. Joachim Ritter und Karlfried Gründer, hrsg., *Historisches Wörterbuch der Philosophie*, Band 10, S. 754.

③ 金雯：《启蒙时代的"同情"》，载于《兰州大学学报》（社会科学版）第 5 期，2018 年，第 11 页。

④ 关于同感（同情）与道德的关系，我将在本书最后一章进行详细论述，在此不予展开。

悲"（Mitleid）混在一起使用，但它与基督教的道德传统毫无关系。^①哈克也指出，在 18 世纪，sympathy 的观念进入了美学、认识论、心灵哲学和道德哲学的领域。在他看来，休谟在《人性论》（1739 年）和斯密在《道德情操论》（1759 年）的分析最具价值，正是他们首次对这一概念做了广泛的现象学描述和哲学的分析。^②

当代的道德哲学认为，同感（empathy）能够从动机上引发道德行为。显然，这种看法在近代的道德感哲学家那里就已经出现。不过，道德感哲学家们所使用的概念是 sympathy，因为在他们的时代，empathy 这个概念还没有被发明出来。因此，可以说，道德感哲学中的 sympathy 一方面继承了自然哲学意义上的同感概念，另一方面又赋予了它以道德的含义。正是 sympathy 含义的这种复杂性，造成了后来人们对于 empathy 的本质及其与 sympathy 的关系的种种误解。

第四节　Einfühlung、Empathie 与 Empathy

为了更好地说明同感问题，我们有必要先对 "Einfühlung" 这一术语的起源进行详细考察。毋庸置疑，"Einfühlung" 这个词是德国人的发明。但究竟是谁发明的，现有的文献中充满了争议。据我

---

① Cf. Joachim Ritter und Karlfried Gründer, hrsg., *Historisches Wörterbuch der Philosophie*, Band 10, S. 754.

② Cf. P. M. S. Hacker, *The Passions: A Study of Human Nature*, p. 359.

考察，主要观点有如下三种：（1）赫尔德 [①]；（2）罗伯特·费舍尔 [②]；（3）利普斯 [③]。

　　依照劳拉·海特·爱德华兹（Laura Hyatt Edwards），赫尔德首先发明了"Einfühlung"这个新词，其意是"进入……之中进行感受"，对应的英语翻译是"feeling into"。[④] 不过，爱德华兹认为，

---

① Cf. I. Berlin, *The Proper Study of Mankind: An Anthology of Essays*, ed. by H. Hardy, and R. Hausheer, Cambridge: Farrar, Strauss, and Giroux, 1997; M. N. Forster, ed., *Johann Gottfried Herder: Philosophical Writings*, Cambridge: Cambridge University Press, 2002, "Introduction," pp. xii–xli; A. Pinotti, "Empathy," in *Handbook of Phenomenological Aesthetics: Contributions to Phenomenology*, ed. by Hans Rainer Sepp, and Lester Embree, Dordrecht/Heidelberge/London/New York: Springer, 2010, pp. 93–98.

② Cf. G. Gladstein, "The Historical Roots of Contemporary Empathy Research," *Journal of the History of the Behavioral Science*, Vol. 20, Iss. 1(January 1984): 38–59; J. Hunsdahl, "Concerning Einfühlung (empathy): A Concept Analysis of its Origin and Early Development," *Journal of the History of the Behavioral Sciences*, Vol. 3, Iss. 2(April 1967): 180–91; G. Jahoda, "Theodor Lipps and the Shift from 'Sympathy' to 'Empathy'," *Journal of the History of the Behavioral Sciences*, Vol. 41, Iss. 2(April 2005): 151–63; 倪梁康：《关于几个西方心理哲学核心概念的含义及其中译问题的思考（一）》，载于《西北师大学报》(社会科学版)第3期，2021年，第44—54页。

③ Dermot Moran, "The Problem of Empathy: Lipps, Scheler, Husserl and Stein," in *Amor amicitiae: On the Love that is Friendship*, ed. by Thomas A. F. Kelly and Philipp W. Rosemann, Leuven/Paris/Dudley, MA: Peeters, 2004, pp. 269–312; E. G. Boring, *A History of Experimental Psychology*, New York/London: Appleton Century, 1929.

④ "Einfühlung"这个名词的动词形式是"einfühlen"，而其词根是"-fühlen"，这个词根的更早的形式是"-fülen"，二者皆源于"falma"和"folma"（意为手掌，是palm的古高地德语变体）。因此"-fühlen"的原意是通过触摸来"把握"（grasp）、"理解"（comprehend）或"认识"（know）（转下页）

赫尔德发明这个词并非有意为之，而是一个偶然的产物，因为，除了"einfühlen"，他还使用了其他的动词形式，例如"hineinfühlen"（feel oneself into）。[1] 在爱德华兹看来，赫尔德的创新之处，不在于发明了"Einfühlung"这个词，而在于有意将"Einfühlung"当成一种学术研究方法。[2] 与伊萨克·牛顿（Isaac Nenton，1642—1727）和康德不同，赫尔德认为自然是一个物理的连续统，是一个力的连续统，而不是一个在力的作用下运动的离散的微粒的系统。人类不能脱离自然而独立存在，是物理连续统的一部分。我们是通过自己与事物之间的相似性来理解自然的。在他看来，感觉（sensation）是我们的一切概念和思想的源泉和基础，因此感

（接上页）什么东西。到了18世纪，动词"-fühlen"（to feel）和名词"Gefühl"（feeling）被赫尔德、歌德和席勒等作家广泛使用，基本被看作"觉知"（aware）、"认识"（know）、"知觉"（perceive）的同义词，用来表达对痛苦、快乐、预感（例如感到有暴风雨来临）或他人品质（例如诚实）的感受。赫尔德用"Gefühl"意指感觉、情感和思想，它是能力或知识的一种混合，参见 Laura Hyatt Edwards, "A Brief Conceptual History of Einfühlung: 18-Century Germany to Post-World War II U. S. Psychology," *History of Psychology*, Vol. 16, No. 4(September 2013): 271。动词"einfühlen"的前缀"ein"是"进入"的意思，"ein"加"fühlen"的意思是"进入……之中进行感受"（feeling into）。如果这个词确属赫尔德发明，倒也算水到渠成，是一件很自然的事情。不过爱德华兹并没有明确给出"einfühlen"的出处。

① Cf. J. G. von Herder, *Herders Sämmtliche Werke*, hrsg. von B. Suphan, Band 5, Berlin: Weidemannsche Buchhandlung, 1891, S. 503; 转引自 I. Berlin, *Three Critics of the Enlightenment: Vico, Hamann, Herder*, ed. by H. Hardy, Princeton, NJ: Princeton University Press, 2000, p. 261.

② Laura Hyatt Edwards, "A Brief Conceptual History of Einfühlung: 18-Century Germany to Post-World War II U. S. Psychology," *History of Psychology*, Vol. 16, No. 4(September 2013): 271.

觉与认识（cognition）之间并无严格界限，二者不是分离存在的：
"认识与感觉在我们这些复杂的生物这里是交织在一起的；我们只
有通过感觉才能获得认识，我们的感觉总是由某种认识相伴随。"①
正是在这个意义上，他认为，我们对自然的认识无非就是对自然的
感觉，这种感觉就是"Einfühlung"，它是人类嵌入自然、感受自然
的一种表现形式。② 为此，他将自然哲学、认识论与"Einfühlung"
的方法融合在一起："在我们称作死的自然的一切事物中，我们不认
识任何内在的条件……但是我们越是仔细地观察……自然中的有效
力量，我们就越是不可避免地到处都能感受到事物与我们自己的相
似性，我们就越是不可避免地将我们的感觉赋予一切事物，从而使
它们有了生气。有感觉能力的人类能够进入一切事物进行感受，能
够从他自己出发去感受一切事物。"③ 正是通过相似性，人与自然构成
了一个连续的、内在的共同体，也正是通过"Einfühlung"，主体与
客体实现了一种神秘的统一。④ 依照马格达莱纳·诺瓦克（Magdalena
Nowak）的观点，赫尔德的这一思想在浪漫主义时期的自然哲学

---

① J. G. von Herder, "On Cognition and Sensation, the Two Main Forces of the Human Soul" (1775), in *Herder: Philosophical Writings*, trans. and ed. by M. N. Forster, Cambridge: Cambridge University Press, 2002, p. 178.

② Laura Hyatt Edwards, "A Brief Conceptual History of Einfühlung: 18-Century Germany to Post-World War II U. S. Psychology," *History of Psychology*, Vol. 16, No. 4(September 2013): 272.

③ J. G. von Herder, "On the Cognition and Sensation of the Human Soul" (1778), in *Herder: Philosophical Writings*, trans. and ed. M. N. Forster, Cambridge: Cambridge University Press, 2002, pp. 187–188.

④ Cf. Magdalena Nowak, "The Complicated History of Einfühlung," *Argument: Biannual Philosophical Journal*, Vol. 1, No. 2(December 2011): 301.

那里得到了回响，例如弗雷德里希·W. J. 谢林（Friedrich W. J. Schelling，1775—1854）、诺瓦利斯和施莱格尔兄弟都用"Einfühlung"描述了主体与客体的统一，并使得审美价值的存在成为可能。①

《赫尔德哲学著作集》（*Herder's Philosophical Writings*，2002年）的英文编者和译者 M. N. 福斯特（M. N. Forster）在编者导言和他所写的论文《想象与解释：赫尔德的"Einfühlung"概念》一文中指出，赫尔德在《人类教育的历史哲学》（1774年）中"提出"（propose）了"Einfühlung"这个概念，用以桥接在不同的历史时期、文化甚至个体间进行解释时所产生的根本的心理差别。他将这个德文词英译为"feeling oneself into"或"feeling one's way into"。不过福斯特并未断言，是赫尔德首次"发明"了这个词。②相反，他明确指出："赫尔德本人并没有使用过名词'Einfühlung'，而是使用了同根的动词'sich hineinfühlen in'"。③ 在阐述解释的基

---

① Cf. Magdalena Nowak, "The Complicated History of Einfühlung," *Argument: Biannual Philosophical Journal*, Vol. 1, No. 2(December 2011): 301.

② Cf. J. G. von Herder, *Herder: Philosophical Writings*, trans. and ed. by Michael N. Forster, Cambrige: Cambridge University Press, 2002, p. xvii; M. N. Forster, "Imagination and Interpretation: Herder's Concept of Einfühlung," in *The Imagination in German Idealism and Romanticism*, ed. by Gerad Gentry, and Konstantin Pollok, Cambridge: Cambridge University Press, 2019, pp. 177−179.

③ M. N. Forster, "Imagination and Interpretation: Herder's Concept of Einfühlung," p. 175. 依照福斯特的考察，赫尔德也曾使用过与"sich hineinfühlen in"类似的动词"sich zurück setzen in"和"sich versetzen in"。（Cf. Ibid. 亦可参见 J. G. von Herder, *Herders Sämtliche Werke*, hrsg. von B. Suphan, Band 3, Berlin: Weidemannsche Buchhandlung, 1878, S. 200, 373, 464; J. G. von Herder, *Herders Sämtliche Werke*, hrsg. von B. Suphan, Band 32, Berlin: Weidemannsche Buchhandlung, 1899, S. 113。)

本原则时，他使用了 "fühle dich in alles hinein"（feel your way into everything）这个表述。[①] 显然，福斯特的说法否定了爱德华兹的观点，后者或许也是以讹传讹的受害者。严格意义上来说，赫尔德并非 "Einfühlung" 的发明者，而是这种观念的提出者（之一）。历史学家弗里德里希·迈内克（Friedrich Meinecke）认为赫尔德的这个提法具有这样一种含义：解释者在解释文本时应当实行一种心理学的投射，即将自我投射到文本上去。在福斯特看来，这并非赫尔德本人的观点，因为他恰恰强调要避免将解释者自己的思想与文本的思想同化。因此，"Einfühlung" 在这里实际上是一个隐喻。尽管如此，这个隐喻具有以下五个方面的重要含义：（1）它意味着，在一个解释者的心态和他要解释的主体的心态之间的确会存在一种根本的差别，这使得解释成了一项困难而费力的工作；（2）它意味着，解释的过程必须既包含对文本的语言使用的研究，也包含对其历史的、地理的和社会的语境的研究；（3）它意味着，为了解释一个主体的语言，人们必须对其知觉和情感进行一种想象的再造；（4）它意味着，解释者对他要解释的那个主体的敌意通常会影响他的解释，因此应当避免；（5）它意味着，解释者应当努力做到使他对文本的语言用法、语境事实和相关感觉的把握与文本原来的读者在当时的情况下根据这些东西所获得的那种直接的、自动的把握是一样的。[②] 显然，从福斯特的解读来看，赫尔德的 "Einfühlung" 概

---

① J. G. von Herder, *Auch eine Philosophie der Geschichte zur Bildung der Menschheit*, Riga: Hartknoch, 1774, S. 503.

② J. G. von Herder, *Herder: Philosophical Writings*, p. xvii–xviii. 亦可参见 M. N. Forster, "Imagination and Interpretation: Herder's Concept of Einfühlung," pp. 177–179.

念所针对的是解释学的问题，而福斯特本人也明确指出"赫尔德的'Einfühlung'概念在解释中发挥了一种本质性的作用"。[①]的确，解释学问题是赫尔德的核心关切之一。他在其解释学理论中提出了两条基本的原则：世俗主义（secularism）和方法论的经验主义（methodological empiricism）。[②]而"Einfühlung"被他看作是我们理解文本、时代、历史和一切事物的根本方法。只有凭借这种方法，我们才能避免单单依靠范畴和概念对事物进行过度概括和抽象，从而避免主观性，尽可能客观地认识事物。[③]他的这一思想也影响了后来的弗里德里希·施莱尔马赫（Friedrich Schleiermacher，1768—1834）和威廉·狄尔泰（Wilhelm Dilthey，1833—1911）。不过，赫尔德的观点遭到了康德的严厉批评，后者认为"Einfühlung"的方法基于情感和感觉，是模糊的、混乱的，这是一种主观的，而非客观的方法。[④]

除了"Einfühlung"这个概念，赫尔德还频繁使用了"sympathisieren/Sympathie"这个概念，其基本含义与其同时代的用法一

---

① M. N. Forster, "Imagination and Interpretation: Herder's Concept of Einfühlung," p. 189.

② J. G. von Herder, *Herder: Philosophical Writings*, p. xvi.

③ Cf. Magdalena Nowak, "The Complicated History of Einfühlung," *Argument: Biannual Philosophical Journal*, Vol. 1, No. 2(December 2011): 303; J. G. von Herder, "This Too a Philosophy of History for the Formation of Humanity" (1774), in *Herder: Philosophical Writings*, trans. and ed. by M. N. Forster, Cambridge: Cambridge University Press, 2002, p. 292.

④ Cf. Laura Hyatt Edwards, "A Brief Conceptual History of Einfühlung: 18-Century Germany to Post-World War II U. S. Psychology," *History of Psychology*, Vol. 16, No. 4(September 2013): 273.

致，既有"同感或共同感受"的含义，也有"同情或怜悯"的含义。① 在谈到对雕塑作品的鉴赏时，他说："胳膊越是意指了它应当意指的东西，它就越美；而且只有内在的同感（Sympathie），也即感受和那种将我们的整个人类自我移置到完全被摸透了的外形中的活动，才是美的老师和根据。"② 这里的"Sympathie"显然和"Einfühlung"同义。

J. B. 亨兹达尔（J. B. Hundsdahl）明确指出，罗伯特·R. 费舍尔是第一个使用"einfühlen"这个术语的哲学家。③ 诺瓦克也认为，R. 费舍尔首次在其 1873 年出版的博士论文《论视觉的形式感：美学论稿》（*Über das optische Formgefühl. Ein Beitrag zur Ästhetik*）中使用了"Einfühlung"这个术语。④ 倪梁康同样认为，"这个概念此前在德文不曾有过。从目前可以找到的资料来看，它的创造者和阐释者是德国艺术理论家和审美学家罗伯特·费舍尔"⑤。据 R. 费舍尔本人自述，卡尔·舍纳（Karl Scherner）的《梦的生活》（*Das Leben*

① Cf. J. G. von Herder, *Herder: Philosophical Writings*, p. 61, 112, 119, 191, 245, 248, 264, 399, 424, 433, 461, 466.

② J. G. von Herder, "Plastik," In *Herders Werke: in Fünf Bänden*, ed. by Wilhelm Dobbek, Band 3, Auflage 4, Berlin: Aufbau Verlag, 1969, S. 125.

③ J. Hunsdahl, "Concerning Einfühlung (empathy): A Concept Analysis of its Origin and Early Development," *Journal of the History of the Behavioral Sciences*, Vol. 3, Iss. 2(April 1967): 180−91; G. Gladstein, "The Historical Roots of Contemporary Empathy Research," *Journal of the History of the Behavioral Science*, Vol. 20, Iss. 1 (January 1984): p. 39.

④ Cf. Magdalena Nowak, "The Complicated History of Einfühlung," *Argument: Biannual Philosophical Journal*, Vol. 1, No. 2(December 2011): 304.

⑤ 倪梁康：《关于几个西方心理哲学核心概念的含义及其中译问题的思考（一）》，第 45 页。

des Traums，1861 年）对他的研究产生了重要影响，因为舍纳提出了"表象和客体形式的一种直接融合"的观念，而这种观念对于解释梦的现象非常有帮助。他说："我越是关注纯粹形式的象征主义的概念，我就越是认为能够区分观念的联想与表象和客体形式的一种直接融合……这里证明了，身体在梦中针对某种刺激是如何根据空间形式将自己客体化的。因此，这是我们自己的身体形式，因此也是灵魂的形式，向客体形式的一种无意识的移置（Versetzen）。由此，我得出了一个概念，我把这个概念叫作 Einfühlung。"[①] 爱德华兹指出，R. 费舍尔没有注意到"Einfühlung"是赫尔德的术语，他"不经意地"（inadvertently）将"Einfühlung"转换成了一个把一种客观的反应（例如人在高兴或生气时眼部肌肉的运动）与一种主观的想象（正是这一过程赋予无生命的客体以生命和情感）结合起来的过程。显然，爱德华兹还是认为，"Einfühlung"是由赫尔德首创的。他指出，意大利米兰大学的安德里亚·皮诺蒂（Andrea Pinotti）在与他的私人通信中告诉他说，R. 费舍尔在 1927 年出版的《美学形式问题的三篇论文》（*Drei Schriften zum ästhetischen Formproblem*）的一个脚注中对此做过一个说明："那时（当我写《论视觉的形式感》时），我出于自己的目的创造了 'einfühlen' 这个术语（还有 'zufühlen' 和 'nachfühlen'），而不知道这个词在赫尔德那里已经出现了。"[②] 从 R. 费舍尔的自述可以看

---

① Robert Vischer, *Über das optische Formgefühl: Ein Beitrag zur Ästhetik*, Leipzig: Hermann Credner, 1873, S. VI–VII.

② Robert Vischer, *Drei Schriften zum ästhetischen Formproblem*, Halle/Saale: Max Niemeyer Verlag, 1927, S. 76.

出，他的确独立创造了这个词。结合福斯特的观点，我认为，说 R. 费舍尔是 "Einfühlung" 的首创者，是完全可以成立的。虽然动词 "einfühlen" 和 "hineinfühlen" 的区别只在于前缀是 "ein-" 还是 "hinein-"，而且词义上完全一样，但毕竟从词形上来看，还是不一样的。不过，古斯塔夫·贾霍达（Gustav Jahoda）给出了一个折中的说法："Einfühlung" 不完全是一个新术语，因为在以前的一些文学语境中也偶尔有人使用它。但是，R. 费舍尔是第一个将其用于审美心理学分析的哲学家，他同时也使用了常见的表达 "Mitfühlung"（=feeling with / fellow feeling / sympathy），并且为不同的感受或感觉发明了一系列新词，如 "Anfühlung" "Ausfühlung" "Nachfühlung" 和 "Zusammenfühlung"。[①] 鉴于我有限的阅读和相关史料所提供的信息，贾霍达的这一观点实难考证，在此不拟细究。

依照现象学家德莫特·莫兰（Dermot Moran）的考察，"Einfühlung" 这个德语词是在 19 世纪末由慕尼黑的心理学家和哲学家利普斯从希腊词 "empatheia" 杜撰而来，希腊词 "empatheia" 的字面意思是 "feeling into"（进入……之中进行感受）。[②]E. G. 博林（E. G. Boring）在评价利普斯在心理学中的地位时说："他的审美同感理论很有名，或许他最有可能是发明了与英语中的 'empathy' 相对应的那个德语词的人。"[③] 通过上文的考察，我们已经可以确

---

① G. Jahoda, "Theodor Lipps and the Shift from 'Sympathy' to 'Empathy'," *Journal of the History of the Behavioral Sciences*, Vol. 41, Iss. 2(April 2005): 153.

② Dermot Moran, "The Problem of Empathy: Lipps, Scheler, Husserl and Stein," p. 270.

③ Edwin G. Boring, *A History of Experimental Psychology*, New York / London: Appleton Century, 1929, p. 441.

认，是赫尔德或 R. 费舍尔各自在不同时期独立创造了"einfühlen/
Einfühlung"这个词，因此，将这一术语的发明权归为利普斯，就
明显是一种误解了。就此而言，莫兰和博林的观点都不能成立。
那么，为什么会出现这种误解呢？格拉尔德·A. 格莱德施泰因
（Gerald A. Gladstein）给出了一个合理的解释："尽管他不是第一个
使用'einfühlen'这个术语的人，但他细致而广泛的写作致使人们
把他看作是这个概念的创造者。"[1]

在澄清了"Einfühlung"的起源之后，我们再来看一下它的英
译情况。一般认为，康奈尔大学的构造心理学家、威廉·M. 冯特
（Wilhelm M. Wundt, 1832—1920）的学生爱德华·B. 铁钦纳（Edward
B. Titchener, 1867—1927）在 1909 年出版的《思维过程的实验
心理学讲座》中首次将"Einfühlung"英译为"empathy"。在第一
讲第一部分中，铁钦纳在讨论图像（image）与感觉（sensation）
的区别时，提出了"empathy"这个概念。他说，在现实的运动
（actual movement）中，实际发挥作用的肌肉要比必需的肌肉更
多，而观念的运动（ideal movement）则严格局限于那些相关的肌
肉。为此，他以点头和皱眉为例做了说明。他说实际的点头和心理
的点头（mental nod）都表示对一个观点的赞同，或者，实际的皱
眉和心理的皱眉都表示对一个观点的困惑。被感觉到的点头和皱眉
（the sensed nod and frown）是粗鲁的、令人不快的，而被想象的点
头和皱眉（imaged nod and frown）则是优雅的、委婉的。为此，他
得出结论说：动觉图像（kinaesthetic image）与动觉（kinaesthetic

---

① Cf. G. Gladstein, "The Historical Roots of Contemporary Empathy Research,"
Journal of the History of the Behavioral Science, Vol. 20, Iss. 1(January 1984): 39.

sensation）有本质差别，就像视觉图像（visual image）与视觉（visual sensation）有本质差别一样。接下来，铁钦纳转向了对各种视觉图像的考察。他说，视觉图像是逻辑意义的可能工具，它们常常与动觉一起发挥作用。正是在这一语境下，他说："我不仅看到了严肃、谦虚、骄傲、礼貌和威严，我也在心灵的肌肉中（mind's muscles）感受（feel）到它们或者实行（act）了它们。我认为，如果我们可以用'empathy'这个词作为'Einfühlung'的翻译，那么这就是同感（empathy）的一种简单情形；这丝毫没什么奇怪或特别的；但这是一个必须提的事实。"①显然，铁钦纳的意思是说，当我看见别人的表情时，例如严肃、谦虚、骄傲、礼貌和威严，我在内心中同时也产生了同样的感受，并且内在地实行了这些表情。这种内在的参与或"一起做"（Mitmachen）其实就是利普斯所说的"模仿"（Nachahmung）。

在第二次讲座中，铁钦纳再次提到了"empathy"。他说："实验者必须完全与他的观察者一起感受（sympathy with）；他必须通过同感（by empathy）像他们思考那样来思考，像他们理解那样来理解，用他们的语言来说话。"②这里的"sympathy"是一种"fellow feeling""Mitgefühl"或"feeling with"，而"empathy"则是一种"feeling into"。"像他们思考那样来思考，像他们理解那样来理解，用他们的语言来说话"，仍然在强调"我"该如何思考、理解和表

---

① E. B. Titchener, *Lectures on the Experimental Psychology of Thought-Processes*, New York: The Macmillan Company, 1909, pp. 21–22.

② Ibid., p. 91. 原文如下："The experimenter must be in full sympathy with his observers; he must think, by empathy, as they think, understand as they understand, speak in their language."

达，而不是去描述和把握他人在如何思考、理解和表达。我们通过"empathy"所认识的，与其说是他人，不如说是我们自己。

在《心理学教科书》（第二部分，1910 年）的第 118 节，铁钦纳给出了"empathy"的一个定义，他说："empathy（一个类比于sympathy 而形成的词）是用来描述这样一个过程的概念，即将对象或客体人化（赋予它们以人性），进入它们之中理解（reading）或感受（feeling）我们自己。对此，我在上文第 333 页已经做过描述。"① 铁钦纳的这个定义完全就是利普斯的翻版："empathy"是自我的一种投射或移置，我们所理解或感受的不是对象或客体，而是我们自己。这一理解完全有悖于胡塞尔的现象学。这里提到的"上文第 333 页"是第 91 节"错觉的空间知觉"。铁钦纳在此说了些什么呢？在这一节里，他分析了用来解释错觉的三种理论，其中第二种理论便是"empathy"。他说根据这种理论，我们之所以产生错觉［例如缪勒－莱尔（Müller-Lyer）错觉］，是我们在知觉对象时利用了联想的补充作用，观念被读入了图形。"因为我们是人，所以我们往往将与我们有关的形式人化（humanise）了；一根柱子，根据它的比例，似乎能轻易承受它的负载，或者在重压之下岿然不动——就像一个男人可能做得那样。因此，我们进入图形的线条中来理解我们自己，或者感受我们自己。"② 铁钦纳对于错觉的解释，让我们马上想到了利普斯在《空间美学与几何学的、视觉的错觉》

----

① "Empathy (a word formed on the analogy of sympathy) is the name given to that process of humanising objects, of reading or feeling ourselves into them, which we described on p. 333." E. B. Titchener, *A Text-book of Psychology*, part II, New York: The Macmillan Company, 1910, p. 417.

② Ibid., p. 333.

中以古希腊的多立克石柱为例对于错觉（本质上是 empathy）的解释。在这本书的第 137 节，铁钦纳再次给出了他关于"empathy"的定义。他说同感是指"一切审美效果都依赖于进入关于我们的世界中来理解（reading）我们自己的活动"。这个定义也完全是在复制第 417 页的定义。

依照劳伦·维斯佩（Lauren Wispé）的考察，"empathy"这个术语真正受到重视和关注是在铁钦纳出版《心理学入门》（*A Beginner's Psychology,* 1915 年）一书之后。[①] 在该书第 45 节"想象的模式"中，铁钦纳再次定义了"empathy"。他说，我们总是有一种进入我们知觉或想象的东西中感受我们自己的自然倾向，例如，当我们在读到一个旅行者写的关于非洲森林的故事时，我们就好像变成了一个探险者进入了茂密的原始森林，感受到里面的阴暗、幽静、潮湿、压抑、潜藏的危险。"empathy"就是这样一种自然倾向："这种进入一种处境感受自己的倾向就叫作'empathy'"。[②] 与他以往的观点一样，他认为"empathy"是类比"sympathy"创造的一个词，后者的意思是"与他人一起感受"（feeling together with another）。在铁钦纳看来，同感的观念在心理学上很有趣，因为它们与知觉相反，其核心特征是想象，其语境是由带有同感意义的动觉和感官感觉所构成的。同感是一种接受性的想象力（receptive

---

① Cf. Lauren Wispé, "The Distinction Between Sympathy and Empathy: To Call Forth a Concept, A Word is Needed," *Journal of Personality and Social Psychology,* Vol. 50, No. 2(February 1986): 314–321.

② E. B. Titchener, *A Beginner's Psychology*, New York: The Macmillan Company, 1915, p. 159.

imagination)。[1]

铁钦纳是利普斯的同时代人，1890—1892 年期间，他赴德国莱比锡大学在冯特的指导下从事实验心理学的研究，应该说对当时德国心理学研究的成果非常了解，奥斯瓦尔德·屈尔佩、威廉·M.冯特、布伦塔诺、利普斯、施莱尔马赫等人的名字和思想多次出现在他后来的论著中。从铁钦纳对"empthy"的翻译、定义和理解来看，他显然熟悉利普斯的同感理论，并受到了后者的影响。他的自然人化的观点和投射、模仿的观点，与利普斯如出一辙。

需要注意的一点是，在现代德语中还有一个与"Einfühlung"同义的词"Empathie"，两者常常交替使用。莫兰认为，这个词由利普斯从希腊词"empatheia"杜撰而来，而据倪梁康的考察，"Empathie"并非如莫兰所言是希腊词的德语翻版，而是铁钦纳的英语词"empathy"的德语回译。[2]我查阅了最新出版的《利普斯文集》，并未发现他曾使用过"Empathie"这个概念，编者福斯蒂诺·法比亚内利（Faustino Fabbianelli）倒是在前言中仅有一处提到了"Empathie"，[3]但他把"Empathie"等同于"empathy"而非"Einfühlung"的同义词，他说，"Einfühlung 不应被看作 empathy 的同义词"，铁钦纳引入的"empathy"属于一个完全不同的语义

① E. B. Titchener, *A Beginner's Psychology*, New York: The Macmillan Company, 1915, p. 159.

② 倪梁康：《早期现象学运动中的特奥多尔·利普斯与埃德蒙德·胡塞尔：从移情心理学到同感现象学》，第 66 页。亦可参见倪梁康：《关于几个西方心理哲学核心概念的含义及其中译问题的思考（一）》，第 45 页。

③ Theodor Lipps, *Schriften zur Einfühlung: Mit einer Einleitung und Anmerkungen*, hrsg. von Faustino Fabbianelli, Baden-Baden: Ergon Verlag, 2018, S. XXXIV.

领域，"因为他标明了这样一个事实：我在我之中将另一个人的心理状态感受为陌生的状态。然而，与此相反，利普斯意义上的'Einfühlen'指的是：通过'Einfühlen'，我在一个首先对于理智的理解而言实存的他人那里感受到我自己"[①]。简言之，铁钦纳的意思是"我在我这里感受到陌生的他人"，而利普斯的意思是"我在陌生的他人那里感受到我"。二者的方向正好相反。因此，铁钦纳的"empathy"完全不同于利普斯的"Einfühlen"，尽管前者用"empathy"翻译了后者的"Einfühlen"。

我认为，法比亚内利对铁钦纳的评价有失公允。就我在上文所考察的铁钦纳论及"empathy"的三部重要文献来看，他的"empathy"概念与利普斯并无二致。在《心理学入门》中，铁钦纳的确提到了"陌生感受"（feeling of strangeness），他说这种感受常常与想象处境中"我们自身关切的感受"（feeling of our own concernment）混杂在一起。但他并没有明确定义何为"陌生感受"，何为"我们自身关切的感受"。他说："当我们读到关于森林的故事时，我们好像变成了一个探险者；我们好像亲身感受到了里面的阴暗、幽静、潮湿、压抑、潜藏的危险。"[②]紧接着，他说："一切都是陌生的，但对我们来说，陌生的体验已经到来。……与陌生感受一样，同感观念（empathic ideas）具有想象的特征。"[③]显然，在这里，铁钦纳区分了陌生感受和同感观念，如果说前者是通

[①]　Theodor Lipps, *Schriften zur Einfühlung: Mit einer Einleitung und Anmerkungen*, hrsg. von Faustino Fabbianelli, Baden-Baden: Ergon Verlag, 2018, S. XXXIII.

[②]　E. B. Titchener, *A Beginner's Psychology*, p. 159.

[③]　Ibid.

过想象所获得的对那些被想象事物的感受，那么后者则是通过想象所获得的"我们自身关切的感受"吗？我倾向于给出肯定的答复。但由于这里没有足够的文本支撑，不宜断言。法比亚内利说"因为他（利普斯）标明了这样一个事实：我在我之中将另一个人的心理状态感受为陌生的状态"，这一说法当然与利普斯本人的观点相左，但这是否确实是铁钦纳的观点，我表示存疑。因为法比亚内利并未给出这一观点的出处，而且，就我所见铁钦纳论述"empathy"的文本中，他并未表达过这样的观点。

哈克认为，英语中的"empathy"这个词源于古希腊语中的"en"（into）和"patheia"（feeling），而"empatheia"这个词在古希腊语文献中非常罕见（very rarely）[1]，它的意思是"强烈的激情或情感"。在现代希腊语中，"empatheia"的意思是"偏见、敌意或吝啬"。他认为，"Empathie"这个德语词是由德国哲学家鲁道夫·赫尔曼·洛采（Rudolf Hermann Lotze，1817—1881）于1858年首次作为"Einfühlung"的一个希腊 – 德语变体引入德语的。[2]

显然，哈克的说法与倪梁康的观点并不一致。从我有限的阅读来看，在18—19世纪的德语文学或美学著作中常见的是"Einfühlung"和"Sympathie"，而从没看到过"Empathie"。法比亚内利的辨析似乎可以印证倪梁康的说法："Empathie"不是"Einfühlung"的德语变体，而就是"empathy"的德语回译。

---

[1]　哈克的言下之意是，"empatheia"这个词在古希腊语中是存在的，只不过几乎没人用而已。

[2]　Cf. P. M. S. Hacker, *The Passions: A Study of Human Nature*, p. 377.

第五节　Einfühlung 与 Sympathie

　　Einfühlung 与 Sympathie 有什么区别和联系？这是本节要讨论的主题。一般认为，在德语哲学中，Einfühlung 这个概念源于"同感美学"（Einfühlungsästhetik）。"同感美学"这个概念出现于 1894 年，[①] 其思想来源是德国浪漫主义运动。依照美学史家李斯特威尔（William Francis Hare, the Earl of Listowel，1906—1997）的说法，"自然的生命化以及人与世界灵魂之间的泛神论的融合"[②]，在浪漫主义的文学作品中得到了出色的描绘。在赫尔德反对康德美学的那种"冷酷的形式主义"的雄辩中，就能发现同感的最初萌芽，因为他认为"美是艺术对象和自然对象中的生命和人格的表达"[③]。据上文考察，也是赫尔德首次发明了"Einfühlung"这个概念。在歌德诺瓦利斯和里希特等人那里也都可以找到同感的影子。[④]

　　同感美学的奠基者是费舍尔父子。老费舍尔用"象征主义"来表达同感的观念，[⑤] 小费舍尔则在其 1872 年完成、1873 年出版的博士论文《论视觉的形式感：美学论稿》中首次明确使用了"Einfühlung"这个概念，用以刻画"将主观感受投射到客观事物中

[①]　Joachim Ritter, hrsg., *Historisches Wörterbuch der Philosophie*, Band 2, Basel: Schwabe & Co. AG., 1972, S. 398.

[②]　Earl of Listowel, *A Critical History of Modern Aesthetics*, London/New York: Routledge, 2016, p. 188.

[③]　Ibid., p. 51.

[④]　Ibid.

[⑤]　Cf. Ibid., p. 54.

去的审美活动过程"①。

弗农·李（Vernon Lee，1856—1935）和 C. 安斯特拉瑟－汤普森（C. Anstruther-Thompson）在 1912 年的一篇论《美与丑》的文章中认为，洛采首次明确提出了审美同感的观念："将我们的内在体验投射到我们看见并且意识到的形式中，这是近代美学最重要的发现。很多心理学家都预示了这一点，在许多诗人的比喻中隐含这样的观念。但是，首次明确地阐述了这一发现并且为其恰当地命名的人是洛采，他在五十年前撰写了《小宇宙》一书，其中的一些论述注定成为心理科学中的经典。"②

同感美学的集大成者当属利普斯。他继承了赫尔德、费舍尔父子和洛采的思想，通过《空间美学与几何学的、视觉的错觉》（1897年）、《美学》（1909 年）和《心理学指南》（1909 年），对其做了系统的理论建构。利普斯把同感看作是自我的一种移置，即把我们亲身体验的东西，我们的力量感，我们的努力、意志、主动或被动的感受，移置到外在于我们的物体中去，移置到在这些物体身上发生的或与它们一起发生的东西中去。③

利普斯区分了"审美同感"（die ästhetische Einfühlung）与

---

① 倪梁康：《关于几个西方心理哲学核心概念的含义及其中译问题的思考（一）》，第 45 页。

② Vernon Lee and C. Anstruther-Thompson, *Beauty and Ugliness: And Other Studies in Psychological Aesthetics*, New York: John Lane, 1912, p. 17. 这篇文章的写作时间是 1912 年，五十年前即是 1862 年，这比 R. 费舍尔提出同感概念要早十年。

③ Theodor Lipps, *Raumästhetik und geometrisch-optische Täuschungen*, Leipzig: Johann Ambrosius Barth, 1897, S. 6.

"实践同感"（die praktische Einfühlung）。前者是一种无利害的审美观照（ästhetische Betrachtung）、审美享受（ästhetischer Genüsse），而后者则是一种利他的感受、一种引发实践动机的力量。[1] 利普斯对审美同感和实践同感的区分，同时标志着同感美学与同感心理学和同感伦理学的区分，因为前者往往指的是对非人的无生命或有生命对象的同感，而后者则特指对他人的同感。不过，虽然同感心理学与同感伦理学都涉及对他人的同感，但前者特指自我与他人的认识关系，而后者则特指自我与他人的伦理关系。

在利普斯看来，我们的认识对象有三种：物体、自我和他人。与之相应，有三种认识方式：感性感知、内感知和同感。我们对他人的同感本质上是一种"模仿的本能"（Instinkt der Nachahmung），正是通过模仿，我们在一种"同一化"（identifizieren）的体验中把握到他人的体验。正因此，利普斯的同感理论也常常被叫作模仿理论。这种理论深刻影响了后来的美学、心理学和社会认知理论。

现象学家胡塞尔为了从先验唯我论的立场出发说明他人的构造问题，借用了利普斯的同感概念，但他反对将同感理解为自我对他人的一种"投射"（Projektion）。他人不是自我的一个副本，而就是他人本身。正是在承认他人的绝对陌异性和外在性的前提下，胡塞尔将同感定义为对其他自我的意识或心灵生活的经验。这是一种外在的经验，而非第一人称式的直接体验。[2]

---

[1] Theodor Lipps, „Einfühlung und Altruismus," S. 215–217.

[2] Cf. Edmund Husserl, *Zur Phänomenologie der Intersubjektivität. Texte aus dem Nachlaß. Erster Teil: 1905-1920.*, *Husserliana* XIII, hrsg. von I. Kern, Den Haag: Martinus Nijhoff, 1973, S. 187. 哈克指出："模仿论者，包括哲学家 Peter Goldie、Alvin Goldman 和实验心理学家 Paul Harris，沿着与休谟、斯密和（转下页）

作为休谟《人性论》的德文译者，利普斯深谙以休谟为代表的道德感哲学。与英国启蒙学派和同时代的很多思想家一样，利普斯也常常把同感与同情（Sympathie）混淆，这里的同情既有自然哲学的意味，又有道德哲学的意味。[①]

在《空间美学与几何学的、视觉的错觉》中，利普斯以古希腊的多立克石柱为例来说明审美同感本质上是一种同情感。他说："我对多立克石柱的行为方式和实现一种内在的生动性的方式产生了同情（sympatisiren mit），因为我在其中又认识到了我自己的一种合乎自然的并且令人愉悦的行为方式。因此，一切关于空间形式的愉悦，……一切审美愉悦，都是令人愉悦的同情感（Sympathiegefühl）。"[②] 可见，在这里，同感与同情具有相同的含义，而同情可以看作是同感的结果。法国的同感美学家维克多·G.巴什（Victor G. Basch）认为，美的根本性质不是思想或意志，而是情感："审美情感本质上存在于对事物，或者更确切地说，对事物

（接上页）利普斯，还有后来的现象学家舍勒、胡塞尔、施泰因和梅洛－庞蒂等人平行的路线，坚持认为，我们关于他人心理属性的判断不是推理的，而是模仿的或投射的。"（P. M. S. Hacker, *The Passions: A Study of Human Nature*, p. 381）哈克的这个说法是不准确的，他对现象学家的观点认定是完全错误的。胡塞尔和施泰因坚决反对在模仿或投射的意义上理解对他人的同感，而舍勒和梅洛－庞蒂拒绝借助同感去理解他人，他们更倾向于认为他人是先在或共在的，无法或无须由自我去"构造"或"证明"他人的存在。

① 值得一提的是，利普斯将休谟的 sympathy 译为了"Mitgefühl"，即"共感"（feeling together）。参见张任之：《心性与体知：从现象学到儒家》，北京：商务印书馆，2019 年，第 109 页。

② Theodor Lipps, *Raumästhetik und geometrisch-optische Täuschungen*, S. 7.

表象的同情行为中。"① 李斯特威尔认为，巴什关于审美同情的看法
与弗里德里希·费舍尔关于审美象征主义的看法一致。因此，审美
体验本质上就是一种同情的象征主义（symbolisme sympathique）。
亨利·柏格森（Henri Bergson）也持有与巴什类似的观点，他认
为审美直觉本质上是一种同情（une espèce de sympathie），"借助
这种独一无二的同情，艺术家把他自己放到了对象内部"②。艺术的
目的就是要对我们人格中的各种力量进行催眠，使我们完全进入
一种被驯服的状态，从而对艺术所表现的感情产生同情，而对于
自然来说，不论它在什么时候表达了人的感情，我们都会对它产
生同情。③ 因此，在李斯特威尔看来，审美同感更确切地应该称之
为"艺术的同情"（artistic sympathy）。④ 他以设问的形式向我们揭
示了艺术同情的本质："艺术家所特有的这种深刻而又生动的同情
究竟是什么呢？它在本质上是艺术和自然这两个重要领域的生命化
（animation）和人化（humanizing），是凭借一种旺盛的生命力和丰
富的想象力的那种不可抗拒的力量，把我们自己的情感和欲望注入
和投射到从各个方面环绕着我们的外部对象中去的活动。"⑤ 显然，
同感美学家这里所谓的同情丝毫没有道德含义，而是一种自然哲学
意义上的同感或共通感。

---

① V. Basch, *Essai Critique sur l'Esthétique de Kant*, Paris: Alcan, 1896, p. 299；转引自 Earl of Listowel, *A Critical History of Modern Aesthetics*, p. 62。

② H. Bergson, *L'Évolution Créatrice*, 1 éd., Paris: Félix Alcan, 1907, p. 192；转引自 Earl of Listowel, *A Critical History of Modern Aesthetics*, p. 63。

③ Cf. Earl of Listowel, *A Critical History of Modern Aesthetics*, p. 63.

④ Ibid., p. 176.

⑤ Ibid., p. 178.

与在审美同感中的情况一样，在对他人的同感中，同感与同情也是混淆在一起的。

在《美学：美与艺术的心理学》中，利普斯再次将"Einfühlung"与"Sympathie"等同了起来。他说："'Sympathie'这个词看来不过是另一个词即'Einfühlung'（的化身）。只要我们在肯定的意义上使用'Einfühlung'，……即作为自由的、内在的参与（Mitmachen），那么情况就是如此。"① 如果说肯定的同感（positive Einfühlung）是"自由的、内在的参与"，那么否定的同感（negative Einfühlung）又是什么呢？在利普斯看来，它是一个人以令人不快的或伤害别人的方式行为时对别人所产生的后果。利普斯举例说："我看见一个人正在看我，他的眼神不是自豪，而是傲慢。我在我这里体验到这种眼神中所包含的傲慢。我并不只是设想到了这种内在的行为或这种内在的状态；我只是对此一无所知；毋宁说，它把这种傲慢强加给了我，它侵入了我的体验。但是，我在内心里面反对它。我的内在的本性（本质）反抗它；我在这种傲慢的眼神中感受到一种对我自己的内在生命的否定或阻碍、对我的人格的一种否定。因此，并仅仅因此，这种傲慢能够伤害我。我的不舒服的感受就建立在这种否定的同感中。"② 可见，否定的同感是对一种令人不快的行为的

---

① Theodor Lipps, *Ästhetik: Psychologie des Schönen und der Kunst. Erster Teil: Grundlegung der Äesthetik.*, Hamburg/Leipzig: Verlag von Leopold Voss, 1903, S. 139.

② Theodor Lipps, „Einfühlung, innere Nachahmung, und Organempfindungen, " in *Archiv für die gesammte Psychologie: Organ d. Deutschen Gesellschaft für Psychologie*, hrsg. von E. Meumann, Band 1, Frankfurt, M.: Akad. Verl.-Ges., 1903, S. 139–140.

感受。在《审美鉴赏与造型艺术》中，利普斯再次讨论了肯定的同感与否定的同感："肯定的同感是对那种协调一致（Einklang）的体验，而否定的同感则是对那种不协调一致（Missklang）的体验。我们也可以把那种协调一致描述为同情（Sympathie）。事实上，同情只不过是一个心理的东西、一种自我体验。对我的意识来说，这种体验和不同于我的对象关联在一起，它侵入我之中，被我自由地接受。它就是对我来说陌生的生命与我自己的生命欲求或生命需要、我自己的生命渴望之间的协调一致。因此，我们也可以把肯定的同感叫作同情的同感（die sympathische Einfühlung）。"[①] 同情是肯定的同感，是我与他人的生命、情感、欲望、需要之间的一种协调一致。这里的同情显然具有了浓厚的伦理意味。

在《伦理学的根本问题》中，利普斯明确指出，对他人的同感本质上是同情："如果我们假定，被感知的表情构成了悲伤的基础，因此，在拥有这种表情的个体中，这种情感状态事实上是存在的，那么，我们也可以用'同感'这个词来指称对相关情感状态的'一同体验'（Miterleben）或'追复体验'（Nacherleben）。而我们最终也能用'同情'（Sympathie）这个外来词[②] 代替这两种表述。"[③] 为此，利普斯也把同感叫作"本能的同情"（instinktive Sympathie）[④]

---

① Theodor Lipps, *Ästhetik: Psychologie des Schönen und der Kunst. Zweiter Teil: Die ästhetische Betrachtung und die bildende Kunst.*, Hamburg/Leipzig: Verlag von Leopold Voss, 1906, S. 21.

② 在上述引文中，我们需要特别注意的一点是，"Sympathie"是一个外来词。这个外来词是从哪儿来的呢？显然是从英国的道德感哲学来的。

③ Theodor Lipps, „Einfühlung und Altruismus," S. 212.

④ Ibid.

或"同情的本能"（Instinkt der Sympathie）[1]。显然，利普斯在这里所谓的同情，本质上仍然是同感。

在《悲剧性》一文中，利普斯对同感下了新的定义："被我看到的痛苦在我身上所造成的对人的价值的感受，叫作同情（Sympathie）。同情就是同感，就是共同体验。"[2] 在这里，利普斯虽然说"同情就是同感，就是共同体验"，但这里的同感已经不单纯是对他人的痛苦的一种共感（Mitgefühl），而是一种"对人的价值的感受"，是对人的人格的一种尊重，是一种伦理意义上的同情。如果说一般意义上的同感指的是我对他人心灵生活的同感（我→他人），我所感受到的是他人的感受，而不是我自己的感受——我的感受与他人的感受之间并不是一种因果关系，而是一种意向性的关系——那么这里的同感（同情）显然指的是我由于同感到了他人的感受（痛苦）从而在我心中产生了另一种不一样的感受，即对价值的感受（我←他人）。这两种同感的含义不同，意向性的方向也不同。

在《伦理学的根本问题》中，利普斯系统阐述了自己的伦理学思想。他的立场与以休谟和斯密为代表的道德情感主义的立场完全一致。在他看来，同感是同情的充分条件："在同感充分展现的地方，完全排除了对出自意欲和愿望的自身利益的考量，以及可能由他者造成的快乐和痛苦，同感必定是与自身利益无关的事物。因

---

[1] Theodor Lipps, „Einfühlung und Altruismus," S. 213.

[2] 原文是 "Sympathie ist Einfühlung, Miterleben." 参见：Theodor Lipps, *Ästhetik: Psychologie des Schönen und der Kunst. Erster Teil: Grundlegung der Ästhetik.*, S. 564。

此，从利己主义中衍生出同感是绝对不可能的。……对他者的同感驱使我们采取利他的行动。因此，如果同感是一个自足的事实，那么利他主义便在我们内部有一个独立的根源。"① 利普斯认为，利他的倾向不是通过环境、传统、习惯和他人对我们的影响而灌输给我们的，而是有它自己的根据。这个根据就是人与人之间那种无法回避的同情，就是我与他人之间那种独特的、必然的、心理上完全可以理解的内在的统一性，就是那种使得别人能够为我而存在的同感或同情。② 正因为同感是人人都具有的一种本能，而这种本能天然地具有利他的性质，所以人在本质上是一个利他主义者（Altruist），而不是一个利己主义者（Egoist）。③ 利普斯之后，同感伦理学在迈克尔·斯洛特（Michael Slote）那里得到了更深入的发展，后者通过区分一阶同感和二阶同感，基于"同感－利他主义"假设，进一步将同感看作道德行动和道德评价的充分必要条件。

现象学家、哲学人类学家马克斯·舍勒（Max Scheler）在《同情的本质与形式》中区分了"同情"（Sympathie）的几种典型形式，例如"相互－同感受"（Miteinanderfühlen）、"共感"（Mitgefühl）④、"感受传染"（Gefühlsansteckung）"同一感"（Einsfühlung）、"追复感受"（Nachfühlung）、爱与恨等。在他看

---

① Theodor Lipps, „Einfühlung und Altruismus," S. 218.

② 参见 Ibid., S. 222–223。

③ Ibid., S. 209.

④ 张任之将此概念译为"同情共感"（参见张任之：《心性与体知：从现象学到儒家》，北京：商务印书馆，2019 年）。刘小枫和朱雁冰将其译为"同感"（参见舍勒：《同情感与他者》，刘小枫主编，朱雁冰和林克等译，北京：北京师范大学出版社，2017 年）。

来，同一感、追复感受、共感、人类之爱（博爱）与非宇宙的位格之爱和上帝之爱之间存在着一种本质性的奠基关系。这种奠基关系的顺序如下：（1）同一感为追复感受奠基；（2）追复感受为共感奠基；（3）共感为人类之爱（博爱）奠基；（4）人类之爱为非宇宙的位格之爱和上帝之爱奠基。舍勒试图通过对休谟、斯密、利普斯等人的同情伦理学进行批判，重建爱的秩序和质料的价值伦理学。在他看来，传统的同情伦理学将同情（即共感）作为道德（包括爱）的基础，颠倒了二者的关系，这种伦理学从一开始就违背了明见的优先法则：一切肯定地有价值的"自发的"行为都应当优先于单纯"反应性的"行为。所有共感行为从本质上来说都是反应性的，而爱则是自发性的。此外，"共感不论以何种可能的形式出现，从原则上来说，它对价值都是盲目的"①，而爱则不然，它本身就是一种肯定的价值，而且致力于实现善的价值。就此而言，自发的、主动的爱构成了被动的、反应性的共感的基础。② 真正的同情伦理学应该建立在爱的基础上，而不是建立在共感的基础上。在我看来，舍勒所谓的"共感"（Mitgefühl），既有"同感"（Einfühlung）的含义，又有"同情"（Sympathie）的含义。从上文的分析来看，利普斯把同情、同感与共感看作同义词，这与舍勒的观点有相似之处。

哈克从语言哲学的角度对同情与同感做了区分。在他看来，"我同情你"（I sympathize with you）是一个准践言的表达（quasi-

---

① *WFS*, S. 18.

② 参见张任之：《心性与体知：从现象学到儒家》，北京：商务印书馆，2019年，第137—146页。弗林斯：《舍勒的心灵》，张志平、张任之译，上海：上海三联出版社，2006年，第89—96页。

performative utterance）。也就是说，在适当的场合或时机说出这句话，就意味着对他人产生了同情，并且确实将自己的同情"给予"（give）他人。同情已经意味着对处于困境中的他人的一种支援和慰藉。然而，之所以说同情是一种"准 – 践言的"而非"践言的"表达，是因为，与承诺不同（承诺被看作典型的践言表达），虚伪会使表演失败："虚伪地说'我同情你'就是假装同情，而虚伪地说'我承诺'仍然做出了一个承诺，而不是假装做出了一个承诺。"①相反，同感主要是一种主动的理解力和认知性的想象力，它是理解他人的思想、感受和体验的一种能力。同感仅限于理解，它并不构成一个践言行为。正因为如此，通常我们几乎不会说"我同感你或我对你产生同感"（I empathize with you），而"我同感你或我对你产生同感"也不是一个准 – 践言的表达。②哈克的这一辨析对于我们理解同情与同感的区别具有重要的参考价值。

结　语

通过对"Sympathie"和"Einfühlung"这一对概念的汉语译名的考察，不难发现"Sympathie"的译名单一且固定，而"Einfühlung"的译名则比较丰富，其中"移情""共情"和"同感"是三种最常见的译法。之所以造成这种区别，与美学、心理学和现象学各自对这个概念的理解有关，也与近代以来西学东渐背景下，汉语学

---

① Cf. P. M. S. Hacker, *The Passions: A Study of Human Nature*, p. 388.

② Cf. Ibid., p. 388.

界对西方思想的接受有关。我认为，应视语境将"Sympathie"译为"同情"（伦理学）或"同感或共感或共同感受"（自然哲学或中性用法），将"Einfühlung"译为"移感"或"移情"。移感与移情（Einfühlung/empathy），仅有一字之差，前者侧重"感"（fühlen/Gefühl），后者侧重"情"（emotion/mood），本质上没有太大差别。将"Einfühlung"译为"同感"，主要是基于利普斯的论述。他一方面将"Einfühlung"和"Sympathie"区分开来，认为前者是行为，后者是结果；另一方面又将二者等同起来，既在行为的意义上将其理解为"共同感受"（mitfühlen/feel with），又在结果的意义上将其理解为"相同的情感"（the same feeling）。同时，利普斯对二者的等同，也是在自然哲学和道德哲学的双重意义上进行的。由此看来，倪梁康坚持将其译为"同感"是有道理的。

从词源学和思想史的角度来看，"Sympathie/sympathy"是一个比"Einfühlung/empathy"出现的早得多的概念，它有自然哲学和道德哲学的双重含义。自然哲学意义上的"Sympathie"建立在万物有灵论（animism）和神人同形同性论（anthropomorphism）的假设基础之上，而道德哲学意义上的"Sympathie"又建立在自然哲学意义上的"Sympathie"上。"Einfühlung"作为感性学（审美学）和认识论的概念，虽然从词源上并不直接出自"Sympathie"，但它却先天分有了后者的自然哲学含义。当人们在对"Sympathie"的双重含义不加区分的情况下就将其与"Einfühlung"等同起来的时候，前者所具有的道德哲学的含义也就被强加到了后者身上。然而，后者的核心含义在于对客体的审美观照或对他人心灵生活的理解，这种观照或理解并不基于万物有灵论或神人同形同性论的假设，而是人的主观意识的产物。此外，同感也并不构成道德行动和道德评价的充分或必要条件，同情并不必然基于同感。从道德哲学或道德心理学的角度来看，同情与价值判断关联在一起，它是道德行动的动机。同情不是道德行动，也并不必然导致道德行动，它首先只是一种关心、怜悯、体恤他人的情感或姿态。从一种情感到具体的行动，至少还需道德意志的努力。相反，同感与价值无涉，它不是一种感受，而只是一种理解的形式。①

从哲学史上看，以休谟和斯密为代表的英国道德感哲学对于"sympathy"概念的讨论和以利普斯为代表的德国同感美学、同感心理学、同感伦理学对"Einfühlung/empathy"概念的讨论，在根本上造成了这两个概念错综复杂的关系，也是造成理解和翻译上混乱的根源。随着胡塞尔现象学和道德心理学的介入，这两个概念之间的界限逐步明晰，自然哲学与道德哲学、认识论与伦理学之间的关系也得到了进一步澄清。当前对于同感和同情问题的研究已经不再局限于美学、心理学、伦理学和现象学，而是扩展到解释学、历史学、政治学、精神分析、神经科学、社会认知和人工智能等多个领域。在这种情况下，交叉学科或跨学科的研究，经验进路、实验进路和先验进路相结合的研究，成了不仅必要而且必然的事实。

---

① 　Cf. Ibid., p. 392.

第二章
理解 Einfühlung 的四条进路[*]

从上一章的考察我们发现，Einfühlung 是美学、心理学、伦理学和现象学中的一个重要概念。关于这一概念的翻译，情况较为复杂，目前国内常见的译法有三种："移情"（美学、伦理学）、"共情"（心理学）、"同感"（现象学）等。① 我认为，"Einfühlung"这个概念在汉语译名上的差异植根于其用法上的差异，而其用法上的差异又植根于思想史传统和诠释传统。从思想史的角度来看，对"Einfühlung"的理解形成了四条基本的进路：（1）同感美学；（2）同感心理学；（3）同感伦理学；（4）同感现象学。为了进一步揭示"Einfühlung"的丰富内涵，厘清这一概念在西方思想史中的流变，

---

* 本章部分内容曾以《理解 Einfühlung 的四条进路：以利普斯为核心的考察》为题发表于《哲学研究》2021 年第 10 期。

① 参见朱光潜：《谈美》《悲剧心理学》，《朱光潜全集》第二卷，合肥：安徽教育出版社，1987 年；陈真：《论斯洛特的道德情感主义》，载于《哲学研究》第 6 期，2013 年，第 102—110 页；李义天：《移情是美德伦理的充要条件吗：对迈克尔·斯洛特道德情感主义的分析与批评》，载于《道德与文明》第 2 期，2018 年，第 15—21 页；林崇德、杨治良、黄希庭主编：《心理学大辞典》，上海：上海教育出版社，2004 年；倪梁康：《关于几个西方心理哲学核心概念的含义及其中译问题的思考（一）》，载于《西北师大学报》（社会科学版）第 3 期，2021 年，第 44—54 页；倪梁康：《早期现象学运动中的特奥多尔·利普斯与埃德蒙德·胡塞尔：从移情心理学到同感现象学》，载于《中国高校社会科学》第 3 期，2013 年，第 65—73 页。文中着重号由我所加，以表强调，下同。

我将在本章对这四条进路进行详细论述。

依我之见，在上述四条进路中，利普斯是一个灵魂人物。他是同感美学的主要代表，也是同感心理学和同感伦理学的创始人，他的同感思想直接影响了胡塞尔。胡塞尔批判地继承了利普斯的同感理论，将利普斯的经验的同感心理学转换成了先验的同感现象学，使同感理论得到了进一步丰富和发展。然而，胡塞尔的同感理论遭到了海德格尔、舒茨、列维纳斯等人的强烈批评，这些批评不仅适用于胡塞尔，而且也适用于利普斯。鉴于以上理由，我的论述也将以利普斯为核心展开。

第一节　同感美学

同感美学①最初诞生于德国，与实验美学一起构成了德国心理学美学的两种基本类型。同感美学的主要代表人物有上文已经提及的费舍尔父子和鲁道夫·H. 洛采、卡尔·格鲁斯（Karl Groos，1861—1946）、利普斯、约翰内斯·福尔克特（Johannes Volkelt，1848—1930）、康拉德·朗格（Kanrad Lange，1855—1933）和瓦尔特·屈尔佩（Walter Külpe，1862—1915）等人，其核心人物是利普斯和福尔克特。②同感美学家虽然都把审美体验看作"同感"，

①　中文所见美学文献中，一般将 Einfühlung 译为移情，为便于讨论，下引相关文献时，统一将"移情"替换为"同感"，不再一一注明。
②　参见李醒尘主编：《十九世纪西方美学名著选》（德国卷），上海：复旦大学出版社，1990 年，第 17 页。

但对同感以及美学具体问题的看法又因人而异，从而又有"联想说"（洛采、西伯克、施特恩）、"同情说"（利普斯）、"内模仿说"（格鲁斯、利普斯）、"游戏说"（格鲁斯、朗格）、"幻觉说"（朗格）等各种观点。①

在美学史上，费舍尔父子被看作同感美学的先驱。② 老费舍尔虽然没有直接使用"同感"这个词，但他所谓"审美的象征作用""同情的象征作用"这种特殊的审美活动就被福尔克特和小费舍尔叫作"同感"。③ 小费舍尔在其博士论文《论视觉的形式感：美学论稿》（1872 年）中首次提出了"Einfühlung"这个概念。

同感美学最杰出的代表人物当属利普斯，其美学的代表作是《空间美学与几何学的、视觉的错觉》（1897 年）和两卷本的《美学》（1909 年）。他认为美学是"关于美的科学"（die Wissenschaft des Schönen），是"关于审美价值的学说"（die Lehre des ästhetisch Wertvollen）。④

在《空间美学与几何学的、视觉的错觉》中，利普斯以古希腊建筑中的多立克石柱（die dorische Säule）为例对同感做了解释。在他看来，多立克石柱"努力""反抗"重量的压制，在横平方向上凝聚成整体，而在纵直方向上耸立伸展，这是石柱"特有的活动"（eigentiche Thätigkeit）。就此而言，石柱并不是一个物，而是一个意象。这个意象是机械力学的解释和人格化的解释共同作用的结

---

① 参见李醒尘主编：《十九世纪西方美学名著选》（德国卷），第 18 页。
② 同上。
③ Earl of Listowel, *A Critical History of Modern Aesthetics*, London/New York: Routledge, 2016, p. 54.
④ Ibid., p. 65.

果。所谓机械力学的解释即物理学的解释；所谓人格化的解释则是心理学的解释，即通过"类比"赋予石柱（物体）以生命、情感和意志。^① 利普斯认为，通过把我们自己与无生命物体进行类比，从而赋予它们以生命、力量、意志和情感的活动就是同感。同感本质上是自我的一种"移置"（hineinverlegen），即"把我们亲身体验的东西，我们的力量感，我们的努力、意志、主动或被动的感受，移置到外在于我们的物体中去，移置到在这些物体身上发生的或与它们一起发生的东西中去"^②。

　　一般而言，审美欣赏的对象是美的事物的感性形状，而审美欣赏的根据则是自我，也即看到与我相对而立的对象（Gegen-stand）而感到欢乐或愉快的那个自我。^③ 但是，在利普斯看来，审美欣赏的对象和根据实际上是同一个东西——自我："在对美的客体进行审美观照时，我感到自己充满活力、自由、自豪。但是，我之所以产生这样的感受，不是因为我面对客体或者与客体相对而立，而是因为我就在客体之中。"^④ 也就是说，在审美欣赏时，我在美的对象

---

①　Cf. Theodor Lipps, *Raumästhetik und geometrisch-optische Täuschungen*, Leipzig: Johann Ambrosius Barth, 1897, S. 3.

②　Ibid., S. 6.

③　Cf. Theodor Lipps, „Einfühlung, innere Nachahmung, und Organempfindung,"in *Archiv für die gesamte Psychologie: Organ d. Deutschen Gesellschaft für Psychologie*, hrsg. von E. Meumann, Band 1, Frankfurt, M.: Akad. Verl.-Ges., 1903, S. 186；转引自 Theodor Lipps, *Schriften zur Einfühlung: Mit einer Einleitung und Anmerkungen*, hrsg. von Faustino Fabbianelli, Baden-Baden: Ergon Verlag, 2018, S. 35。

④　Theodor Lipps, „Einfühlung, innere Nachahmung, und Organempfindung," S. 186；转引自 Theodor Lipps, *Schriften zur Einfühlung: Mit einer Einleitung und Anmerkungen*, S. 36。

中看到了自己，审美欣赏本质上是一种自我欣赏。^①为此，利普斯认为，同感就是这样一个显著的事实：对象就是我，我就是对象。自我和对象的对立消失了。^②

在利普斯这里，并非所有的同感都是审美同感（die ästhetische Einfühlung）。除了审美同感，还存在对他人的"实践同感"（die praktische Einfühlung）。^③审美同感与实践同感的不同之处在于：

第一，审美同感的发生既不依赖于我的证实性的或校正性的经验，也不依赖于我对被同感之物的现实性的意识，而只与我的直接印象有关。^④相反，实践同感，不论是事实，还是臆想，都必须合乎对象的现实。^⑤利普斯把对同感客体之现实性的意识叫作"认识"（Wissen）。审美同感是对某个内在之物或心灵之物的印象，它与感性客体（例如一个人）关联在一起，或者在其中被客体化，与一切认识无关。相反，实践同感同时是对这个内在之物或心灵之物的现实性的现实的或臆想的认识。^⑥

第二，一切审美享受（Ästhetischer Genüsse）都建立在审美同感或同情的基础上，而一切利他的感受、倾向、动力或动机都建

---

① Cf. Theodor Lipps, „Einfühlung und Altruismus," S. 216.

② Cf. Theodor Lipps, „Einfühlung, innere Nachahmung, und Organempfindung," S. 188；转引自 Theodor Lipps, *Schriften zur Einfühlung: Mit einer Einleitung und Anmerkungen*, S. 37。

③ Cf. Theodor Lipps, *Ästhetik: Psychologie des Schönen und der Kunst. Zweiter Teil: Die ästhetische Betrachtung und die bildende Kunst.*, Hamburg / Leibzig: Verlag von Leopold Voss, 1906, S. 34.

④ Theodor Lipps, „Einfühlung und Altruismus," S. 215.

⑤ Ibid.

⑥ Ibid.

立在实践同感的基础上。换言之，一切审美享受在本质上是审美同感或同情的享受，而一切利他动机的作用都是实践同感的作用。[①] 在审美同感中，我在美的对象中直接体验到了"我自己"；在实践同感中，我也在他人中直接体验到了"我自己"。也就是说，作为主体的我体验到了一个被客体化的自己。但是，这两种客体化有所不同：在审美同感这里，客体化与"被客体化的东西是否现实存在"这个问题无关。相反，在实践同感这里，客体化把对现实此在的意识包含在自身之中。用利普斯的话来说就是："利他的感受、倾向、动机之于审美享受，就如同伴随着现实性意识的同感或自身客体化之于单纯的同感或自身客体化。"[②]

第三，审美同感不是认识（知识），避免了被同感之物之现实性或非现实性的问题，其结果是，它不影响实践行为（praktische Verhalten），或者说它缺少产生实践动机的力量。相反，实践同感则必定对我们的实践行为产生影响。因为，如果我们知道了他人的心理过程、状态或行为方式，知道了他人的愿望，那么我们就会产生一种想要体验它们的倾向，因此他人的心理过程、状态或行为方式，他人的愿望必定会从实践上规定我们，正如我们自己的内在体验会规定我们那样。——"这种与被同感之物之现实性意识关联在一起的同感就被称作'实践'同感。"[③]

在利普斯看来，审美同感缺少引发实践动机的力量，这的确可以看作它的一个缺点，但这个缺点恰恰又构成了它的一个优点。因

---

① Theodor Lipps, „Einfühlung und Altruismus," S. 216.

② Ibid.

③ Ibid., S. 217.

为，正是由于审美同感不关心被同感之物是否现实存在，所以同感在其中得以发生的审美观照（ästhetische Betrachtung）才能够把客体从一切现实的利害关系中解脱出来。这在对艺术品的审美观照中表现的非常明显。[①]

李斯特威尔在《近代美学史评述》中全面概述了同感美学的历史发展，对各派同感美学家的观点和相互间的联系都做了精彩评论。在他看来，如果美学史是关于广义的审美体验的科学和哲学，而审美体验，不论它在何时何地发生，都被当成一门人类知识的合法对象的话，那么，我们就完全可以自由地采用并且必须采用各种各样的方法来达到我们的终极目的，而不能仅仅局限于利普斯和福尔克特片面强调的心理学方法。除了心理学方法，发生学、人类学、人种学、史前史、儿童心理学、形而上学的方法都是我们可以而且应当采用的方法。[②]

此外，德国艺术史家和美学家威廉·沃林格（Wilhelm Worringer，1881—1956）最早也对以利普斯为代表的同感美学的片面性提出了深刻批评。在他看来，由同感概念出发的当代美学与浩瀚的艺术史不相符，同感美学"充其量只是在人类艺术感知的某个要素上建立了阿基米德式的原则，这种美学只有与从对应的另一个要素出发的思路相结合，才能成为一个包罗万象的美学体系"。[③]这个对应的要素就是"抽象"（Abstraktion），与之相应的美学叫作"抽象美

---

① Cf. Theodor Lipps, „Einfühlung und Altruismus," S. 218.

② Cf. Earl of Listowel, *A Critical History of Modern Aesthetics*, pp. 174–175.

③ 威廉·沃林格：《抽象与移情》（修订版），王才勇译，北京：金城出版社，2020 年，第 22 页。

学"（Abstraktionsästhetik）。抽象美学并不是从人的同感冲动，而是从人的抽象冲动出发的。如果说同感冲动作为审美体验的前提条件是在有机的美中获得满足的，那么抽象冲动则是在非生命的无机的美中，在结晶质的美中获得满足的。[①] 在沃林格看来，原始民族的艺术意志，特别是东方文明民族的艺术意志，最早展现出了这种抽象的冲动，而这种抽象冲动在希腊人和其他西方民族那里是逐渐减弱的，因为西方人总是为同感冲动寻找地盘。抽象冲动不是将自身沉潜到外物中，也不是在外物中玩味自身，而是将外在世界的单个事物从其变化无常的虚假偶然性中抽取出来，并用近乎抽象的形式使之永恒，使之合乎必然。[②]

第二节　同感心理学

利普斯的同感美学本质上是一种心理学美学或审美心理学。[③] 由于同感美学往往指的是对有生命的动植物和无生命的自然物体或人工制品的同感，而非对人的同感，所以为了讨论的方便，我有意将其与以人为主要考察对象的同感心理学做了区分。

---

① 威廉·沃林格:《抽象与移情》（修订版），王才勇译，北京：金城出版社，2020 年，第 22 页。

② 同上书，第 37 页。

③ 利普斯 1903 年的著作《美学——美与艺术的心理学（第一部分：为审美学奠基）》（Theodor Lipps, *Ästhetik: Psychologie des Schönen und der Kunst. Erster Teil: Grundlegung der Ästhetik.*, Hamburg/Leipzig: Verlag von Leopold Voss, 1903）的标题就明示了这一点。

同感心理学的核心是我们对他人的经验或构造。一般认为，首先从理论上对这一问题进行系统研究和论述的是利普斯。

在《心理学指南》中，利普斯把事物、自我和他人看作三个不同的认识领域，与这三个不同的认识领域相对应，有三种不同的认识方式：对事物的认识依赖于感性感知，对自我的认识依赖于内感知，而对于他人的认识则依赖于同感。① 在他看来，感性感知帮助我们获得关于他人之外在表象，内感知帮助我们获得对自己的心理体验，而同感则帮助我们把握他人之内在的心理体验。把同感看作是认识他人的方式，而且是唯一方式，这是利普斯的首创，对他同时代的现象学家胡塞尔产生了根本影响。②

利普斯说，我们看见我们周围有许多和我们一样的"人"。其实，我们的眼睛并没有看见"人"，我们看见的只不过是一些肉体以及这些肉体的运动。此外，我们没有听见"人"，我们所听见的也只不过是"人"所发出的声音、说出的话。我们说"人"时，指的并不是运动、发声的肉体，而是指"人格"（Persönlichkeit）。③ 虽然我们并没有看见他人的人格，但我们还是相信有他人存在，或者说，在我们心里有一个"异己人格的形象"（ein Bild von fremden Persönlichkeiten），那么这个异己的人格形象是如何在我心里构成（zusammensetzen）的呢？

---

① Cf. Theodor Lipps, *Leitfaden der Psychologie*, dritte Auflage, Lebzig: Verlag von Wilhelm Engelmann, 1909, S. 222.

② 参见倪梁康：《早期现象学运动中的特奥多尔·利普斯与埃德蒙德·胡塞尔：从移情心理学到同感现象学》，载于《中国高校社会科学》第 3 期，2013 年，第 69 页、70 页。

③ Theodor Lipps, „Einfühlung und Altruismus," S. 209.

利普斯的答案是：同感。他说："对我来说，通过同感行为，异己的心理个体是存在的。同感行为构造同一个东西。因此，异己的心理个体是被我从我之中创造（geschaffen）出来的。他的内在的东西是从我自己的内在中提取（nehmen）出来的。异己个体或异己的我是对我自身的一种'投射'、'映射'、辐射的产物，是对我自己的自我的一种特殊类型的双重化。"[①] 异己的人是以自我为根据或原型被构造的，异己的人只不过是自我的一个副本，对他人的同感无非是对自我的同感。这是利普斯同感心理学的一个基本观点。

然而，如果同感始终是对自我的同感而非对他人的同感，我们就永远都无法认识他人而只能认识自己，或者说，只能认识在他人中的自己。利普斯一方面宣称同感是认识他人的唯一方式，另一方面又暗中宣告他人是不可认识的，这在根本上造成了自相矛盾和自我否定。也正是在这一点上，利普斯的同感心理学与胡塞尔的同感现象学形成了鲜明的对比。

利普斯认为同感是一种本能，这种本能也可以称作"模仿的本能"（Instinkt der Nachahmung）。他认为模仿的本能是一种普遍的现象。例如，当我看见一个引人注目的动作或一张鬼脸时，在我身上就会产生一种特殊的力量（Kraft），我会感觉到一种想要做这个动作或扮这张鬼脸的欲望。我不知道这种欲望从何而来，但它确实存在。即使没有任何东西阻止我做这个动作，但我事实上还是做了。当我看见别人打哈欠，我也会不由自主地跟着打哈欠。[②] 在

---

① Theodor Lipps, „Einfühlung und Altruismus," S. 212. 引文中着重号由我所加。
② Ibid., S. 213.

利普斯看来，同感与模仿的倾向是完全相同的，同感可以被叫作模仿。他说："谁承认模仿的本能，谁也会承认同感的本能。二者在根本上是同一个东西。"① 因此，他的同感理论也被叫作模仿理论（Die Nachahmungstheorie）。

模仿理论认为，人有两种天生的本能，即"模仿的本能"（Trieb der Nachahmung）和"表达的本能"（Trieb der Äusserung）。我们正是通过这两种本能通达他人的心灵生活的。② "模仿的本能"是说，人常常直接模仿他人的行为；"表达的本能"是说，人始终通过一种特定的方式在其表情、动作和身体姿态中来表达其内心感受，外在的肉体是内在心灵的一个表达场。③ 利普斯假定，对"异己的表达活动"的视觉感知与对这种表达活动的模仿之间存在一种特定关系。利普斯把这种习惯叫作"模仿的冲动"。

利普斯将"模仿的冲动"分为两种："外在的模仿冲动"与"内在的模仿冲动"。所谓"外在的模仿冲动"是说，我们会外在地模仿另一个人的那些可被观察到的表达活动，如面部表情、手势、语调、身体活动等。所谓"内在的模仿冲动"是说，虽然我们对另一个人的表达活动的视觉感知始终会让我们产生模仿的冲动，但我们会抑制这种冲动，不是外在地，而只是"内在地"模仿这些表达活动。④ 利普斯用杂技演员的例子对此做了论证：我坐在马戏团的观众席上，看到一个杂技演员正在高空中表演惊险的动作。我对杂

---

① Theodor Lipps, „Einfühlung und Altruismus," S. 214.

② Theodor Lipps, *Leitfaden der Psychologie*, S. 193.

③ Cf. Andrea Plüss, *Empathie und moralische Erziehung*, Wien: LIT Verlag, 2010, S. 24.

④ Cf. Ibid., S. 25.

技演员的关注会使我以外在可见的方式通过我的身体来模仿他的动作。我随着演员的动作隐秘地向前或向后弯腰。但是，我的模仿动作有可能会吸引别人的注意，或者会影响别人。这时候，我就会从外在的模仿转向内在的模仿。[①]"内在的模仿"是一种"内在地做""内在地一起做（参与）"或者"内在体验"的结果。[②]

利普斯认为，内在模仿论可能会遭受质疑：我如何证明对异己体验的把握是内在模仿的结果？我如何知道，我当下把握到的是杂技演员的体验，而不是我投射到杂技演员身上的"我的"体验？[③]换言之，我所把握到的并不是杂技演员的体验，而始终是我自己的体验，只不过我把自己的体验投射到杂技演员身上了。当我在观看杂技演员的表演时，我所把握到的害怕实际上并不是杂技演员的害怕，而是我自己的害怕，只不过，我把我自己的害怕投射到杂技演员身上了。

面对这一可能的质疑，利普斯的回答是：我们在同感的过程中与他人同一化（identifizieren）了，我他不分，我就是他，他就是我。基于这种同一化，我们把握到了异己的体验。仍旧以杂技演员为例，利普斯说："在同感中，不存在正在高空中表演的杂技演员与坐在台下观看表演的我之间的区分。我把自己和他同一化了，我

----

① 利普斯认为，任何一种外在的模仿，例如对外在的身体运动、打哈欠、做鬼脸的模仿首先是一种内在的模仿。它是一种对运动冲动（Bewegungsimpulse）或意志力（Willensanstrengungen）的内在的追复体验（Nacherleben），是对"内在行动"、心理行为或心理状态的追复体验。参见 Theodor Lipps, „Einfühlung und Altruismus," S. 213。

② Cf. Andrea Plüss, *Empathie und moralische Erziehung*, S. 26.

③ Cf. Ibid.

在他之中感受我自己，而且处在他的位置上。我很确定，我直接体验到自己正站在高空中，我也很确定，我的意思并不是说，我站在上面。我很确定，我把自己与杂技演员同一化了，也就是说，我们作为同一个人在进行感受。我很确定，我没把自己看成杂技演员。"①虽然我是观众，但我在精神上处在杂技演员的位置上，我把我自己与杂技演员同一化了，并且从一种本己的意义上来理解杂技演员在当下的处境中所体验到的东西。在他做一个跳跃动作之前，我就已经感知到了他的全神贯注和紧张。我把握到了他的愿望：成功地完成跳跃的动作。而当他成功地完成了跳跃动作之后，我也体验到了他的轻松。通过内在的模仿，我在精神上把握到了杂技演员的"欲求和意愿"。②

显然，利普斯的观点是自相矛盾的：我与杂技演员既是又不是同一个人，我们具有又不具有相同的体验。施泰因也认为，利普斯的这种说法是错误的。因为"我与杂技演员不是一体的，而只是在他那里。我并未现实地实行他的活动，而只是好像实行了他的活动"③。我通过"模仿"所获得的并不是他人的体验，而是我自己的体验。因此，"模仿理论不能成为对同感的一种发生解释"④，而同

---

① Theodor Lipps, *Ästhetik: Psychologie des Schönen und der Kunst. Erster Teil: Grundlegung der Ästhetik.*, Hamburg/Leipzig: Verlag von Leopold Voss, 1903, S. 123.

② Ibid., S. 119.

③ Edith Stein, *Zum Problem der Einfühlung, Edith Stein Gesamtausgabe* 5, hrsg. von Klaus Mass, Freiburg im Breisgau: Herder, 2008, S. 28.

④ Ibid., S. 37.

感也不是同一感。[①] 舍勒肯定了施泰因的说法，他说"同一感是一种模棱两可的情况，在这种情况下不仅他人的、独立的感受过程被无意识地当成了自己的感受过程，而且异己的我恰恰（在其所有基本行为中）也与我自己的我同一化了。这里的同一化既是不自觉的，也是无意识的"。[②] 在他看来，模仿并非理解他人的表情或动作的前提条件，恰恰相反，只有当我们完全理解了他人的表情或动作，模仿才有可能发生。此外，尽管我们不会也无法模仿某些表情或动作，但我们依然能够理解它们。例如，我们虽然不能像狗那样摇尾巴，但我们依然能够理解，狗看见主人摇尾巴是因为它感到高兴。[③]

第三节　同感伦理学

如果说同感心理学探讨的是自我对他人的认识问题，那么同感伦理学所探讨的则是自我与他人的伦理关系问题，其核心概念是本文第一部分所提及的实践同感。同感伦理学始于 18 世纪的英国道德感哲学。利普斯作为休谟《人性论》的德文版译者，熟悉休谟的作品和思想，对康德的义务论、密尔和杰里未·边沁（Jeremy Bentham，1748—1832）的功利主义、英国道德感哲学都有深入研究，在其美学和心理学著作中，渗透了大量关于伦理学的论述。在

---

① Edith Stein, *Zum Problem der Einfühlung, Edith Stein Gesamtausgabe* 5, hrsg. von Klaus Mass, Freiburg im Breisgau: Herder, 2008, S. 28.

② Max Scheler, *WFS*, S. 29.

③ Ibd., S. 22. 同时参见张浩军:《施泰因论移情的本质》，载于《世界哲学》第 2 期，2013 年，第 149 页。

《美学》第二卷①和《伦理学的根本问题》中，利普斯通过区分审美同感与实践同感，对同感与利他主义伦理学之间的关系做了集中阐释。②

利普斯伦理学的一个基本问题是：人在本质上是一个利己主义者（Egoist），还是一个利他主义者（Altruist）？③在他看来，人在本性上并非像性恶论者所认为的那样纯粹是自私自利的，人与人之间也并非像狼与狼一样充满了敌意，互相掠夺和残杀。相反，人天然地就具有与他人共快乐同悲伤的利他的或社会的关切之心。这不但有人类历史和日常生活为凭，而且也有人不得不如此的特定的心理事实为证。这一心理事实就是"同感"。人只要知道除了自己之外还有他人存在，他必然（unweigerlich）就会产生关心他人"福祉"（Wohl）的、利他的心理。④因此，同感是同情的充分条件："在同感充分展现的地方，完全排除了对出自意欲和愿望的自身利益的考量，以及可能由他者造成的快乐和痛苦，同感必定是与自身利益无关的事物。因此，从利己主义中衍生出同感是绝对不可能的。［……］对他者的同感驱使我们采取利他的行动。因此，如果同感是一个自足的事实，那么利他主义便在我们内部有一个独立的根源。"⑤

在利普斯看来，审美同感最清楚地证明了同感价值的独立性，

---

① Cf. Theodor Lipps, *Ästhetik: Psychologie des Schönen und der Kunst. Zweiter Teil:Die ästhetische Betrachtung und die bildende Kunst.*, S. 32–36.

② 关于审美同感与实践同感的区分，参见本文第一部分"同感美学"。

③ Theodor Lipps, „Einfühlung und Altruismus," S. 209.

④ Ibid., S. 209.

⑤ Ibid., S. 218.

也即利他动机与利己动机的对立。这种对立在现实生活中能够找到很多例证，例如，有人为了维护或增进他人的福祉，不惜牺牲自己的利益甚或生命。如果人人生来都是利己主义者，那么一切道德和善行都将是不可能的。[①] 为此，利普斯断言，利他的倾向确实存在，这是毋庸置疑的，这种倾向无论如何也无法从利己主义中推演出来。它既不是伪装的利己主义，也不源于利己主义。对我们来说，利他的倾向不是通过环境、传统、习惯和他人对我们的影响而灌输给我们的，而是有它自己的根据。这个根据就是人与人之间那种无法回避的同情，就是我自己与我认识的异己人格之间那种独特的、必然的、心理上完全可以理解的内在的统一性，就是那种使得别人能够为我而存在的同感或同情。任何一种想把利他主义归化为利己主义的尝试都是对同感这种确定无疑的心理事实的无知。[②]

然而，利普斯把同感看作利他主义的充分条件，这是成问题的。理由有三：

第一，当主体 A 对主体 B 的痛苦或不幸产生同感时，仅仅意味着主体 A 对主体 B 的情感状态或现实处境有一种"切身的"理解和直接的把握，而并不意味着他必然会采取一个道德行动。A 完全可以对 B 保持一种冷漠的态度，或者相反，正是由于同感到了 B 的痛苦，反而使 A 感到高兴或"幸灾乐祸"，对于一个施虐狂来说，情况即是如此。[③]

---

① Theodor Lipps, „Einfühlung und Altruismus," S. 218–219.

② Cf. Ibid., S. 222–223.

③ 参见张浩军：《同感与道德》，载于《哲学动态》第 6 期，2016 年，第 76 页；李义天：《移情是美德伦理的充要条件吗：对迈克尔·斯洛特道德情感主义的分析与批评》，《道德与文明》第 2 期，2018 年，第 18 页。

第二，主体 A 之所以对主体 B 采取道德行动，并不必然是因为他"亲历"或目睹了 B 的痛苦或不幸，而有可能是基于普遍的道德原则。特别是对于那些在时空上离自己非常遥远的异己人，对于历史人物而言，同感是失效的。康德主义者和功利主义者认为"实施正确的道德判断或做出恰当的道德评价，最需要的也是唯一需要的就在于发现和遵循某种普遍的、理性的道德原则"。① 对于理性主义者而言，情感是模糊的、矛盾的、虚假的、不稳定的，因此奠基于并且作用于人类情感反应的同感机制对伦理学而言，不仅是不必要的，而且是应当避免的。② 对亚里士多德主义者来说，采取道德行动的前提并非基于同感，而是基于对当下情境的判断。亚里士多德主义无须承诺"同情必定基于同感"的观点。③

第三，如果他人是自我的一种双重化，他人的自我无非是自我的一个副本，那么利普斯的"同感－利他主义"观点就会面临"同感－利己主义"的质疑，因为，当我们由于同感到了他人的不幸或痛苦从而采取了关心或帮助他人的道德行动时，我们所关心或帮助的无非是我们自己。与其说我们不愿看到他人遭受不幸或痛苦，不如说我们不愿看到自己遭受不幸或痛苦。这种观点恰恰与皮里亚文（John Piliavin）等人提出的"同感－利己主义"假设如出

① 参见李义天：《移情是美德伦理的充要条件吗：对迈克尔·斯洛特道德情感主义的分析与批评》，第 17 页。

② 参见同上。

③ Martha C. Nussbaum, *Upheavals of Thought: The Intelligence of Emotions,* New York/Cambridge: Cambridge University Press, 2001, pp. 328-334. 参见李义天：《移情是美德伦理的充要条件吗：对迈克尔·斯洛特道德情感主义的分析与批评》，第 18 页。

一辙。①

　　利普斯之后，同感伦理学在迈克尔·斯洛特（Michael Slote）那里得到了进一步发展。斯洛特明确把英国道德感哲学引为自己的思想源头，但他却声称自己的道德情感主义（moral sentimentalism）建立在 20 世纪 60 年代由社会心理学家所提出的"同感 - 利他主义"假设（Empathy-Altruism Hypothesis）②之上。认为同感是道德的充分必要条件，是我们做出道德判断、采取道德行动的前提和基础。③事实上，利普斯在《伦理学的根本问题》中已经非常明确地提出并

①　社会心理学家约翰·皮里亚文（John Piliavin）及其团队成员将同感看作一种情感共鸣现象。他们通过实验表明，当我们看到他人遭受痛苦或不幸时，我们会陷入心理焦虑，而我们之所以选择帮助别人，并非出于利他的道德动机，而是为了维护我们自己的利益。当我们看见一个人血流满面时，我们会赶紧帮他止血，拨打 120 或 110。当我们看到一个孩子无助地哭泣时，我们会去安慰这个孩子。但是，我们之所以救助伤者、帮助这个孩子，并非完全出于关心他们的利益，而是为了让自己摆脱那种不舒服的感觉。从表面上来看，这样的行为是利他的，但从本质上来看，则是利己的（Cf. Andrea Plüss, *Empathie und moralische Erziehung*, S. 10；同时参见张浩军：《同感与道德》，第 75 页）。

②　Michael Slote, *Moral Sentimentalism*, Oxford: Oxford University Press, 2010, p. 16. "同感 - 利他主义"假设主要来自社会心理学家，例如比绍夫 - 科勒（Bischof-Köhler）、C. 丹尼尔·巴特森（Daniel C. Batson）、肖恩·尼克尔斯（Shaun Nichols）、R. 布莱尔（R. Blair）。相关论述详见张浩军：《同感与道德》，载于《哲学动态》第 6 期，2016 年，第 73—80 页。

③　斯洛特的这一强主张存在许多问题，对他的批评意见认为，同感既非道德的充分条件，亦非其必要条件。具体论证参见陈真：《论斯洛特的道德情感主义》，载于《哲学研究》第 6 期，2013 年，第 102—110 页；李义天：《移情是美德伦理的充要条件吗：对迈克尔·斯洛特道德情感主义的分析与批评》，第 15—21 页。

论证了"同感 – 利他主义"的观点（而非假设），但斯洛特却完全忽视了这一点。不仅是斯洛特，还有许多道德情感主义者（例如马丁·L. 霍夫曼，C. 丹尼尔·巴特森），虽然都持有"同感 – 利他主义"的观点，但他们在讨论同感问题时，至多提及一下利普斯的模仿理论，而对他的其他思想则只字不提。[①] 这种做法的思想史后果是显而易见的：利普斯在同感伦理学上的贡献被完全埋没，其形象被片面化为一个心理学家和美学家。

第四节　同感现象学

按照马蒂亚斯·施洛斯贝格（Matthias Schloßberger）的说法，类比推理理论（Die Analogieschlußtheorie）[②] 和同感理论主导了1900

[①] 当代的同感伦理学几乎也完全忽视了胡塞尔的理论贡献，在众多类似《同感与道德》这样的伦理学文献中，鲜见胡塞尔的身影。

[②] 类比推理理论（Die Analogieschlußtheorie）的代表人物是心理学家本诺·埃尔德曼（Benno Erdmann, 1851—1921）和哲学家约翰·密尔（John Mill, 1806—1873）。他们认为，当我们经验他人时，最先由他人给予我们的东西并不是被赋予灵魂的身体，而只是物理的、无灵魂的肉体。也就是说，灵魂和肉体是分离存在的，我们无法在他人的肉体中直接感知他人的"我"，我是基于对我自己的心理状态、行为动机、行为方式和后果的理解，通过类比推理来把握他人的"我"的。参见 Dermot Moran, "The Problem of Empathy: Lipps, Scheler, Husserl and Stein," in *Amor amicitiae: On the Love that is Friendship. Essays in Medieval Thought and Beyond in Honor of the Rev. Professor James McEvoy.*, ed. by Thomas A. F. Kelly, and Philipp W. Rosemann, Leuven/Paris/Dudley, MA: Peeters, 2004, p. 302。

年左右的哲学讨论。[①] 利普斯虽然不是现象学家，但他的同感理论却深刻影响了现象学的开创者胡塞尔，他关于只有通过同感才能认识他人的思想构成了胡塞尔同感理论的基础。耿宁（Iso Kern）指出，"胡塞尔大约是自 1905 年起并且主要是在与利普斯的辨析中开始研究'同感'问题的"。[②] 早在 1908 年胡塞尔就用这个概念来表达对他人的感知："我具有自身意识，即是说，我具有现时的心理体验，关于他人，我具有同感（Einfühlung）意识，他的'意识'是以同感的方式（einfühlungsmäßig）被设定的。"[③] 胡塞尔对同感问题的研究一是为了贯彻其意向性理论，二是为了克服"唯我论"的先验假象（Transzendentaler Schein）。

胡塞尔明确声称，他从利普斯那里借用了"同感"（Einfühlung）这个词，但是用得很不自在。在写于 1914 年或 1915 年的一篇文稿中，他说"同感是一个错误的表达"。[④] 在写于 1923—1924 年的《第一哲学》中，胡塞尔在谈到他人经验时说："这种在对一个异己身体性的把握中彼此关联的对空间物体的看（Sehen）和原初地具有解释性质的看作（Ansehen），作为表达、理解，相对于纯粹外在的、已经被奠基的本己身体的知觉来说，是经验的一种本己的基本

---

① Matthias Schloßberger, *Die Erfahrung des Anderen: Gefühle im menschlichen Miteinander*, Band 2, *Philosophische Anthroprologie*, Berlin: Akademie Verlag, 2005. S. 11.

② Edmund Husserl, *Zur Phänomenologie der Intersubjektivität. Texte aus dem Nachlaß. Erste Teil: 1905–1920.*, *Husserliana* XIII, hrsg. von Iso Kern, Den Haag: Martinus Nijhoff, 1973, „Einleitung des Herausgebers," S. XXV.

③ Ibid., S. 11.

④ Ibid., S. 335.

形式，依其本性，它仍然应被称作知觉。"[1] 在说完这句话之后，胡塞尔紧接着加了一个脚注："这种借助解释的经验，近来通常被不太恰当地称作'同感'"。[2] 在倪梁康看来，胡塞尔对利普斯的批评主要基于两个方面：一是利普斯的同感理论没有深入到他人经验的根源和底层，即"感官学的（ästhesiologisch）层面"；二是利普斯没有对"表达"作更细致的区分。[3] 尽管胡塞尔对"Einfühlung"这个概念如此不满，但他始终没有找到一个更合适的词来替代它。直到1938年去世前，胡塞尔始终在用这个概念讨论他人问题。

胡塞尔所谓的同感，是指一个人对另一个人的意识或主体性的经验，是以第一人称的形式对另一个意识、心灵（包括动物心灵）或精神的经验生活的深入感受。[4] 在《主体间性现象学》中，胡塞尔说，"同感是经验性经验的一种特殊形式（Einfühlung, die doch eine besondere Form der empirischen Erfahrung ist）。在同感中，进行同感的自我经验到其他自我的心灵生活，更确切地说，其他自我的意识。"[5] 施泰因继承了胡塞尔的观点。在《论同感问题》中，

---

① Edmund Husserl, *Erste Philosophie* (1924/25). *Zweiter Teil: Theorie der phänomenologischen Reduktion.*, *Husserliana* VIII, hrsg. von Rudolf Boehm, Den Haag: Martinus Nijhoff, 1959. S. 63.

② Ibid., S. 63.

③ 参见倪梁康：《早期现象学运动中的特奥多尔·利普斯与埃德蒙德·胡塞尔：从移情心理学到同感现象学》，第71页。

④ Cf. Dermot Moran and Joseph Cohen, *The Husserl Dictionary,* London/New York: Continuum Press, 2012, p. 94.

⑤ Edmund Husserl, *Zur Phänomenologie der Intersubjektivität. Texte aus dem Nachlaß. Erster Teil: 1905–1920.*, *Husserliana* XIII, S. 187.

她说，同感"是对异己主体及其体验行为的经验"，[1]（Erfahrung von fremden Subjekten und ihren Erleben），[2] 它是"一种自成一类的经验性行为"（eine Art erfahrender Akte *sui generis*）。[3] 为什么胡塞尔和施泰因都是用"Erfahrung"而不是"Erlebnis"来刻画我们对异己主体及其意识的把握呢？因为"我"不是"他"，我不能"体验"他的体验，我只能作为一个旁观者"经验"他的体验，换言之，我们只能从对他人身体的外在表现（leibliche Äußerungen），也即其表情、姿势、动作等的经验中来把握他人的心理体验。从这个意义上说，对他人的经验只能是一种"异己经验"。[4]

施洛斯贝格认为，类比推理理论和同感理论有一个共同点，那就是：对另一个自我的经验是由两个阶段构成的：（1）第一个阶段是对另一个肉体的感知；（2）第二个阶段是异己的肉体指示一个异己的自我。[5] 胡塞尔的同感理论分享了类比推理的前提，[6] 即认为在对他人的经验中最先给予我们的是无灵魂的肉体，但他不同意类比推理理论的结论，即认为我们是基于对自己的心理状态、行为动机、行为方式和后果的理解，通过类比的方式来把握他人的心灵生活的。胡塞尔认为，我们的肉体和心灵不是截然两分、毫无关联的，相反，肉体是心灵的表达场，我们的一切心理活动，我们的情

---

[1] Edith Stein, *Zum Problem der Einfühlung*, S. 5.

[2] Ibid., S. 5.

[3] Ibid., S. 20.

[4] 参见张浩军：《施泰因论移情的本质》，第 143 页脚注。

[5] Matthias Schloßberger, *Die Erfahrung des Anderen: Gefühle im menschlichen Miteinander*, S. 11.

[6] Ibid., S. 131.

感、意志、思想，都会通过我们的语言、表情、动作、姿态"外在化"，都会通过我们的肉体被"共现"（appräsentieren）出来。在对他人的外在经验中，我们可以通过"类比的立义"（analogisierende Auffassung）和"统觉的转移"（apperzeptive Übertragung），将意识或心灵归属于他人的肉体，将其构造为一个"自我–主体"（Ich-Subjekt）。[①] 具体而言，胡塞尔对他人的构造分析大致可以分为两个步骤：(1) 通过以相似性为基础的"结对联想"（paarende Assoziation）把在我的知觉领域中出现的异己肉体构造为他人的肉体（Körper）；(2) 通过类比的统觉（analogisierende Apperzeption）或"共现"赋予他人以"意识"或"自我"，从而将他人构造为一个"心理–物理"的统一体，一个不同于自我的他我（alter ego）。[②]

胡塞尔的同感理论在一定程度上克服了类比推理理论和模仿理论的缺陷，在承认他人的外在性和绝对他异性的前提下，也为他人的可通达性和可理解性奠定了理论基础。但是，胡塞尔以周围世界中的他人为样本、以肉体中介、以知觉为核心的意向性分析也给他人问题的解决留下了隐患。正如施洛斯贝格正确地指出的那样，胡塞尔同感理论中的诸多困难都与身体的间接性有关。虽然胡塞尔本人也已经意识到了这一问题，但他无法绕开间接性这个概念，因为间接性与他的理论前提有关：凡是属于他人之自身本质的东西都不可能以直接的方式通达。由于胡塞尔从一开始就排除了对他人的心理内容进行直接经验的可能性，所以，他必须把主体间性理解为一

---

① 参见张浩军:《舒茨社会世界现象学视域中的他人问题》，载于《学术研究》第 5 期，2018 年，第 22 页。

② 参见同上。

种被中介化了的主体间性。①

在舍勒看来，类比推理理论和同感理论（此处特指利普斯的同感理论）都是错误的，因为它们都预先做了这样两个基本的设定："(1)'首先被给予'我们的是我们自己的'我'；(2)从另一个人那里'首先'被给予我们的是他的肉体的显现，这个肉体的变化、活动等。只有在肉体被给予的基础之上，我们才设想他有灵魂，有一个异己的'我'存在。"②舍勒认为，我们完全可以不用体验到他人的肉体，就可以认识并确证他人的存在。③我们也不是通过同感才认识他人的，毋宁说，同感的发生本身是以承认他人的存在为前提的，否则我们就不可能把自己"投射"进他人之中。舍勒甚至认为，人从一开始就更多地生活在他人之中、共同体之中，而不是自己的个体之中，只是在后来随着理性的发展和自我意识的觉醒，才逐渐从他人之中分离出来。④

虽然舍勒对同感理论的批评主要是针对利普斯的，但由于胡塞尔的同感理论兼具舍勒所指出的这两个基本预设，所以舍勒对利普斯的批评同样适用于胡塞尔。

胡塞尔的同感理论也遭到了海德格尔、舒茨、列维纳斯等人的强烈批评：

第一，海德格尔批评胡塞尔的先验转向，也反对其用"同感"概念来解决他人问题的方案，认为"同感"只不过意味着"他人就

---

① Matthias Schloßberger, *Die Erfahrung des Anderen: Gefühle im menschlichen Miteinander*, S. 130–131.

② Max Scheler, *WFS*, S. 238.

③ Ibid., S. 236–237.

④ Ibid., S. 241.

是自我的一个副本"① 而已。海德格尔认为，此在"在世界之中存在"并不是孤身一人存在，也不是先有此在，而后再有此在构造出一个他人，而毋宁是，此在与他人从一开始就处在一个"共在"（Mitsein）结构中。"'在之中'就是与他人共同存在"，而且"只有在共在的基础上，才有同感的可能"②。

第二，舒茨敏锐地洞察到了胡塞尔同感理论的缺陷，不仅对这一理论提出了深刻的批评，而且还为进一步完善对他人的分析提出了新的理论。③ 在他看来，胡塞尔的同感理论只是解决了周围世界中他人的构造问题，而对于超出我们的知觉经验范围，处于共同世界、前人世界和后人世界中的他人的构造问题，则并没有给出说明。在批判地吸收胡塞尔他人理论的基础上，舒茨进一步将这一问题延伸到了理解社会学的领域，对社会世界中不同类型的他人之构造进行了详细分析。

第三，列维纳斯认为，胡塞尔的孤独自我与作为他者的他人没有任何关系。④ 把他人当作由先验自我所构造的另一个单子自我，本质上遗漏了他人的无限他异性并将之还原为了"同一"（the same）："将他人当作另一个自我就等于将他的绝对他异性中立化了"。⑤ 列维纳斯要反对的恰恰是以胡塞尔为代表的主体性哲学或

① Matin Heidegger, *Sein und Zeit*, Tübingen: Max Niemeyer Verlag, 1967, S, 124.

② Ibid., S. 125.

③ 参见张浩军：《舒茨社会世界现象学视域中的他人问题》。

④ Cf. E. Levinas, *Existence and Existents*, The Hague: Martinus Nijhoff Publishers, 1978, p. 85.

⑤ E. Levinas, *Ethics and Infinity*, Pittsburgh: Duquesne University Press, 1985, p. 123.

"同一"哲学。在他看来，他人先于或高于自我，伦理学而非存在论才是真正的第一哲学。

在我看来，虽然胡塞尔揭示了利普斯同感理论的缺陷，赋予同感概念以新的含义，并重新刻画了同感现象的运作机制，但因其唯我论和身心二元论的基本预设与利普斯并无二致，因此他的同感理论与利普斯的同感理论面临同样的困境。也正是在这个意义上，反过来看，海德格尔、舒茨和列维纳斯对胡塞尔的批评也完全适用于利普斯。质言之，同感只是认识和理解他人的一条进路，而非唯一且标准的进路。

结　语

从对同感概念的思想史考察中我们发现，利普斯是一个灵魂人物，他的同感理论呈现出了三个面相，即同感美学、同感心理学和同感伦理学。这三个面相为我们从审美、认知和伦理的意义上理解人与自然的关系、自我与他人的关系提供了独特的视角和宝贵的理论资源，对同时代和后来的美学、心理学和伦理学都产生了深远的影响。从哲学上来说，他的同感理论直接影响了胡塞尔，并催生了以他人之构造问题为核心的同感现象学。

利普斯把同感分为审美同感和实践同感，这从根本上决定了这一概念的双重含义和后来的混淆：（1）同感指的是审美主体对审美客体（往往指的是有生命的动植物和无生命的自然物体或人工制品）的同感，其结果是，主体的情绪或感受被移置到了客体之中（同感美学）；（2）同感指的是对他人的情绪或感受的一种外在的经

验，其结果是产生了"与"（with）他人的同感（同感心理学）和
"对"（for）他人的同情（同感伦理学）。我们今天对"同感"与
"同情"的混淆和误用在很大程度上要归因于利普斯。

利普斯的同感伦理学是从其同感美学和同感心理学中衍生出来
的，其理论核心是同感与同情（利他主义）的关系问题。利普斯继
承了18世纪英国道德感哲学，将同感看作道德的充分条件。这种
观点在当代的道德情感主义中得到了丰富和强化，特别是斯洛特关
于一阶同感与二阶同感的区分，使同感与道德判断的关系变得更为
复杂。然而，从胡塞尔对同感的现象学分析和当代诸多批评者的观
点来看，同感既非道德的充分条件，亦非必要条件。同感是一种中
立的意识活动，与道德无涉。[①]

利普斯声称，他人是自我借助同感构造的，这种观点直接影响
了胡塞尔。胡塞尔借用了利普斯的同感概念，但他所借用的不是审
美意义上的同感，而是实践意义上的同感。而且，胡塞尔对同感的
研究只限于认识论，而未触及伦理学。他拒绝通过"模仿"机制来
说明对他人的理解，而是通过意向性理论和发生现象学来说明他人
作为一个不同于自然物体的意向相关项（Noema）是如何在先验自
我中被"构造"的。

利普斯认为，不论是在审美同感中，还是在实践同感中，我在
客体中体验到的都是我自己的人格，异己自我不过是我的自我的一
种"投射""映射"或"辐射"，这就从根本上否认了认识他人之可

---

① 关于对同感伦理学的分析和批评，参见张浩军：《同感与道德》；陈真：《论
斯洛特的道德情感主义》；李义天：《移情是美德伦理的充要条件吗：对迈克
尔·斯洛特道德情感主义的分析与批评》。

能性：我认识的永远都是我自己，而非他人。这是胡塞尔所不能同意的。也正是在这个意义上，胡塞尔批评利普斯的"同感"是一个错误的表达，[①] 因为同感不是自我的投射或移置，而是对他人之他异性和外在性的一种直接的经验。一方面，胡塞尔的同感现象学虽然澄清了利普斯对同感的种种误解，但他的理论仍然存在很多漏洞。由于这些漏洞是由于分享了与利普斯同样的理论前提造成的，所以海德格尔、舒茨、列维纳斯等人对胡塞尔的批评同样适用于利普斯。另一方面，虽然同感现象学的确存在这样、那样的问题，但其对同感之本质的理解具有相当的合理性，不论是对于利普斯的同感理论，还是对当代的道德心理学都可以起到必要的校正和纠偏作用。

---

① Edmund Husserl, *Zur Phänomenologie der Intersubjektivität. Texte aus dem Nachlaß. Erste Teil: 1905–1920.*, *Husserliana* XIII, S. 335.

第三章
精神分析语境中的移情[*]

本书的主题是同感、他人与道德。这个主题不仅适用于现象学，而且也适用于精神分析。精神分析的对象是他人，精神分析师在对他人的精神现象进行分析的过程中，自然会与受分析者产生同感，而不论是在分析师与受分析者之间，还是在受分析者与其重要关系人之间，都在不同程度和不同意义上存在某种伦理–道德关系。因此，不论是在精神分析学中，还是在精神分析和治疗的实践中，同感、他人与道德这三个因素往往都是不可或缺的。不过，本章的重点不是研究精神分析中的同感、他人与道德问题，而是研究其中的"移情"现象，并借此与现象学的同感理论建立联系。

如前文所述，德语的"Einfühlung/Empathie"或英语的"empathy"在汉语中有三个常见的译名，一是"同感"，一是"移情"，一是"共情"（在精神分析学和心理学中较为常见）。而在汉语的精神分析学中，我们也常常看到"移情"这个概念，但这里的移情已经不再是德语的"Einfühlung/Empathie"或英语的"empathy"，而是德语的"Übertragung"或英语的"transference"。^①

---

* 本章部分内容曾以《精神分析语境中的移情》为题发表于《现代哲学》2022年第1期。

① 英国人迪伦·埃文斯所著的《拉康精神分析介绍性辞典》的中文译者李新雨在关于"Übertragung/ transference"的词条解释中提出了对"移情"这种译法的不同意见，主张将其译为"转移"。李新雨的主要观点如下：（转下页）

可以说，汉语中的"移情"是一个"同名异义词"。

　　按照弗雷格的"意义 – 指称"论，虽然"移情"（Übertragung 或 Einfühlung）这个外来词的汉语译名是同一个（即作为汉字的"移情"），但其意义和指称却迥然有别。在西格蒙德·弗洛伊德（Sigmund Freud，1856—1939）开创的精神分析学中，"移情"（Übertragung）指的是病人将过去对某个重要他人（例如父母）的具有乱伦性质的爱"转移"到精神分析师 [1] 身上的现象，而"共情"（Einfühlung）则指的是精神分析师对病人的这

（接下页）"国内精神分析学界通常将弗洛伊德的'transference'译作'移情'，然而这个译法是值得商榷的。首先，德语单词'Übertragung'在字面上兼有'转移''迁移''传递''传输'与'转译'等多重含义，如可用来指涉能量或资产的转移，而其英文的'transference'在心理学上也被学习理论用来指称知识或技能的迁移。该词在弗洛伊德最早于《释梦》中使用时特指无意识表象的移置，而后才被用来指涉在治疗关系情下发生的分析者对于分析家的转移。国内通常的既定译法是'移情'，但是根据《精神分析词汇》一书的作者的观点，被转移的事物并不仅限于情感，诸如行为模式、对象关系类型、力比多贯注、无意识的愿望或幻想，乃至自我与超我等人格组织都可以是被转移的内容，甚至分析者每次步行或乘坐交通工具去分析家的工作室，以及每次分析结束后付给分析家的费用皆可以构成一个'转移'，因此不能单纯地译作'移情'。因为在转移中夹杂的情感只是在表象的错误联结中被激起的一种想象性效果，所以不能只根据被转移的内容或在转移中唤起的结果（即情感）来界定转移作为一种'错误联结'现象的象征结构性本质。"（参见迪伦·埃文斯：《拉康精神分析介绍性辞典》，李新雨译，重庆：西南师范大学出版社，第 397 页脚注。）事实上，"转移"这种译法在精神分析学的汉语翻译中也较为常见。

① 精神分析本身具有治疗的性质，因此精神分析师有时也被称作治疗师或医生。对于接受心理咨询和分析的人，有时被称为"来访者"，但如果被诊断为某种心理疾病的话，则被称为"病人"。所以，"来访者 – 咨询师 / 分析师""病人 – 医生 / 治疗师"是对置的概念。

种移情的理解和感受；在费舍尔父子开创的移情（同感）美学（Einfühlungsästhetik）中，"移情（同感）"（Einfühlung）指的是审美主体（自我）"把自己的情感移入对象之中，使无生命的对象成为有生命的情感对象，使有生命的对象成为与自己心灵同振共鸣的对象"①；在利普斯开创的移情（同感）心理学中，"移情（同感）"（Einfühlung）指的是通过"内在的模仿"（innere Nachahmung）将自我投射进他人之中，与他人同一化，从而获得对他人体验或感受的把握；在胡塞尔的现象学中，"移情（同感）"（Einfühlung）指的是自我以第一人称的方式对另一个意识、心灵或精神的经验生活的深入感受②；在道德哲学或道德心理学中，"移情（同感）"（Einfühlung）指的是对他人的情感或处境的"感同身受"③。

由此可见，"移情"这个汉语词至少有五种含义，这五种含义相互交织在一起，在汉语书写和学术讨论中，往往不加区分地混用（主要是"作为 Übertragung 的移情"与"作为 Einfühlung 的移情"、利普斯心理学意义上的移情与胡塞尔现象学意义上的移情的混用），给我们的思想造成了诸多混乱和误解。从词源学和发生学的角度来看，造成这种混乱和误解的根本原因在于，这些概念的起源和流变经历了漫长的历史时期，特别是在近代以来，随着心理学、美学和道德哲学的发展，相邻学科思想家和学派的互动与

① 张法：《西方当代美学史》，北京：北京师范大学出版社，2020 年，第 37 页。
② Dermot Moran and Joseph Cohen, *The Husserl Dictionary*, London/New York: Continuum Press, 2012, p. 94.
③ Michael Slote, *Moral Sentimentalism*, Oxford: Oxford University Press, 2010. 参见陈真：《论斯洛特的道德情感主义》，载于《哲学研究》2013 年第 6 期，第 102—103 页。

相互影响日益深入，思想的继承和改造逐渐形成常态，这些概念的含义和用法内在地关联在了一起，有时有交叉重合之处，有时又是完全的"同名异义词"，因而在客观上形成了错综复杂的概念谱系。

有鉴于此，我试图在本章从精神分析学的移情概念入手，通过概念界定和辨析，澄清在精神分析学语境中，移情与投射（Projektion/projection）、移情与反移情（Gegenübertragung）、移情与共情或同感（empathy）、移情与道德之间的关系，进而揭示精神分析学的移情概念与心理学、美学、现象学和道德哲学中的移情（同感）概念的区别与联系，为我们准确地理解和使用这一概念奠定一个可靠的理论基础。同时，也为我们正确认识精神分析与治疗、理解医患关系、自我与他人的关系，提供新的视角。

第一节　何谓"移情"？

"人生若只如初见，何事秋风悲画扇。等闲变却故人心，却道故人心易变。"这是清代文士纳兰性德《木兰花·拟古决绝词柬友》一词中的千古名句，讲的是一个"移情别恋"的故事。日常生活中，我们常常会说某某人朝秦暮楚，"移情别恋"，这里的移情别恋指的是张三不爱李四爱王五了，与精神分析学或心理学意义上的移情不是一个意思。"移情"（Übertragung/transference）这个概念最先来源于弗洛伊德的精神分析（Psychoanalyse）。弗洛伊德在对病人做精神分析时发现，病人会像对待他们童年的某个重要关系人（如父母、兄弟姐妹、老师）那样对待分析师，把他所爱或恨的某个人的特质"转移"到分析师身上。^①因此，为了更好地解释精神病人把自己对某个人的情感转移到医生（特指精神分析师）身上的这种现象，他引入了"移情"这一概念。后来，"移情"发展为精神分析的一个核心概念，而弗洛伊德时代的移情概念和后弗洛伊德时代的移情概念在内涵上也发生了巨大变化。^②在当今的心理治疗中，移情的工作定义是："来访者对治疗师的一种体验，这种体验由他或她自己的心理结构及过去经历所塑造，并包含从早期重要关系中转移到治疗师身上的感受、态度和行为。"^③

弗洛伊德认为，一切精神疾病的产生无外乎有三个主要原因，一是遗传，二是幼年时的经验，三是人生所有的不幸，^④而幼年时的"性"经验或悲惨遭遇往往是歇斯底里、妄想等神经症的根本原因，也是移情的根本原因。虽然早在与精神分析的先驱约瑟夫·布洛伊尔（Josef Breuer，1842—1925）合著的《歇斯底里症研究》（1895年）一书中，弗洛伊德就对移情问题做出过一些大胆的猜测，但他对移情的真正研究则起源于著名的"杜拉病例"（Dora Case）。16岁的杜拉是一个"迷人而漂亮的少女"^⑤，但不幸的是，她是一个歇斯底里症患者。^⑥杜拉在接受了弗洛伊德为期七周的精

---

① 彼得·盖伊：《弗洛伊德传》，北京：商务印书馆，2015年，第276页。

② Cf. Joseph Sandler, Christopher Dare, and Alex Holder, *The Patient and The Analyst*, Revised Edition, London/ New York: Routledge, 1992, pp. 56−57.

③ Jan Grant, and Jim Crawley, *Transference and Projection*, Maidenhead: Open University Press, 2002, p. 4.

④ 弗洛伊德：《精神分析引论》，北京：商务印书馆，2019年，第348页。

⑤ 彼得·盖伊：《弗洛伊德传》，第282页。

⑥ 歇斯底里症是19世纪90年代中叶以来精神分析主要关注的一类神经症。

神分析治疗后毅然决定放弃，原因在于她"迷恋"上了弗洛伊德，而弗洛伊德不仅忽视了她对他的迷恋，而且固执己见，对她的病症做了错误的分析。弗洛伊德经过和杜拉的谈话及对她梦的解析，认为杜拉歇斯底里症的根源是"暗恋父亲"，"在杜拉焦虑的青春期心灵里，忘年恋、乱伦和女同性恋的欲望是互相角逐的"①，而杜拉则强烈否认这种诊断。不过弗洛伊德不以为然，在他看来，病人的否定实际上是一种隐性的肯定，杜拉把对父亲的爱转移到了他身上。②

　　杜拉病例使弗洛伊德明确意识到了移情现象的存在。为此，他得出结论：移情是精神病人与医生之间特有的一种心理联结。在《歇斯底里症研究》中，弗洛伊德说："病人发现她将在分析内容中产生的痛苦念头转移到了医生身上，她为此而感到恐惧。这是一种常见的情形，而且确实在某些分析中会有规律地出现是常见的，实际上规律性地出现于一些分析中"③。在《歇斯底里症分析片段》中，他说："什么是移情？移情是在分析的过程中产生的冲动与幻想的新版本或摹本；不过它们有这样一种特性，即用医生的人格来代替一些早期的人格。换言之，病人的一系列心理体验被唤醒，它们不再属于过去，而被转移到了当下情境中医生的人格上。"④

---

① 彼得·盖伊：《弗洛伊德传》，第283页。

② 弗洛伊德：《精神分析引论》，第284页。

③ Josef Beruer and Sigmund Freud, *The Standard Edition of the Complete Psychological Works of Sigmund Freud*, Vol. II (1893–1895): *Studies on Hysteria*, trans. by J. Strachey et al., London: The Hogarth Press, 1955, p. 302.

④ Sigmund Freud, "Fragment of an Analysis of a Case of Hysteria" (1905〔1901〕), in *The Standard Edition of the Complete Psychological Works of Sigmund Freud*, Vol. VII (1901–1905): *A Case of Hysteria. Three Essays on Sexuality and Other Works.*, trans. by J. Strachey et al., London: The Hogarth Press, 1953, p. 116.

在《精神分析引论》（1916—1917 年）中，他对移情做了这样的解释："这个我们不得不承认的新事实名叫移情。意思就是说病人移情于医生。"①弗洛伊德认为，移情所移之"情"首先形成于病人的内心，然后乘治疗的机会"移施"于医生，"移情的表示可为一种热情的求爱，也可取较为缓和的方式；假使一个是少妇，一个是老翁，则她虽不想成为他的妻子或情妇，却也想做他的爱女，里比多的欲望稍加改变而成一种理想的柏拉图式的友谊愿望"②。

然而，卡尔·古斯塔夫·荣格（Carl Gustav Jung, 1875—1961 年）不同意弗洛伊德将移情仅仅局限于精神病人与医生之间的观点，相反，在他看来，移情是一种更普遍的自然现象，在人类一切亲密关系中都能看到移情的影子。③雅克·拉康与荣格持同样的观点，认为移情是一种普遍的心理现象，只要存在"分析性关系"，就会有移情现象发生。这种分析性关系常常存在于"学生与老师之间、告解者与神父之间、领袖与群众之间、参与言语交谈的主体之间、读者与作者之间甚至阐释者与文本之间"④。可见，荣格与拉康把移情关系泛化到了一切人际关系中，这种观点也在后来的精神分析学中被广为接受。⑤

弗洛伊德认为，移情是一种"新的、人为的神经症"。⑥ 对此，

----

① 弗洛伊德：《精神分析引论》，第 360 页。

② 同上书，第 360 页（译文有所改动）。

③ 荣格：《移情心理学》，北京：世界图书出版公司，2014 年，"引言"第 7—8 页脚注。

④ 吴琼：《雅克·拉康：阅读你的症状》（下），北京：中国人民大学出版社，2011 年，第 565 页。

⑤ Cf. Jan Grant and Jim Crawley, *Transference and Projection*, Maidenhead: Open University Press, 2002, p. 3, 135.

⑥ 弗洛伊德：《精神分析引论》，第 362 页，译文有所改动。

荣格并不赞同。在他看来，"这一观点只有当神经症患者的移情也是神经症的时候才是正确的，但这种神经症并非是新生的，也不是人为制造出来的：它仍是旧有的神经症，唯一的新变化是医生也被卷入了漩涡之中，他其实更像是神经症的受害者而非制造者"[1]。我同意荣格的观点。精神病人对医生的移情只是一种表面现象，他或她实际爱或恨的还是以前所爱或恨的人，只不过医生成了替罪羊而已，病人的移情本质上是一种无意识的"自欺"。如果医生真的以为自己是病人所爱或所恨的对象，并在认可和接受这种情感的同时做出积极的回应（即反过来爱上病人或对病人产生恨意）的话，那么医生就陷入"双重身份"的境遇，"自作多情"的结果势必会破坏甚至中止治疗。

在弗洛伊德看来，移情源于对父母或其他家庭成员的投射，这种投射要么与爱欲有关，要么本质上就是实实在在的"性"。因此，移情的内容具有"乱伦"的性质。在精神分析或治疗的过程中，病人在对医生的情感中再次陷入这种早期紊乱的关系模式，并倾向于表达和实现出来。荣格认为，精神病人对医生这一"外人"的移情并没有改变乱伦的本质，病人只不过通过投射再次陷入家族乱伦的氛围之中。这必然导致病人与医生之间形成一种非真实的性关系，让双方都极为苦恼，并产生怀疑和抗拒的心理。[2]

杜拉案例让弗洛伊德更明确地意识到，移情是一种矛盾的现象。病人对分析师的移情和爱恋，既是分析师最难克服的障碍，也

---

[1]　荣格：《移情心理学》，"引言"第 7 页（脚注）。

[2]　参见同上书，"引言"第 15 页。

是最可资利用的方便法门。① 在《精神分析引论》中，弗洛伊德认
为，病人的移情是治疗最强大的动力。如果分析师利用得好，就能
让病人积极配合治疗。如果利用得不好，它就会变为阻抗，这时候
病人就会产生两种相反的心理从而改变其对于治疗的态度："（1）爱
的引力太过强大，已显露出性欲的意味，所以不得不引起内心对
自身的反抗；（2）友爱之感一变而为敌视之感。"② 在弗洛伊德看
来，不论友爱还是敌视，都是一种依恋感，都有赖于他人的存在。
因而，"病人对于分析师的敌视，当然也可称为移情"，只不过这
种移情是消极的移情。在论临床技术的论文，特别是《移情动力
学》和《对移情之爱的种种观察》中，弗洛伊德详尽地揭示了移情
的矛盾性质：它既是"阻抗"的最大武器，也是阻抗的劲敌。③ 弗
洛伊德区分了三种会在分析治疗环境中出现的移情作用：负性的
（negative）移情、爱欲的（erotic）移情和理智的（sensible）移情。
负性的移情是一种对分析师充满敌意的移情，爱欲的移情则会把分
析师转化为爱欲的对象，这两种移情都具有"阻抗"的性质。理智
的移情是最理性和最原本的移情，它把分析师看作帮助病人对抗神
经症的导师和朋友。一旦前两种移情被分析师在治疗过程中揭示
出来，它们就会失去效力。但是，只有在理智的移情足够强大，
而且病人对分析师足够信赖时，它才能战胜消极的移情和爱欲的
移情。④

---

① 彼得·盖伊：《弗洛伊德传》，第 333 页。
② 弗洛伊德：《精神分析引论》，第 358 页。
③ 彼得·盖伊：《弗洛伊德传》，第 333 页。
④ 参见同上书，第 333 页。

弗洛伊德认为，精神分析无法回避移情问题，"病人因受移情作用的影响而有所要求于我们，我们当然要顺从这些要求；不然，若怒加拒斥，便未免太愚蠢了"[1]。正确的做法是要告诉病人，他或她的情感并非源于当前的治疗情境，也与医生本人无关，而是重复呈现了他或她以往的某种经历。因此，医生应该让病人"将重演（repetition）化作回忆（recollection）"[2]。如果病人能够和分析师展开积极合作，把埋藏在内心深处的情感、欲望和记忆，把自己的生活经历、梦境和幻想，把人际关系、工作和原生家庭情况等，毫无保留地展示给分析师，而分析师在"共情"的基础上，邀请病人一起对他或她的心理问题进行探索和分析，对他们的创伤记忆或情感体验给出合理的解释，使他们认识到这些记忆或体验对他们当前生活的影响，那么就有可能"修通"（work through）病人的移情，使他们"撤回"或"升华"对分析师的情感投射。精神分析的目的就是对病人的心理进行改造，"使无意识成为意识，消除压抑的作用，或填补记忆的缺失"[3]。

荣格同意弗洛伊德的观点。他认为，病人一旦出现移情，医生就必须将它作为治疗的一部分，努力去理解它，否则它就会变成另一种神经官能障碍。[4]如果移情断裂了，医患之间的联系——无论是消极的（恨），还是积极的（爱）——就会中断。[5]

一方面，拉康同意弗洛伊德和荣格的观点，认为移情是病人对

---

[1] 弗洛伊德：《精神分析引论》，第358页。

[2] 同上书，第361页。

[3] 同上书，第351页，译文有所改动。

[4] 荣格：《移情心理学》，北京：世界图书出版公司，2014年，第17页。

[5] 同上书，第34页。

分析师的情感投射，但另一面，他认为移情本质上是一种"自恋"。在移情关系中，"受分析者迷恋的并不是分析师本人，而是其在分析师身上想象出来的、用来弥合自身之存在欠缺的欲望对象，也就是说，受分析者对分析师的爱本身只是一个替代，是一个隐喻"①。与其说病人"爱"的是分析师，不如说爱的是自己。分析师只是自己的一个"镜像"。移情的本质在于，"主体把分析师认同为自己的镜像，把自己的力比多愿望投注到对方身上，形成一种自恋式的幻觉自我，并在言语中曲意奉承对方的欲望"。②移情是主体（病人或受分析者）的欲望借助能指（分析师）表征自身的一种方式。③因此，精神分析的目的就是要探究主体的无意识真相，揭示主体的欲望。在拉康看来，"主体的无意识只有通过移情才能实现出来，并且这一实现还需要借助主体（受分析者）把分析师当成欲望对象"④，因此，分析师必须认识到自己在移情关系中所占据的能指位置和隐喻化处境，有意识地"引诱"受分析者向作为他者的自我言说，"让主体受到压抑的无意识冲动参与到能指游戏中，以完成对移情的分析和阐释"⑤。如果分析师认识不到这一点，反而以自己的爱、恨或无知对病人的移情做出回应，就会使分析过程暂时或永久地中断。⑥

---

① 吴琼：《雅克·拉康：阅读你的症状》（下），第 583 页。
② 同上书，第 573 页。
③ 同上书，第 575 页。
④ 同上书，第 577 页。
⑤ 同上。
⑥ 同上。

第二节　移情与反移情

弗洛伊德通过对杜拉案例的反思认为，杜拉在接受治疗时，实际上把对父亲的暗恋转移到了他身上，而他却无意识地对杜拉的移情实行了一种"反移情"（Gegenübertragung）。[①] 反移情是与移情相对置的概念。所谓"反移情"通常是指精神分析师对精神病人的移情的体验和反应。

在最先提出反移情这一概念时，弗洛伊德把它理解为分析师的一种"阻抗"："我们开始注意到'反移情'，它是病人对分析师的无意识情感施加影响的结果，我们几乎倾向于坚持认为，分析师应该意识到这种反移情的存在并且克服它。［……］若无他自己

---

① "反移情"概念最早是由弗洛伊德在 1910 年召开的纽伦堡国际会议上宣读的论文《精神分析治疗的未来前景》（„Die zukünftigen Chancen der psychoanalytischen Therapie"）中提出的，后来在 1915 年发表的《对移情之爱的种种观察》（„Weitere Ratschläge zur Technik der Psychoanalyse: Bemerkungen über die Übertragungsliebe"）中再度做了讨论。除了这两个文本外，在弗洛伊德已发表的著述中几乎找不到其他关于这个概念的论述〔Cf. Sigmund Freud, "Observations on Transference-Love (Further Recommendations on the Technique of Psycho-Analysis III)", in *The Standard Edition of the Complete Psychological Works of Sigmund Freud*, Vol. XII (1911–1913): *The Case of Schreber, Papers on Technique and Others Works*, trans. by J. Strachey et al., London: The Hogarth Press, 1958, pp. 160–161, footnote〕。我对德文版《弗洛伊德全集》进行了检索，Gegenübertragung 这个词只出现了四次，两次是在《精神分析治疗的未来前景》中，两次是在《对移情之爱的种种观察》中。

的情结和内在阻抗的允许，分析师将寸步难行。"① 在这段话中，弗洛伊德揭示了反移情的起因（它是病人对治疗师的无意识情感影响的结果），但没有说明反移情是否是治疗师对病人的移情。不过，从他写给桑多尔·费伦茨（Sándor Ferenczi）的信来看，答案显然是否定的。他说："在病人面前，医生应该是不透明的，他应该像一面镜子，只把病人展示给他的东西如实地展示给病人自己。"② 镜子的背面是看不见的，这也就是说，分析师是不透明的。分析师对病人的反移情不是"反过来"对病人产生移情，而是对病人的移情做出反应，这种反应应该是中立的，是基于共情的一种"理性的"理解和分析。弗洛伊德说，当杜拉声称爱上他时，他并没有反过来爱上杜拉。按照盖伊的说法："尽管弗洛伊德有时会觉得杜拉很迷人，但他也认为如果爱上了这个漂亮和难以对付的病人是不切实际的。而且他对杜拉的情感以负面的居多。他对她的情绪，除了好奇以外，更多的是一点点不耐烦、愤怒和（最后）难掩的失望"。③ 显然，弗洛伊德对杜拉的情感反应是反移情，而非移情。他没有接受杜拉的爱，也没有反过来爱上杜拉，而是对她"不耐烦""愤怒"和"失望"。

① Sigmund Freud, "The Future Prospects of Psycho-Analytic Therapy" (1910), in *The Standard Edition of the Complete Psychological Works of Sigmund Freud*, Vol. XI (1910): *Five Lectures on Psycho-Analysis, Leonardo da Vinci and Other Works*, trans. by J. Strachey et al., London: The Hogarth Press, 1957, pp. 144−145.

② Sigmund Freud, "Recommendations to Physicians Practising Psycho-Analysis" (1912), in *The Standard Edition of the Complete Psychological Works of Sigmund Freud*, Vol. XII (1911−1913): *The Case of Schreber, Papers on Technique and Others Works*, trans. by J. Strachey et al., London: The Hogarth Press, 1958, p. 118.

③ 彼得·盖伊:《弗洛伊德传》，第 289 页。

弗洛伊德之后，反移情概念的内涵逐渐变得丰富和复杂起来。一部分人坚持认为应该在这一概念的原本意义上使用它，即反移情是分析师对病人的非移情式的情感反应。W. 霍费尔（W. Hoffer）和 C. 切迪亚克（C. Chediak）就持这样的观点。霍费尔最早区分了分析师对病人的移情和分析师的反移情。① 切迪亚克认为分析师对病人的情感反应有很多种，这些反应都可以叫作"反反应"（counter-reactions），而反移情只是其中一种。这些反反应包括：（1）基于病人提供的信息以及分析师的智识做出理智的理解；（2）将病人作为一个人格的一般反应；（3）分析师对病人的移情，即对由病人的某些特征所唤起的早年部分客体关系的再体验；（4）分析师的反移情，即分析师对由病人的移情要求他所扮演的角色的反应；（5）对病人的共情性认同。② 约瑟夫·桑德勒（Joseph Sandler）、克里斯托弗·达雷（Christopher Dare）和亚历克斯·霍尔德（Alex Holder）认为，"反移情的'反'字意味着与病人的移情平行的一种反应（就像副本、配对物），也意味着对反应的反应（就像抵消、中和）"③。由此看来，反移情的"反"既不是分析师"反过来"（in turn）对病人移情，也不是"反对"（against）移情，而是分析师对病人的移情所做出的反应。简·格兰特和吉姆·克劳利（J. Grant & J. Crawley）也在这个意义上理解反移情："我们对来访者内心世界的深刻理解大部分来自于我们作为治疗师所体验到的移情与投射，

---

① Cf. Joseph Sandler, Christopher Dare and Alex Holder, *The Patient and The Analyst*, p. 88.

② Cf. Ibid., p. 92.

③ Ibid., p. 84.

以及我们对这些过程的反应，这种反应被称为'反移情'。"①

但也有一部分人大大扩展了对这一概念的理解，他们认为反移情主要来源于分析师对病人的移情。例如，罗伯特·弗里斯（Robert Fliess）认为，"移情来自病人，而反移情则来自分析师，依照定义，二者是对等的"②。安妮·赖希（Annie Reich）认为："分析师可以喜欢或者不喜欢病人。在这些态度被意识到之前，它们与反移情毫无关系。如果这些情感的强度增加，我们就几乎可以肯定分析师的无意识情感、他自己对病人的移情，也就是反移情，被卷进来了。[……]因此，反移情包含分析师本身无意识的需要与冲突对其理解或技巧的影响。在这种情形下，病人代表着分析师过去的一个客体，分析师对该客体投射了过去的情感和愿望，[……]这就是反移情的实质。"③ 显然，赖希把反移情片面地理解为了分析师对病人的移情。R. J. 格里格和 P. G. 津巴多（R. J. Gerrig & P. G. Zimbardo）认为，反移情是指"治疗师可能会觉得来访者与自己过去生活中的重要之人很相似，进而对该来访者产生喜欢或憎恨的情绪及相应的反应"④。达雷和霍尔德（Dare & Holder）认为："'反移情'这个概念通常被用于描述（包括分析过程中和分析之外）治疗

① Jan Grant and Jim Crawley, *Transference and Projection*, p. 12.

② R. Fliess, "Counter-transference and Counter-identifation," *Jounal of the American Psychoanalytic Association*, Vol. 1, Iss. 2 (April 1953): 268.

③ Reich, A. "On Countertransference," *International Journal of Psycho-Analysis*, Vol. 32(1951): 25–31；转引自 Robert Langs, ed., *Classics in Psycho-analytic Technique*, New York: Jason Aronson Press, 1981, p. 154。

④ Joseph Sandler, Christopher Dare and Alex Holder, *The Patient and The Analyst*, p. 96.

师针对病人的一切感受和态度，甚至还表示一般非治疗关系的方方面面。"[1] E. F. 夏普（E. F. Sharpe）认为，反移情是精神分析和治疗必不可少的伴随物。她说："反移情通常被认为暗含着一种爱的态度。可能引起麻烦的反移情属于分析师的无意识层面，它来自婴儿期负性的或正性的或正负交替性的移情……如果我们认为我们没有反移情，那就是在欺骗我们自己。"[2]

桑德勒、达雷和霍尔德总结了反移情的十一种含义：

1. 它是分析师的"阻抗"。这种阻抗产生的原因在于其内心的冲突被激活——这些阻抗会干扰他在分析中的理解和行为，产生"盲点"。

2. 它是分析师对病人的"移情"——在这里，病人变成了分析师童年时期重要人物的当下替代品；分析帅对病人的投射也应包括在内。

3. 它是病人的外化或投射性认同的结果。在这一结果中，分析师体验到对病人的回应，在这种回应中，分析师要么成了病人自己的自我的某一方面的工具，要么成了客体的某一方面的工具。

4. 它是分析师对病人的移情的反应和他对自己反移情回应的反应。

5. 它是作为"交流场域"的一个互动产物的反移情。分析师和病人都卷入了这个场域。

---

①　Joseph Sandler, Christopher Dare and Alex Holder, *The Patient and The Analyst*, p. 87.
②　Ibid., pp. 95-96.

6. 它是分析师为了"确认"而对病人的依赖。

7. 它是由于分析师对病人－分析师关系的焦虑而造成的对分析师与病人之间交流的中断。

8. 它是分析师或其生活中的诸事件（如疾病）的人格特征，这些特征在其工作中得到了反映，它们可能导致也可能不导致对病人的治疗困难。

9. 它是分析师对病人的整个有意识或无意识的态度。

10. 它是由特殊的病人对精神分析师所造成的特定的限制。

11. 它是分析师对病人"恰当的"或"正常的"情感反应——这可能是一个重要的治疗工具，也是同感与理解的一个基础。①

在桑德勒、达雷和霍尔德看来，将移情仅仅限定为分析师对病人的移情，这一定义过于狭窄，它与移情的原初定义（即移情是病人对分析师的情感转移或投射）捆绑得过于紧密。然而，如果认为反移情既包括分析师的有意识的和无意识的态度，甚至也包括其全部人格特征的话，那么这一术语"实际上变得毫无意义"。因此，正确的态度应该是：既保留经典的反移情定义（弗洛伊德的定义），也"适当地考虑这一概念有用的扩展部分，这些部分包括不会导致分析师对病人出现'阻抗'和'盲点'的情感反应"②。

我认为桑德勒、达雷和霍尔德的观点是可取的。如果仅仅固着

---

① Cf. Joseph Sandler, Christopher Dare and Alex Holder, *The Patient and The Analyst*, pp. 95–96.

② Ibid., p. 96.

于弗洛伊德的反移情概念，而不考虑弗洛伊德之后精神分析的发展，既不尊重历史，也否认了理论进步。但是，如果把反移情概念无限制地扩大化，将分析师的人格和内在心理结构的一般特征都囊括进来，那么这个概念就失去了分析的价值。合理的做法应该是在尊重经典反移情概念的基础上，适度地将后来通过分析和治疗实践所总结提取出的具有普遍性的"新"含义添加到这个"旧"概念上，让反移情这个概念真正成为一个"有用的"、满足实践需要的分析工具。因此，我们必须认识到以下几点：（1）分析师有反移情反应，这些反应贯穿于分析的始终；（2）反移情有可能导致治疗的困难或处置不当，出现这种情况，是因为分析师没有注意到他对病人的反移情反应，或者虽然注意到了却无法应对；（3）分析师对自己朝向病人的感受和态度的变化始终保持省察，有助于增强病人对自身心理过程的领悟。①

第三节　移情与投射

在精神分析学中，投射（projection）是移情的同义词。所谓"投射"，"是一种将自身拥有的难以接受的想法、感受、特质或行为归于他人的心理过程"②。在移情中，治疗师被病人体验为与其重要他人有相似特质的人。而在投射中，病人将自我不被接受的方面

---

① Cf. Joseph Sandler, Christopher Dare and Alex Holder, *The Patient and The Analyst*, pp. 96–97.

② Jan Grant, and Jim Crawley, *Transference and Projection*, p. 18.

"转移"到他人身上。①

弗洛伊德首次使用投射这个概念来指称将感受外化的过程。例如，通过将超我外化到某一权威人物上，个体就将内部冲突演绎成了与权威性或惩罚性他人之间的外部冲突。②弗洛伊德进一步发展了这一概念，认为投射是"针对难以忍受的内部焦虑的一种防御"，"防御的本质就是将易引发焦虑的压抑的内容归属于外部世界而不归属于自己的归因过程"。③盖伊认为，投射"是一种驱逐行动，当个人发现自己的感性或希望太可耻、太猥亵、太危险，而完全无法接受时，便会将它们归诸其他人身上。这是一套非常明显的机制。比方说，反犹太人士发现必须将自身认为低劣或是肮脏的感受移转到犹太人身上，于是就在犹太人身上'侦测'这些感受。在所有的防御中，这是最原始防御中的一种，在一般的行为里都很容易发觉，而尤以在神经症患者与精神病患者中最为常见"④。荣格在《移情心理学》指出，"移情"和"投射"这两个概念"本是同根而生"⑤，他通过"投射"对移情做了界定："在无意识当中，与异性近亲的关系有着重要地位，［……］心理医生／心理咨询师几乎常常被投射成父亲、兄弟、甚至是母亲，［……］与父母之间产生的神经障碍如今转移到了医生身上。弗洛伊德最先认识、描述了这一现象，创造了'移情神经症'一词。"⑥格兰特和克劳利认为，家

---

① Cf. Jan Grant, and Jim Crawley, *Transference and Projection*, p. 18.
② Cf. Ibid., pp.19-20.
③ Ibid., p. 20.
④ 参见彼得·盖伊：《弗洛伊德传》，北京：商务印书馆，2015年，第315页。
⑤ 荣格：《移情心理学》，北京：世界图书出版公司，2014年，第9页。
⑥ 同上书，第6—7页。

庭是投射最容易发生的场所，特别是伴侣可能会否认自己的依赖、需要、攻击、野心、限制、控制等特点，而把它们投射到另一半身上。例如，男方将自己的依赖、需要投射给女方，然后严厉指责女方的"过分需要"与依赖，从而使他可以远离伴侣身上属于他自己的过分需要与依赖，并维持自己独立自主的男性认同。[①]

吉尔·S. 沙尔夫（Jill S. Scharff）总结了精神分析学家们对投射的不同定义：

弗洛伊德：投射是一种应对本能能量的防御机制，是对外部世界不愉快之内在认知的非正常移置方式。

费伦茨：投射是一个将不愉快的体验分配到外部世界的过程。

克莱因：投射是这样一个过程：自我用生理的方式将自己施虐的冲动幻想驱逐到外部世界，比如通过排泄有毒的粪便，投射到母亲或她的乳房上。

桑德勒：投射是指某人将自体表象中不愉快的方面归因到了另一个人的精神表象上，也就是说一种客体表象。

迈斯纳：投射中，被投射的部分被体验为属于、来自某个客体，或就是这个客体的原因或属性。

科恩贝格：投射是一种正常的防御机制，它包括：（1）表达某种不能被接受的内在心理体验；（2）将这种体验投射到某个客体上；（3）对被投射的部分缺乏共情；（4）作为一种有效的防御力量，会和这个客体保持距离或疏远它；

---

① Cf. Jan Grant and Jim Crawley, *Transference and Projection*, pp. 20–21.

（5）这个客体不会产生相应的内心体验；（6）与压抑相关，而不是分裂；（7）投射在神经症中很常见。

奥格登：投射是自我中被驱逐出去的部分——（自我）抵赖不认，而归结到接收者身上。[①]

从上述关于投射的定义，我们可以看到它与移情既有联系，又有区别。

一、移情本质上是一种投射，它是病人把过去对某个人的一种特殊情感（如爱或恨，本质上是乱伦的欲望）投射到分析师身上。而投射本质上是一种防御、一种逃避，它是把自己拥有的那些难以接受的、容易引起焦虑的想法、感受、特质或行为归属于他人，让自己感到"正常""健康""高尚""无愧于心"，从而获得一种内心的平静和安宁。

二、移情与投射本质上都是情感或欲望的压抑，其病理学基础是神经症而非精神病。

三、移情的方向是"病人→分析师"，而投射的方向则是"自体→客体"。这个客体可以是分析师，也可以是父母、夫妻、兄弟姐妹等。

四、移情所"移"之"情"既可能是愉快的（例如爱），也可能是不愉快的（例如恨），它是移情主体本身具有的一种真实的情感，被移情者只是这种情感的承受者。而投射往往是自体把自己不愿意接受的、负面的、不愉快的东西从自己身上驱逐，投射到客体身

[①] 吉尔·S. 沙尔夫：《投射性认同与内摄性认同》，北京：中国轻工业出版社，2020 年，第 37—38 页。

上。投射者"认为"被投射者拥有被投射的某种特质，但被投射者实际上并不具有这种特质。相反，这种特质是属于投射者自己的。

五、移情的结果是使被移情者产生反移情，但移情者与被移情者始终是两个不同的主体，或者说，病人最多把分析师看作他或她爱或恨的对象（例如父亲或母亲），但不会把分析师看作自己，与自己同一化。而投射则不同，投射的结果可能会导致自体认为客体具备自体投射的特质，因而会将自体与客体同一化。

投射这个概念在利普斯的移情美学和移情心理学中也是一个常见的概念。[①]在移情美学中，投射指的是自我将自己的情感或意志"移置"到有生命的动植物身上或无生命的自然物体和人工制品身上，把它们"人化"，使僵死的、无生命的东西变成鲜活的、有生命的东西，使无意义、无价值的东西变成有意义、有价值的东西，从而达到自我与对象的融合与同一，并在这种自我认同、自我肯定的活动中体验到一种精神的愉悦感。[②]在移情心理学中，投射指的

————————

① 这里的移情是"Einfühlung"，而非"Übertragung"。

② 利普斯说："这种向我们周围的现实灌注生命的一切活动之所以发生，而且能以独特的方式发生，都因为我们把亲身经历的东西，我们的力量感觉，我们的努力，其意志，主动或被动的感觉，移置到外在于我们的事物里去，移置到在这种事物身上发生的或和它一起发生的事件里去。"（利普斯：《空间美学和几何学、视觉的错觉》，《二十世纪西方美学经典文本》第一卷，张德兴编，上海：复旦大学出版社，2000年，第371页。）洛采在其《小宇宙》（*Microcosmus*）中曾说道："我们不仅进入自然界那个和我们相接近的具有特殊生命感情的领域……甚至在没有生命的东西之中，我们移入这些可以解释的感情，并通过这些感情，把建筑物的那种死沉沉的重量和支撑物转化成许许多多活的肢体，而它们的那种内在的力量也传染到了我们自己身上。"（参见洛采：《小宇宙》第1卷，第585、586页；转引自李斯特威尔：《近代美学史评述》，合肥：安徽教育出版社，2007年，第37页。）

是自我通过内在的模仿，将自己"移置"到他人身上或者他人之中，通过与他人内在地"一起做"（mitmachen）什么，去体验他人的心理活动和感受。投射的结果是自我与他人的同一化："异己的心理个体是被我从我之中创造出来的。他的内在的东西是从我自己的内在中提取出来的。异己个体或异己的我是对我自身的一种'投射'、'映射'、辐射的产物，是对我自己的自我的一种特殊类型的双重化。"① 例如，当我坐在马戏团的观众席上观看杂技演员走钢丝的表演时，我把自己投射进了杂技演员之中。在这里，"不存在正在高空中表演的杂技演员与坐在台下观看表演的我之间的区分。我把自己和他同一化了，我在他之中感受我自己，而且处在他的位置上"②。

由此看来，精神分析学中的投射概念虽然与移情美学和移情心理学中的投射共享"转移""投入……之中"的含义，但本质上却截然不同。而且，移情美学和移情心理学中的移情也不是"Übertragung/transference"，而是"Einfühlung/empathy"。

第四节　移情、反移情与同感

精神分析学家或心理学家明确区分了移情和同感（empathy）③。

---

① Theodor Lipps, „Einfühlung und Altruismus," in *Schriften zur Einfühlung. Mit einer Einleitung und Anmerkungen*, hrsg. von Faustino Fabbianelli, Baden-Baden: Ergon Verlag, 2018, S. 212.

② Theodor Lipps, *Ästhetik: Psychologie des Schönen und der Kunst. Erster Teil: Grundlegung der Ästhetik.*, Hamburg/Leipzig: Verlag von Leopold Voss, 1903, S. 123.

③ 在心理学中，"empathy"一般被译为"共情"。在现象学中，这（转下页）

在精神分析或心理学的语境中，所谓"同感"是指分析师产生与病人同样的情感或情绪反应，这种情感或情绪反应也叫作"一致性移情"。弗洛伊德（1921 年）、费伦茨（1928 年）和米歇尔·巴林特（1952 年）都把同感看作精神分析和治疗的工具。[1] 弗洛伊德认为，同感是我们理解他人心灵生活的一个"通道"（path）和"过程"（process）[2]，它"对于我们理解他人的那些本质上异于我们的东西来说起到了最重要的作用"[3]。它是一种有意识的或前意识的理解，这一理解使病人建立起对分析师的信任，并与分析师和治疗"联结"（attach）起来。[4] P. 肖内西（P. Shaughnessy）正确地评论道："弗洛伊德一以贯之地使用了'同感'这个概念（依照其词源学的结构）；这个概念专门被用来刻画我们的一种深入感受的体验，在这种体验中，一个人试图（1）从认知和情感两个方面去完全地

（接上页）个词一般被译为"同感"。在本文中，为了方便讨论，揭示"移情""反移情"与"共情"之间的关系，暂时选择前一种译法。

[1] 参见彼得·莱瑟姆:《自体心理学导论》，北京：中国轻工业出版社，2017 年，第 63 页。

[2] Sigmund Freud, "Group Psychology and the Analysis of the Ego" (1921), in *The Standard Edition of the Complete Psychological Works of Sigmund Freud*, Vol. XVIII（1920-1922）: *Beyond the Pleasure Principle, Group Psychology and Other Works, trans.* by J. Strachey, London: The Hogarth Press, 1955, pp. 107-110.

[3] Ibid., p. 108.

[4] Sigmund Freud, "On Beginning the Treatment (Further Recommendations on the Technique of Psycho-Analysis I)" (1913), in *The Standard Edition of the Complete Psychological Works of Sigmund Freud*, Vol. XII (1911-1913): *The Case of Schreber, Papers on Technique and Other Works*, trans. by J. Strachey, London: The Hogarth Press, 1958, pp. 139-140.

把握他人的内在体验；（2）进而把他人的体验与他自己的体验进行比较。"[①]

费伦茨把同感看作一种"心理学的机智"（psychological tact），它使分析师知道"在什么时候、以何种方式告诉病人一些特定的事情"[②]。所谓"机智"就是"同感的能力"。在他看来，分析师在进行分析和治疗时必须把自己投射（hineinversetzen）到病人的处境中，去感受病人的感受。分析师的移情不是在无意识中而是在前意识中出现的。[③]南希－麦克维廉斯（Nanay-McWilliams）认为，同感"能帮助治疗师准确定义来访者的内心困扰，并使来访者感受到深深地被理解"[④]。海因茨·科胡特（Heinz Kohut）将同感定义为"进入另一人的内在体验，去思考和感觉自己的能力"[⑤]。为了纠正精神分析临床实践中公式化－独断的普遍趋势，科胡特主张分析师要"持久地、同感地浸泡在病人的主体世界中"[⑥]。在他看来，同感不仅是一种价值中立的观察模式，而且也是一种重要的回应模

[①]　P. Shaughnessy, "Empathy and the Working Alliance: The Mistranslation of Freud's Einfühlung," *Psychoanalytic Psychology*, Vol. 12, Iss.2 (1995): 227.

[②]　Cf. G. W. Pigma, "Freud and the History of Empathy," *International Journal of Psycho-Analysis*, Vol. 76(April 1995): p. 246.

[③]　I. Grubrich-Stimitis, "Six Letters of Sigmund Freud and Sandor Ferenczi on the Interrelationship of Psychoanalytic Theory and Technique," *International Review of Psychoanalysis*, Vol. 13 (1986): 272.

[④]　南希－麦克威廉斯：《精神分析诊断：理解人格结构》，北京：中国轻工业出版社，2019年，第15页。

[⑤]　Heinz Kohut, *How Does Analysis Cure?* Chicago: University of Chicago Press, 1984, p. 82.

[⑥]　彼得·莱瑟姆：《自体心理学导论》，第63页。

式。一方面，分析师通过内省和同感通达病人的感觉、思考和欲望，收集精神分析的资料；另一方面，分析师对病人的同感和充满关怀的回应，可以缓解病人的崩溃焦虑，帮助病人管理痛苦的情绪体验。科胡特认为，我们同感和通达他人心灵的能力先天地内置于我们的心理组织内，是人类生来就有的精神装置，只不过在后天的发展中，非同感性的认知模式逐渐覆盖原初的同感模式。① 海姆·奥默（Haim Omer）提出了"叙事同感"（narrative empathy）的概念。他把临床工作的同感看作一个主动的叙事过程，在这个过程中治疗师努力理解并表达病人内在情绪体验的逻辑，尤其是病人有问题的体验模式。在同感叙事的语境中，之前看似不合理、病态的、费解的特定行为和感受方式最终得到了合理化的解释。②

　　精神分析中常常存在一种对同感的误解，即认为分析师在同感体验中在自体身上产生与病人完全一样的情感反应，获得与来访者同样的感受。③ 换言之，分析师在进行精神分析时始终要和病人在情感上保持一致，而且必须在自己身上实实在在地产生相同的情感体验。当病人悲伤时，分析师也要（能）感受到实实在在的悲伤；当病人快乐时，分析师也要（能）感受到实实在在的快乐。然而，若果真如此的话，分析师是否能够承担起这种情感重负？特别是那些消极的移情或负面的情绪难道不会把他也变成一个"病人"吗？

---

① 参见彼得·莱瑟姆：《自体心理学导论》，第 66—70 页。

② 参见同上书，第 70 页。

③ 贾晓明说："那种与来访者（或病人）完全一样的情绪反应就是共情，是真的有了来访者的感受。这就是我们常说的感同身受。"参见贾晓明：《现代精神分析与人本主义的融合：对共情的理解与应用》，载于《北京理工大学学报》（社会科学版）第 5 期，2004 年，第 37—38 页。

分析师的这种情感体验是否又需要通过精神分析来治疗？

在我看来，对同感的这种理解是精神分析或心理学的一个严重错误，而这种错误的根源来自利普斯。利普斯认为，同感是与他人的一种同一化，他人的感受就是我的感受，而我的感受就是他人的感受。胡塞尔正是洞见到了这一错误，才对同感做出新的解释。在胡塞尔看来，同感既不是基于自我的情感体验而对他人的体验做出的一种类比推理（Analogieschlüsse），也不是对他人情感体验的一种"内在的模仿"（innere Nachahmung），而是以第一人称方式对他人内在心灵生活的经验[①]，是"对陌生主体及其体验行为的经验"（Erfahrung von fremden Subjekten und ihren Erleben）[②]。在同感中，进行同感的自我经验到其他自我的心灵生活，但这并不意味着，这个自我是像体验和感知他自己的意识那样体验和感知他人的意识的。[③] 我的同感活动是"原本的"（original），因为它是"我的"活动，但我同感到的东西即同感的内容（例如他人的悲伤）却是"非原本的"，因为这个内容（悲伤）是他人的而非自我的。正是在这个意义上，我们说，同感是对他人心灵生活的一种统觉、一种"理解"。我认为，现象学的解释很好地解释了精神分析或心理学的理论困境：分析师或治疗师只是"理解"病人（或来访者）的情感体验，而并没有在自己身上实实在在地"感同身受"。

[①] Dermot Moran and Joseph Cohen, *The Husserl Dictionary*, p. 94.

[②] Edith Stein, *Zum Problem der Einfühlung, Edith Stein Gesamtausgabe* 5, hrsg. von Klaus Mass, Freiburg im Breisgau: Herder, 2008, S.14.

[③] Edmund Husserl, *Zur Phänomenologie der Intersubjektivität: Texte aus dem Nachlaß. Erster Teil: 1905-1920.*, *Husserliana* XIII, hrsg. von Iso Kern, Den Haag: Martinus Nijhoff, 1973, S. 187.

反移情与同感是精神分析学的重要组成部分，但二者间也存在区别。弗里斯指出，分析师的同感建立在对病人的"尝试性认同"（trial identification）上，它反映了分析师设身处地理解他人内心世界的能力。R. P. 奈特（R. P. Knight）将同感与投射和内射过程（projective and introjective processes）联系在一起，两者都参与构成"尝试性认同"。H. A. 罗森菲尔德（H. A. Rosenfeld）认为同感的能力是建设性地应用反移情的先决条件，但是，E. 沃尔夫（E. Wolf）认为，在分析中反移情反应可以导致同感的失败。同感和反移情之间似乎存在双重关系，这种双重关系反映了反移情的两个方面，一方面，它是获得对病人无意识过程领悟的工具，另一方面，它是同感式理解的羁绊。[①]

第五节　移情与道德

弗洛伊德指出，病人与分析师之间的关系本质上是一种合作关系，在这种关系中，病人对分析师所产生的温情和信任，很容易变质为一种爱欲上的渴求，结果，它非但无助于神经症的消解，反而会使之强化和持续。而且，病人爱上分析师，这一事实往往使精神分析成了笑柄。尽管弗洛伊德认为，这种怀有恶意的闲话是无法避免的，因为精神分析冒犯了太多人们认为神圣不可侵犯的领域，所以注定会成为被中伤的对象，但他还是提醒从事精神分析的同仁们

---

① Cf. Joseph Sandler, Christopher Dare and Alex Holder, *The Patient and The Analyst*, p. 94.

注意移情之爱的危险，以避免这种尴尬的处境。[1]

面对病人的移情，分析师通常会采取三种策略：一是与病人结婚，建立合法的婚姻关系，二是终止合作，放弃治疗，三是与病人发生关系后继续进行分析治疗。弗洛伊德认为，第一种方式比较罕见，除非分析师也反过来爱上了病人，而且他还没有婚姻家庭之累。第二种方式虽然更为普遍，但却是不能接受的，因为病人的神经症依然存在，他或她还会继续寻求分析，爱上第二个分析师。如果跟第二个分析师的关系破裂，他或她又会爱上第三个分析师，如此不断进行下去。至于第三种方式则是被传统道德与职业要求所共同禁止的。[2] 因此，当一个分析师发现病人爱上他的时候，应该做的只是分析。他应该向病人揭示，她对他的迷恋，并不是一种真正的爱，而只是在重演或复制一种早年的（而且往往是儿时的）经验。[3] 他应该带领病人追溯这种移情之爱的无意识的起源，把所有那些深深地隐藏在其爱欲生活中的东西带入意识，并让其处于意识的控制之下。分析师越是能够抵御移情之爱的诱惑，就越是能够从移情的情境中提取出分析的内容。而病人也会随着分析师的引导和分析，逐渐认识到她的爱产生的前提条件、源于性欲的幻想和恋爱的特点，从而找到移情之爱的幼年的根源。[4] 在弗洛伊德看来，像移情这样的神经症多半是由传统的性道德造成的，虚伪和偏见让人的本能欲望得不到正常的满足和释放，结果便是压抑和扭曲。精神

---

[1]　参见彼得·盖伊:《弗洛伊德传》，第333—334页。

[2]　Cf. Sigmund Freud, "Observations on Transference-Love (Further Recommendations on the Technique of Psycho-Analysis III)", p. 160.

[3]　Cf. Ibid., p.167.

[4]　Cf. Ibid., p. 166.

分析就是要批判传统的性道德，向病人揭示他们致病的根源，使他们不带偏见地认识性的问题，克服对于性的恐惧和禁忌，在放纵和无条件的禁欲之间选取适中的解决途径。无论任何人，只要完成了这种分析和训练，认识了真理，便都能增加抵御不道德危险的力量，尽管其道德标准可能在某些方面与常人不同。[①]

在弗洛伊德看来，能预先认清病人的爱只是一种移情之爱，将有助于分析师保持对病人感情上乃至肉体上的距离："对医生来说，这种现象是珍贵的启发和有益的警告，让他可以对潜藏在自己内心的反移情有所防范。他必须认识到，病人对他的迷恋，是分析情境引起的，而非他个人的魅力使然。换言之，他并没有任何理由值得为这种'征服'感到骄傲。"[②] 因此，当病人表示爱上了分析师时，不论分析师认为病人的爱多么可信、多么强烈，他都必须拒绝，而且丝毫不能妥协。跟病人争辩或试图把病人的欲望导向升华的渠道都徒劳无功。如果分析师禁不住病人的追求，认为接受病人的求爱，就可以取得病人的信任，从而加速治疗的进程，那就大错特错了，因为"病人可能会达到其目的，而分析师却永远无法达到自己的目的"[③]。对于分析师来说，他必须时刻保持诚实，因为诚实是精神分析治疗的基础，它具有教育效果和伦理价值。如果分析师要求病人必须诚实地面对自己的内心世界，而自己却通过谎言和伪装骗取病人的信任，无疑会损害自己的权威。分析师始终应该通过反

---

① 参见弗洛伊德:《精神分析引论》，第 350 页。

② Sigmund Freud, "Observations on Transference-Love (Further Recommendations on the Technique of Psycho-Analysis III)", pp. 160–161.

③ Ibid., p. 165.

移情保持自己的中立性。① 不过，这并不意味着分析师应该拒绝病人的任何需要或欲求。毋宁说，分析师应当将病人的需要或渴慕保持为一种促使其做出改变的动力，而切不可以用替代品去抚慰病人。②

弗洛伊德指出，精神分析的目的不是劝导人生或给人提供行动指南。相反，精神分析要力求避免扮演导师的角色，病人的问题要由病人自己去解决。为了达到这个目的，精神分析师至多只能劝告病人在接受治疗时，暂时不要对生活做出重要的决断，如关于事业、家庭、婚姻等的选择，需待治疗完成之后再说。③ 分析师在面对病人时，态度应该和外科医生一样，因为外科医生会搁置他的一切个人感情乃至同情心，尽可能精准而有效地完成手术。④ 太过于人性的愿望，拉近与病人的距离，是有害无益的。只有"铁石心肠"，才可以防止分析师落入非专业的情绪中。因此，向病人透露自己的内心世界与家庭生活，乃是一个严重的技术错误。⑤ 分析师绝不能让自己被他对病人的同情心冲昏了头，因为病人的痛苦正是其疾病赖以治愈的一个媒介。想利用鼓励或安慰病人当作治疗的捷径，等于是给圣塞巴斯蒂安（Saint Sebastian）阿司匹林，以减轻

---

① Cf. Sigmund Freud, "Observations on Transference-Love (Further Recommendations on the Technique of Psycho-Analysis III)", p. 164.

② Cf. Ibid., p. 165.

③ 参见弗洛伊德:《精神分析引论》，第 349 页。

④ Cf. Sigmund Freud, "Recommendations to Physicians Practising Psycho-Analysis", p. 115.

⑤ 彼得·盖伊:《弗洛伊德传》，第 335 页。

他的痛苦。[1]

　　精神分析师是否可以接受并利用病人的移情进行治疗，已经不单纯是一个心理学的问题或医疗实践的问题，同时也是一个伦理问题。可以说，精神分析与治疗的伦理问题，自这门学科诞生之日起就与之相伴而生。[2]在弗洛伊德之后，各个国家的精神分析学会或心理学会相继推出了精神分析和治疗的伦理守则。1953年，美国心理学会（The American Psychoanalytic Association，以下简称"APA"）推出了《心理学工作者的伦理学标准》。这是第一部心理咨询与治疗领域内的伦理性指导规范。1992年和2002年，APA两度对《心理学工作者的伦理学标准》进行修订，推出了《心理学工作者的伦理学原则和行为规范》，这部规范已经成为美国心理学工作者的日常工作规范。其他国家，如加拿大、澳大利亚、新西兰、英国、欧洲心理学会也都制定了本国和本地区的伦理学准则，以指导和规范本国和本地区的心理咨询与治疗工作。在心理学工作者伦理准则的研究中，"保密原则""知情同意""能力胜任""多重关系"始终是研究的热点和重点问题。[3]

　　迄今为止，我国还没有制定专门的心理学工作者伦理学标准。不过，由中华人民共和国国家卫生健康委员会（简称"国家卫健委"）颁布的《心理治疗规范》（2013年）也对我国心理工作者的伦理要求做了规定，贯彻了国际通行的保密原则、知情同意原则、

---

[1]　圣塞巴斯蒂安是一个被乱箭穿身的基督教徒，给他阿司匹林，只会延长他遭受痛苦的时间，参见彼得·盖伊：《弗洛伊德传》，第336页。

[2]　参见高娟、赵静波：《发达国家心理咨询与治疗伦理问题研究的历史发展》，载于《中国医学伦理学》第3期，2009年，第133页。

[3]　参见同上书，第133—135页。

能力胜任原则和避免多重关系原则等，明确规定心理治疗人员应当建立恰当的关系及界限意识，按照专业的伦理规范与服务对象建立职业关系，促进其成长和发展。该规范指出，心理治疗师"应努力保持与患者之间客观的治疗关系，避免在治疗中出现双重关系，不得在治疗关系之外与服务对象建立其他关系，不得利用患者对自己的信任或依赖谋取私利。一旦治疗关系超越了专业的界限，应采取适当措施中止这一治疗关系"。心理治疗过程中应避免"与患者发生超越职业关系的亲密关系（如性爱关系）"。①

结　语

综合上文对移情的本质定义、移情与投射、移情与反移情、移情与同感、移情与道德之间关系的分析和讨论，我们可以得出以下几点结论：

一、在精神分析学、心理学、美学、现象学和道德哲学中，移情这个词有不同的含义，是一个典型的"同名异义词"。"同名"是说，它们共同分有"移情"这个汉语词（尽管其西语原词也不尽相同）；"异义"是说，它们赋予这个词的含义和用法有本质差别。

二、移情和投射这一对概念往往捆绑在一起使用，而且具有非常形象且生动的用法：将 A 移置或投射到 B 之上或 B 之中。但它们在不同学科或思想流派中的用法也不尽相同：在精神分析学中，移情和投射常常被看作同义词，但这里的移情和投射特指病人对医

---

① 中华人民共和国国家卫生健康委员会：《心理治疗规范》（2013 年）。

生的移情或投射；以费舍尔父子、利普斯、福尔克特等人为代表的移情美学中，移情或投射特指审美主体对自然生物或无生命物体的移情或投射，其结果是在无目的的合目的性中、在无利害的主客体关系中获得审美体验；在以利普斯为代表的移情心理学中，移情和投射特指自我对他人的移情或投射，其结果是自我与他人的同一化；在道德哲学，特别是情感主义伦理学中，移情和投射特指对他人的痛苦和不幸的感同身受，被看作同情的前提和基础；而现象学则既反对上述意义上的移情和投射，也不主张将二者等同使用。现象学意义上的移情特指自我对他人的"同感"或"同感知"。这种同感或同感知是对他人的一种意向性分析和构造，是通过肉体对他人心灵生活的一种共现（appresentation）和统觉（apperception），兼具认知和情感意义，本质上是对他人之外在性和他异性的一种理解、尊重和保护。

三、移情与反移情作为一对对置的概念，其各自的内涵和外延均有差别。狭义的移情特指病人对医生的移情，广义的移情则指人与人之间的相互移情。狭义的反移情特指医生对病人的移情做出的反应，这种反应不是"反过来"对病人产生移情，而是非移情式的情感反应。广义的反移情则指医生对病人的移情做出的一切情感反应，其中包括医生对病人的移情。就移情与反移情的定义而言，我们既不应该完全固守传统，也不应该无边界地泛化，而是应该在尊重和保留经典定义的同时，重视和吸收新的理论成果，赋予旧概念以新含义。

四、移情、反移情与同感，作为三种不同的意识活动，彼此之间有紧密关联。反移情是针对移情做出的情感反应，而对移情和反移情的识别或把握均需同感的参与。A 对 B 的同感，既不是

A 产生或体验到与 B 完全一样的情感（意识层面的），也不是 A 对 B 产生同情（道德层面的），而是 A 对 B 的一种直接的理解或把握（认知层面的）。

五、在精神分析中，移情是一种无意识的活动，它是价值中立的，与善恶无涉。而精神分析师和治疗师如何对待病人的移情，以及如何正确对待和处理与病人的关系则涉及伦理问题。从伦理的角度来看，分析师不应接受病人的移情，更不应利用病人的移情与其发生性关系或建立其他与治疗无关的双重关系。

移情关系首要的是精神病人与精神分析师之间的关系，本质上是一个自我与另一个自我（也即他人）的关系。虽然病人与分析师在人格上是平等的，但由于其意识或心智状态与正常人不同，所以他或她与分析师的关系还不能被看作一种真正的主体间关系。精神分析学为我们理解自我，理解自我与他人的关系（例如泛性论意义上的性关系、家庭伦理关系、职业伦理关系）提供了独特的视角和思想资源，但由于其在对移情、投射、反移情、共情这些意识现象的本质及其相互关系的理解上还存在这样那样的误解或偏差，而且无法得到实证分析和检验，因此，还需要我们借助其他的方法和理论（例如心理学、现象学、伦理学等）进行更深入的反思和批判。

第四章
施泰因论同感的本质 [*]

上一章对精神分析语境中"移情"（Übertragung）概念的讨论，旨在将其与现象学语境中的"移情"或"同感"（Einfühlung）概念区分开来，可以说，这是从否定的方面（即 Einfühlung 不是 Übertragung）和相邻学科（精神分析学与现象学密切相关）的角度对现象学同感概念的一种间接的刻画，从本章开始直到第七章，我对同感概念的分析将集中在经典现象学语境中展开。

在经典现象学语境中讨论同感问题，绕不开艾迪特·施泰因（Edith Stein, 1891—1942 年）^①，因为她是现象学同感理论的重要建构者和系统阐述者，也是除胡塞尔之外对同感问题进行独立研究并取得原创性成果的唯一的女现象学家。

---

* 本章部分内容曾以《施泰因论移情的本质》为题发表于《世界哲学》2013 年第 2 期。

① 艾迪特·施泰因有时也称为圣艾迪特·施泰因（Saint Edith Stein），普鲁士公民，犹太人，现象学家胡塞尔最得意的女学生，也是第一个在弗莱堡大学获得博士学位的"胡塞尔学派"成员，曾于 1916—1918 年间担任胡塞尔的助手。1922 年皈依天主教，成为一名修女。1942 年 8 月 9 日在奥斯维辛比尔克瑙集中营的毒气室被纳粹杀害。1998 年 10 月 11 日由教皇约翰·保罗二世在罗马封圣。参见艾迪特·施泰因：《论同感问题》，张浩军译，华东师范大学出版社，2014 年，第 180—183 页。

施泰因在布雷斯劳（Breslau）[①]大学读书期间（1911—1913年），由于阅读了胡塞尔的《逻辑研究》，遂于1913年转学到德国的哥廷根大学跟随胡塞尔攻读博士学位，其博士论文题目是《历史发展和现象学考察中的同感问题》（*Das Problem der Einfühlung in seiner geschichtlichen Entwicklung und in phänomenologischer Betrachtung*）。1916年，胡塞尔受邀到弗莱堡大学接替新康德主义者里克特·李凯尔特的教席，施泰因遂申请跟随胡塞尔到弗莱堡大学进行博士论文答辩。

施泰因提交答辩的博士论文共由七个部分组成，分别是：

I. 从约翰·哥特利布·赫尔德（Johann Gottlieb Herder）到20世纪初有关同感问题的历史；

II. 同感行为的本质；

III. 心理物理个体的构造；

IV. 同感作为对精神人格的理解；

V. 同感现象学及其在社会共同体和共同体构成物（Gemeinschaftsgebilde）上的运用；

VI. 伦理领域中的同感；

VII. 审美领域中的同感；[②]

[①] 18世纪之前属于奥地利，在腓特烈大帝时代被划归普鲁士王国管辖，1918年"一战"结束后划归波兰。

[②] Edith Stein, *Zum Problem der Einfühlung, Edith Stein Gesamtausgabe* 5, Freiburg im Breisgau: Herder, 2008, „Einführung", S. XX–XXI.

　　施泰因自述，她在论文的第一部分（Ⅰ和Ⅱ），根据胡塞尔在讲座中给出的一些提示，着重研究了"同感"这种特殊的认识行为，而在论文的后面部分（Ⅲ和Ⅵ）则着重研究了人格的建构问题，就后者而言，舍勒和狄尔泰的著作对其研究具有重要影响。除此之外，她还对社会、伦理和审美领域的同感问题进行了研究（分别是Ⅴ、Ⅵ、Ⅶ）[①]。

　　1916年7月29日，胡塞尔对他的这位女学生的博士论文给出了如下鉴定意见：

　　　　艾迪特·施泰因在她的博士论文《历史发展和现象学考察中的同感问题》中，首先（在第一部分）以富有教益的方式追溯了同感问题从赫尔德的最初阐释到如今的发展历史。但这篇论文的重点是第二到第五部分，在这几部分中，施泰因试图系统地阐明同感现象学，并将其应用到诸如身体、心灵、个体、精神人格、社会共同体和共同体的构成物等观念的现象学起源上来。在这关键的几部分内容中，施泰因研究了同感在伦理和审美领域中的意义，并且就后一方面来说，她对审美同感进行了现象学分析。

　　　　除了历史的和批判的论述之外，作者——在其理论的主导思想中——受到了我的哥廷根讲座和个人建议的影响。但论文的整体风格——她吸收了我的这些建议、科学的严谨和敏锐——应当得到高度肯定，事实上她也证明了这一

---

① Edith Stein, *Zum Problem der Einfühlung, Edith Stein Gesamtausgabe* 5.

点。因此，我请求批准施泰因的口试。[①]

1916 年 8 月 3 日，施泰因以最优成绩（*summa cum laude*）顺利通过了答辩。1917 年，该论文以《论同感问题》为名在哈勒出版，1980 年在慕尼黑重印（Edith Sein, *Zum Problem der Einfühlung*, Halle: Buchdruckerei des Waisenhauses, 1917. Wiedergedruckt in München: Gerhard Kaffke, 1980），由于纸张短缺和印刷成本昂贵，施泰因只选择了其中的 II、III、IV 这三部分付印。论文的第 I 部分在付印时便已遗失，而其余的 V、VI、VII 部分后来也下落不明。该书中译本中的第一、二、三章分别与施泰因博士论文中的 II、III、IV 部分相对应。[②]

毋庸置疑，施泰因对同感问题的研究少不了胡塞尔的指导，但这并不意味着她完全是在复制自己老师的思想。事实上，胡塞尔认为施泰因的研究"甚至是完全独立的"[③]。施泰因在完成博士论文答辩之后，胡塞尔曾考虑将这篇论文与其《观念 II》一起放在《哲学与现象学研究年鉴》中出版。[④] 施泰因也正是在这一提议的鼓舞下，主动表示愿意担任胡塞尔的助手为其效劳。从 1916 年到 1918 年，施泰因完成了对《观念 II》手稿的两次修订，第一次修订只是整理抄录胡塞尔的速记稿，第二次则加入了自己撰写的部分，即该书第 18 节的 b）、e）、g）、h），第 25 节的一部分，第 33 节的第 2 部分，

---

① Edith Stein, *Zum Problem der Einfühlung, Edith Stein Gesamtausgabe* 5, S. XIX–XX.

② 艾迪特·施泰因:《论同感问题》，张浩军译，上海：华东师范大学出版社，2014 年。

③ Edith Stein, *Zum Problem der Einfühlung*, S. XVIII, Fußnote 35.

④ 但事实证明，胡塞尔的考虑并未成为现实。

第 35—42 节，第 43—47 节。[1]

众所周知，《观念 II》是胡塞尔研究同感问题的重要著作，他之所以如此放心地让施泰因对其手稿进行修订，并将后者撰写的部分纳入自己的著作，可见其对后者的信任。同时，这也表明，二者在同感问题上持有相似甚或相同的立场。纵观《论同感问题》，我们可以发现，施泰因的确为该问题的研究做了许多原创性的贡献，"其对位格、主体间性、社会和公共世界的构造等论题的思考要比让 - 保罗·萨特（Jean-Paul Sartre，1905—1980）、梅洛 - 庞蒂和列维纳斯等人对类似论题的著述早几十年"[2]。

鉴于同感概念的重要性，本章不拟对施泰因的思想做整体论述，而仅限于围绕其博士论文的第二部分，也即《论同感问题》的第一章，对同感行为的本质进行详细分析。

---

[1]　Cf. Margaretha Hackermeier, *Einfühlung und Leiblichketi als Voraussetzung für intersubjektive Konstitution: Zum Begriff der Einfühlung bei Edith Stein und seine Rezeption durch Edmund Husserl, Max Scheler, Martin Heidegger, Maurice Merleau-Ponty und Bernhard Walderfels.*, Hamburg: Dr. Kovač Verlag, 2008, pp. 37−38. 另参见《观念 II》英译者导言 XII−XIII，Edmund Husserl, *Ideas Pertaining to a Pure Phenomenology and to a Phenomenological Philosophy. Second Book: Studies in the Phenomenology of Constitution.*, trans. by Richard Rojcewicz, and André Schuwer, Dordrecht/Boston: Kluwer Academic Publishers, 1989。

[2]　Dermot Moran, "The Problem of Empathy: Lipps, Scheler, Husserl and Stein," in *Amor amicitiae: On the Love that is Friendship. Essays in Medieval Thought and Beyond in Honor of the Rev. Professor James McEvoy.*, ed. by Thomas A. F. Kelly, and Philipp W. Rosemann, Leuven/Paris/Dudley, MA: Peeters, 2004, p. 302.

第一节 何谓"同感"？

施泰因指出，在现有的讨论同感的文献中对所谓的审美同感、作为陌生体验的认识源泉的同感和伦理学的同感等所有关于同感的争论，都建立在一个隐含的假设上，即"陌生主体及其体验都被给予了我们"[①]。但是，由于这些争论都没有通过正确的方法把与同感相关的认识论的、纯粹描述的和发生心理学的方面区分开来，所以"时至今日还没有人找到一个令人满意的解决方案"[②]。在她看来，不管附着在同感这个词上面的历史传统是什么，只有利用"现象学还原"的方法，对我们的纯粹意识体验进行本质直观或观念化的抽象，我们才能在最本质的一般性中把握和描述同感这种陌生体验的意识。为了形象地说明同感行为的本质，她举例说道：

> 一个朋友走进来告诉我说，他弟弟死了，而我也意识到了他的痛苦。这是一种什么样的意识呢？在这里我并不想探究这种意识的基础，也不想探究我是从哪里推断出这种痛苦的。或许，他的面容苍白而怅然，他的声音乏味而低沉。或许，他也用语言表达了他的痛苦：当然，所有这些都是研究的课题，但是，在这里，我并不关心它们。我想知道的不是我是如何获得这种意识的，而是这种意识本

[①] Edith Stein, *Zum Problem der Einfühlung*, S. 11.

[②] Ibid., S. 5.

身是什么。[①]

　　在《论同感问题》的前言部分，施泰因直截了当地给出了同感的定义："同感是对陌生主体及其体验行为的经验。"（Erfahrung von fremden Subjekten und ihren Erleben.）[②] 在她看来，如果我们把同感行为和其他纯粹意识的行为进行对比，我们就可以在它们的差异中更好地理解同感行为。[③] 也就是说，我们可以通过考察同感"不是什么"来理解它本质上"是什么"。

　　接下来，我将通过对同感与外感知（第二节）、同感与回忆（第三节）、同感与内感知（第四节）的比较来揭示同感的本质。尽管施泰因也提到"共感"（Mitfühlen/Mitgefühl）与"同一感"（Einsfühlen/Einsfühlung）这两个重要概念，但我不拟在本章展开对二者的讨论，而是把它们放在第五章，结合舍勒的思想进行分析。此外，由于与同感直接相关的是陌生意识或他人，而关于我们如何经验到陌生意识或他人的问题，除了胡塞尔与施泰因所持的现象学的同感理论之外，还有两种典型的理论，即模仿理论（实即利普斯的同感理论）和类比推理理论。因此，我也将分别对施泰因关于模仿理论（第四节）、类比推理理论（第五节）的论述进行分析。

———————

① Edith Stein, *Zum Problem der Einfühlung*, S. 14. 着重号为我所加。

② 为什么这里施泰因用 "Erfahrung" 而不是 "Erlebnis" 来刻画我们对陌生主体及其体验行为的把握？这是否意味着，"erleben" 或 "Erlebnis" 特指对自身的经验，而 "erfahren" 或 "Erfahrung" 特指对他人的经验。因为 "我"不是 "他"，我不能 "体验" 他的体验，我只能 "经验" 他的体验，也就是说，体验是内在的（innerlich），而经验则是外在的（äußerlich）。

③ Cf. Edith Stein, *Zum Problem der Einfühlung*, S. 14.

第二节　同感与外感知

为了讨论同感的"原本性"问题，施泰因首先探讨了外感知。因为我们通常是通过"外感知"（äußere Wahrnehmung）来感知一个外部世界中存在的物体的，而这个物体也完全可以通过外感知把自身原本地给予我们。也就是说，外感知本身是一种原本地进行给予的行为。用施泰因的话来说，"外感知是描述这样一些行为的术语，在这些行为中，空间－时间性的物的存在和发生以一种亲身被给予的方式呈现给我。它站在我面前，就像它此时此地本身就此在着那样。它把这一面或那一面转向我，与那些被共同感知但被回避了的面相比，转向我的这一面在特定的意义上亲身地或原本地在那里"[①]。但是，对于陌生主体及其体验来说，我们无法像感知一个物理对象那样来感知它。以痛苦为例，"我没有任何关于痛苦的外感知"[②]，因为：

> 痛苦不是一个东西，也不能像一个东西一样被给予我，即使我在痛苦的表情中意识到了它。我外在地感知到这种表情，而痛苦与这种表情"合二为一地"被给予了。[③]

在施泰因看来，对于他人的痛苦，我们只能通过同感的

[①]　Edith Stein, *Zum Problem der Einfühlung*, S. 14.

[②]　Ibid.

[③]　Ibid.

方式来经验（erfahren）。也就是说，我可以把我自己"移置"（hineinversetzen）进他人之中，把他人的体验"当前化"（vergegen-wärtigen）。我可以与他人"一起"痛苦、"一起"高兴。

关于如何理解同感与外感知之间的关系，施泰因说道："同感并不具有外感知的特征，尽管它与外感知有某些共同点：在同感和外感知中，对象本身此时此地是在场的。我们已经开始把外感知认作一个原本地进行给予的行为。但是，尽管同感不是外感知，这也并不意味着同感不具有'原本性'。"①

第三节　同感的"原本性"与"非原本性"

为了讨论同感的"原本性"（Originarität）和"非原本性"（Nicht-Originarität）问题，施泰因提到了"回忆""预期"和"想象"这三种典型的意识体验行为。她想通过与这三种意识行为的比较来澄清体验行为和体验内容、体验主体与体验客体的"原本性"与"非原本性"关系。由于施泰因认为"回忆""预期"和"想象"非常类似，所以我们在这里只选取"回忆"进行研究。

以"高兴"为例。这里有两种类型的"原本性"和"非原本性"。

一、回忆的"行为"和回忆的"内容"。当我回忆起过去发生的一件令人高兴的事情时，"作为现在所实行的当前化行为，对一

---

① Cf. Edith Stein, *Zum Problem der Einfühlung*, S. 15.

种高兴的回忆是原本的，但是其内容——高兴——不是原本的"[①]。也就是说，对于一个当下进行回忆的人来说，他对过去的高兴的回忆行为本身是"原本的"，但是他所回忆的内容即过去的高兴则是"非原本的"。

二、进行回忆的"我"和被回忆的"我"。"作为回忆行为之主体的'我'在这个再现行为中可以回顾过去的高兴。那么，这个过去的高兴就是'我'的意向对象，它的主体是'我'，而且它就在过去的'我'之中。因此，当下的'我'和过去的'我'作为主体和客体彼此面对。"[②] 回忆始终是一种再现行为，这个再现行为中有两个主体，一个是实行再现行为的"我"即原本地进行回忆的"我"，另一个是被再现的"我"即非原本地被回忆的"我"。

下面我们来看同感。同样以"高兴"为例。这里也有两种类型的"原本性"和"非原本性"。

一、同感的"行为"和同感的"内容"。我的一个好朋友兴冲冲地跑来告诉我，他刚刚通过了一个非常重要的考试，我"由衷地"感到高兴。这里的"高兴"有两种，一是作为同感行为的"高兴"，一是作为同感内容的"高兴"。我为他通过考试而感到高兴这个同感行为作为一种当下的意识体验是原本的，但是我体验到的"高兴"即同感的内容则是非原本的。因为，尽管我能"为"他感到高兴，但我不能重复体验或"内在地参与"到他的高兴中去，我的高兴始终不能代替他的高兴。因此，在这里，他人的"高兴"是原本的，而我的"高兴"是非原本的。正如施泰因所说："当我正

---

① Cf. Edith Stein, *Zum Problem der Einfühlung*, S. 16.

② Ibid.

沉浸在他人的高兴中时，我并没有感受到原本的高兴。我所体验到的高兴并没有从我的'我'中获得生命，它也不具有经历过的、像被回忆的高兴那样的特征。它依然只不过是被想象的，而没有实际生命。这另一个主体是原本的，尽管我并没有体验到其原本性；他的高兴是原本的，尽管我并没有把它体验为是原本的。在我的非原本的体验中，我感到自己似乎是被一个原本的体验所引导的，我没有体验到这个原本的体验，但它依然在那里，在我的非原本的体验中显示它自己。"[1]

二、他人的"我"和我的"我"。在对我的好朋友的"高兴"的同感体验中，也有两个主体。一个是实行同感体验的主体，即我的"我"，另一个是被同感的体验的主体，即我的朋友，也即他人的"我"。他人的"我"是原本的，而我的"我"则是非原本的。

通过上述对"回忆"和"同感"这两种意识体验行为的分析，我们可以得出如下结论：

一、回忆有自己的对象或客体，但这个客体不是当下的，而是被再现或当前化的；同感也有自己的对象或客体，但这个客体是当下的。

二、回忆是原本的，而被回忆的内容是非原本的；同感也一样，同感行为是原本的，但其内容是非原本的。

三、回忆中有两个主体，一个是进行回忆的"我"，一个是被回忆的"我"，这两个我虽然是两个不同的"我思"（Cogito），但从本质上具有同一性，即它们是同一个"我"（先验自我）的不同的"我"（具体的我）；同感中也有两个主体，一个是进行同感体

---

[1] Cf. Edith Stein, *Zum Problem der Einfühlung*, S. 20.

验的主体，一个是被同感地体验的主体，前者是我的"我"，后者是他人的"我"，这两者不具有任何同一性。正如施泰因所说："被同感的体验的主体不是进行同感的主体，而是另一个主体。这就是在与我们自己的体验的回忆、预期或想象的对比中发现的全新的东西。这两个主体是分离的，它们并没有被一种同一性的意识或一种体验的连续性所结合在一起。"①

由此，施泰因指出："同感是一种自成一类的经验性行为（eine Art erfahrender Akte *sui generis* ）。"②

第四节　同感与"内感知"

施泰因对"内感知"概念的分析主要是针对舍勒的。舍勒认为，在对他人的感知问题上，类比推理（Analogieschlüsse ）和利普斯的同感理论都是错误的，因为它们都预先做了这样两个基本的设定："（1）'首先被给予'我们的是我们自己的'我'；（2）从另一个人那里'首先'被给予我们的是他的肉体的显现，这个肉体的变化、活动等。只有在肉体被给予的基础之上，我们才设想他有灵魂，有一个陌生的'我'存在。"③

为了反驳这两个设定，舍勒提出了"内感知"（innere Wahrnehmung ）的概念。在舍勒那里，"内感知"和"内直观"

①　Cf. Edith Stein, *Zum Problem der Einfühlung*, S. 20.

②　Ibid.

③　Max Scheler, *WFS*, S. 238.

（innere Anschauung）是同义的。他指出，我们否认"能够内在地感知他人的'我'和体验"①，是因为"我们没有把'内直观'（以及内感知、表象、感受和有着类似区别）的领域和'内感觉'（inneren Sinnes）的领域区分开来。'内直观'完全不是通过客体的规定性被定义为：内在地进行直观的人感知'自己本身'。因为我也同样可以像'外在地感知'他人那样感知'我自己'。……因此，内直观是一个行为方向（Akt-richtung），这些行为既可以指向我们自己也可以指向他人。就'能力'（können）而言，这个行为方向从一开始就包括他人的'我'和体验，就像它通常也包括我自己的'我'和体验那样，而不仅仅包括直接的'当前'"②。

为什么舍勒认为内直观从一开始就不仅包括他人的"我"和体验，而且也包括我自己的"我"和体验呢？这要从舍勒所谓"中立的体验流"（einen indifferenten Strom des Erlebens）说起。舍勒认为：

> 最初，一条对我－你漠不关心的体验流在流动着，它实际上包含着我们自己的东西和陌生的东西，两者未经区分而是相互融合在一起；在这条河流中逐渐形成较为稳定的漩涡，这些漩涡慢慢地把河流中不断出现的新要素卷入

---

① Max Scheler, *WFS*, S. 242.

② Ibid., S. 243. 在本书第 238 页的脚注中，舍勒指出："'内感知'作为行为方向不同于'外感知'（因为，其本质不可能使它通过感觉功能，更不可能通过感觉器官来完成）。对于任何一个被设定的个体来说，这一区别显然并不涉及何者在内，何者在外的问题。'内感知'在本质上'属于'对心理之物的把握。无论感知者是'自己本身'还是他人，情况是完全一样的。"

自己的涡流中，并逐渐非常缓慢地把它们分别给予不同的个体。在这一过程中始终作为本质联系而起作用的是下述规律：（1）每一个体验通常都属于一个我，哪里有一个体验被给予，哪里通常就有一个我一起被给予；（2）这个我在本质上必然是一个个体之我（Ichindividuum），就其是相契合地被给予的而言，这个个体之我在每一个体验中都是当下的，因此，它不是首先通过其"关系"被构造的；（3）一般来说，总是有我（Ichheit）和你（Duheit）。①

为了证明上述论断，舍勒给出自己的解释：（1）"我们既思想我们的'思想'，也思想他人的'思想'；我们既感受我们的'感受'，也（在共感中）感受他人的'感受'。"② 例如，我们可以通过阅读、交谈来思想他人的"思想"，也可以把我们自己的感受和再造的、共感的感受或受到传染的感受区分开来。③（2）"他人的思想也可能并非'作为'他人的思想，而是'作为'我们的思想给予的。"④ 例如，对于我们曾经阅读过或别人告诉我们的东西的所谓"不自觉的回忆"，或者我们把从父母、老师那里获得的思想看成我们自己的思想，我们"重复"思考着这些思想，或者感受着某些感受，但从未把它们看作是"他人的"⑤。

施泰因认为，舍勒关于"中立的意识体验流"的说法是不能成

---

① Max Scheler, *WFS*, S. 240.
② Ibid., S. 239.
③ Ibid.
④ Ibid.
⑤ Ibid.

立的。因为，"这样一个体验流是一个绝对无法实现的表象"①。意识体验流不是"中立的"，而始终是"我的"，我们根本就不能设想一个"无我的"体验，"每一个体验在本质上都是一个'我'的体验，这个体验从现象上来说根本无法与'我'自身分离开来"②。也就是说，在"我"和"你"（或"他"）被区分之前，就有一个"我"存在了，而这个"我"就是胡塞尔意义上的"纯粹自我"或"先验自我"。③舍勒所谓的"我"和"你"至多只能被看作这个纯粹自我的个别的、具体的"我思"，而这些具体的"我思"早就是被现象学还原排除的对象了。④为此，施泰因指出：

> 我们从我们的研究领域中排除了这个内感知的世界，排除了我们自己的个体和所有其他的个体，也排除了这个外部世界。它们不属于绝对被给予性的领域即纯粹意识的领域，对于这个领域而言，它们是超越的。"我"在这个绝对意识的领域中有另一个含义，即它只是在体验中生活的体验主体。如果这样来理解，那么，一个体验是"我的"还是另一人的，这个问题毫无意义。我原本地感受到的东西就是我感受到的东西，而不管这个感受在我的个体体验的整体中是一个什么样的角色，也不管它是如何产生

---

① Edith Stein, *Zum Problem der Einfühlung*, S. 44.

② Ibid.

③ 施泰因作为胡塞尔的学生，当然很清楚自己老师的观点。她到哥廷根跟随胡塞尔攻读博士学位的时候，正值《观念Ⅰ》发表（1913年），而《观念Ⅰ》标识着胡塞尔的先验转向，先验自我正是这本书的核心论题。

④ Edith Stein, *Zum Problem der Einfühlung*, S. 44-45.

的（或许是通过感受传染，抑或不是）。我自己的这些体验——纯粹的"我"的这些纯粹的体验——都是在反思中被给予我的。这意味着，"我"从客体那里回过头来看体验这个客体的行为。[①]

舍勒所谓内感知的世界以及其中所包含的一切东西在现象学还原的操作程序中全部失效了。所谓中立的意识体验流并不中立，而始终是"我"的体验（流）。但这个"我"不是具体的、经验的我，而是先验自我，是绝对意识领域的主体，是纯粹意识体验的主体。

舍勒认为类比推理理论和利普斯的同感理论把他人的肉体及其行为的被给予性作为认识他人的前提条件是错误的，"那些试图从'推理'或'同感'的过程中推导出陌生自我的理论之根本缺陷在于，它们从一开始就低估了自我感知的困难，而又高估了对陌生感知的困难"[②]。而事实却是，我们完全可以不用体验到他人的肉体，就可以认识并确证他人的存在：

> 为了认识一个个体之我的存在，完全无须有关其肉体的知识。凡是其精神活动的符号或踪迹被给予我们的地方，例如在一件艺术品或一个意志行为的可感的统一性中，我们便会立即从中把握到一个活动着的个体之我。关于历史人物之存在的设定，色诺波尔（Xenopol）的说法是有道理的：假若我们必须从某人曾经亲眼见过这个个体的记载出

---

① Edith Stein, *Zum Problem der Einfühlung*, S. 44–45.

② Max Scheler, *WFS*, S. 244–245.

发，那么我们也许就不可认为——例如——庇西斯特拉图斯（Pisistratus）在历史上存在过，因为我们的文献作者都不曾见过他。但是，我们清楚地追踪到他在雅典政治角逐中的政治影响的个体统一性；这足以使人相信他曾经确实存在过。相反，我们却不认为——比如——有魔鬼存在，虽然大量记载者自称曾亲眼见过它。①

　　无疑，舍勒的上述论断是正确的，这与胡塞尔"视觉中心主义"的现象学形成了鲜明的对比，而且也符合其一贯的认识论原则，即"认识论感知'被给予的是什么'，而不是'依据一门作为前提的理论，什么东西能够被给予'"②。事实上，我们并不是通过同感才认识他人的，毋宁说，同感的发生本身是以承认他人的存在为前提的，否则我们如何把自己"移置"进他人之中。舍勒甚至认为，"人'首先'更多地生活在他人之中，而不是自己本身之中，更多地生活于共同体而不是自己的个体之中"③，只是在后来随着理性的发展和反思意识的觉醒，他才逐渐个体化的。

　　虽然舍勒的"内感知"概念主要是针对密尔的类比推理理论和利普斯的同感理论提出的，而且施泰因本人也反对通过类比推理来认识他人，并在很多地方对利普斯的同感理论进行了批判，但她最

---

① Max Scheler, *WFS*, S. 236–237.

② Margaretha Hackermeier, *Einfühlung und Leiblichketi als Voraussetzung für intersubjektive Konstitution: Zum Begriff der Einfühlung bei Edith Stein und seine Rezeption durch Edmund Husserl, Max Scheler, Martin Heidegger, Maurice Merleau-Ponty und Bernhard Walderfels*, S. 187.

③ Max Scheler, *WFS*, S. 241.

终还是站在了只有通过同感才能认识陌生个体的立场上，拒斥了舍勒的"内感知"概念，而她拒斥这个概念的根本理由还是围绕"原本性"展开的。她说："现在我们已经明白了内感知和同感之间的亲缘关系。……但是我们也看到了这样的区别：进行构造的体验的被给予性在一种情况下是原本的，而在另一种情况下是非原本的。如果我把一种感受体验为另一个人的感受，那么我就是通过两次被给予而体验到它的——一次是原本地作为我自己的感受而被给予的，另一次是非原本地即通过同感作为原初的陌生感受而被给予的。正是这种被同感的体验的非原本性促使我反对'内感知'这个词来刻画对我们自己的体验和陌生体验的把握。"①

第五节　同感与模仿

利普斯在对类比推理理论进行批判的同时，提出了另一种理论来解释对陌生的心灵生活的经验，这种理论便是模仿理论（Die Nachahmungstheorie）。利普斯认为，当我看到别人的一种表情或动作时，我就会产生一种想要模仿它的冲动，即使我没有"外在地"模仿它，但我还是"内在地"模仿了它。由于表情或动作实际上是一种表达，而表达与体验密切联系在一起，以至于当体验发生时，表达也随之发生了，因此，这也就意味着，当我看到别人的表情或动作时，这种表情或动作所归属的体验也被我一同感受到了。由于这种体验是在陌生的表情或动作中被体验到的，所以对我而言，它

①　Edith Stein, *Zum Problem der Einfühlung*, S. 51.

不是我的体验，而是他人的体验。[①] 由此，我们也就完成了对他人的认识。针对利普斯的模仿理论，施泰因与舍勒都提出了严厉的批评。

在舍勒看来，表达现象的性质和诸体验的性质构成了一种独特的本质关系，这种关系根本不是建立在对我们自己的实在体验和陌生的表达现象的把握之上，即对已看见的姿态（Gebärde）的一种模仿的趋向首先必须再造我们以前的体验。相反，模仿作为单纯的"趋向"是以对陌生体验之拥有为前提的。换言之，当我们模仿一种害怕或快乐的姿态时，模仿根本不是由他人的这种姿态的视觉图像所引起的。毋宁说，只有当我们已经把这种姿态理解为快乐或害怕的表达时，才会产生模仿的冲动。例如，当我们看到一个小孩哭的时候，我们也会跟着假哭。我们之所以能够模仿这个小孩假哭，是因为我们知道（理解）这个小孩在哭。舍勒指出，利普斯的模仿理论与下述事实是相悖的：我们可以理解动物的某些体验，尽管依照单纯的"趋向"，我们无法模仿其表情动作，比如狗通过汪汪叫和摇尾巴、鸟通过叽叽喳喳声来表达它们的快乐。[②]

依照模仿理论，对一个陌生体验的"理解"要以理解者的一种类似的实在体验为前提，也就是说，一种感受之再造必须以始终具有一种现实的感受为前提。舍勒反对这种观点。在他看来，我们在理解中根本不实在地体验被理解的东西。例如，"理解"一个溺水

---

① Theodor Lipps, Ästhetik: Psychologie des Schönen und der Kunst. *Erster Teil: Grundlegung der Ästhetik.*, Hamburg/Leipzig: Verlag von Voss, 1903, S. 114–128; See also Edith Stein, *Zum Problem der Einfühlung*, S. 35.

② Max Scheler, *WFS*, S. 22.

者之死亡恐惧的人根本不需要体验一种实在的、被削弱了的死亡恐惧。

舍勒认为，模仿理论并不能让我们真正理解他人，毋宁说，它所导向的恰恰是理解的反面，即由陌生的情感触发（Affekte）引起的情感传染。情感传染的特点在于，它完全缺乏相互"理解"。例如，在动物群和"乌合之众"的行为中存在的情感传染就是这种情况。在情感传染中，理解实际上首先是一种表情动作的参与（Mitmachen）。接下来，这种参与在进行模仿的人或动物那里产生了类似的情感冲动、欲求和行为意向。例如，一个动物群的头领的可见的恐惧行为会把这种恐惧传染给整个动物群。在人类关系中，情况亦如此。情感传染的后果或本质在于：参与者把因其参与而在他那里产生的体验当成他原初就有的本己体验，而他完全没有意识到他受到的传染。舍勒以"催眠后暗示"为例来说明情感传染的后果。已经完成的"催眠后暗示"[①]（posthypnotisch suggerierte）的意

① "催眠后暗示"是说，催眠师在催眠状态中对被催眠者进行了某种暗示，期望他在清醒之后，依照这种暗示去行为。被催眠者可能会把这种暗示无意识地接受下来，当成自己的思想意识和行为指南。比如，催眠师 A 在催眠中暗示被催眠者 B，不论在任何场合，一旦看到 A 摇头，B 就应该停止说话。当 B 被解除催眠之后，可能会和房间里的其他人说话，但是一旦 B 看到 A 在摇头，那么 B 马上就噤声了。这时，如果 A 问 B："喂！你为什么不说话了？"B 可能会回答说："因为我觉得我说错话了，所以应该闭嘴！"B 忘了这是 A 在他被催眠后给他的心理暗示，而自以为是在按照自己的自由意志行动。所以，或许很多我们自以为是自己的想法或观念，根本不是我们自己的，而是在不知不觉中被别人或社会，被意识形态所催眠后植入的。同时，这也意味着，催眠师的工作必须是专业的且符合伦理道德规范的，对被催眠者的心理暗示不能有违被催眠者的信念系统和人格价值。

志行为（与"命令"和"顺从"不同，因为在命令和顺从中，他人的意志依然被看作"他人的"意志）很少被看作是暗示的，相反，催眠后暗示的意志行为的特点恰恰在于：我把它看作我自己的意志行为。因此，通过参与陌生表情动作而产生的类似的体验不是作为他人之体验，而是作为本己之体验被给予的。基于这样的理由，我们也已经在日常生活中把对他人的单纯"模仿"（比如打哈欠、伸懒腰）和对他人的"理解"区分了开来，并使之相互对照。

　　施泰因也对模仿理论进行了批评。她认为，模仿理论"只是通过与不同身体之间的关系把我们自己的体验和陌生的体验区分了开来，而两种体验实际上是完全不同的"①。我通过"模仿"所获得的并不是他人的体验，而是我自己的体验。因此，"模仿理论不能成为对同感的一种发生解释"②。为了澄清模仿与同感之间的差异，她举了"感受传染"（Gefühlsansteckung）的例子，比如一个小孩哭了，另一个小孩也跟着哭起来。在他看来，感受传染在我们之中唤起的现时的感受并没有认识功能，它们并不像同感那样把一个陌生的体验行为显示给我们。当我们充满被传染的感受时，我们就生活在这些感受之中，因此也就生活在我们自身之中，这样一来，我们便不可能转向或沉浸在陌生的体验行为中，而转向或沉浸在陌生的体验行为中恰恰是同感的典型特征。③通过对模仿与感受传染进行类比，施泰因反驳了利普斯"同感即是模仿"的观点。

---

① Edith Stein, *Zum Problem der Einfühlung*, S. 36.

② Ibid., S. 37.

③ Ibid., S. 36.

第六节　同感与类比推理

依照施泰因，类比推理理论（Die Analogieschlußtheorie）是用来解释对陌生精神生活的经验起源（die Entstehung der Erfahrung von fremdem Seelenleben）的学说。这种理论的持有者、心理学家本诺·埃尔德曼和哲学家密尔认为，最初由他人所给予我们的东西并不是被赋予灵魂的身体，而只是物理的、无灵魂的肉体，也就是说，灵魂和肉体是分离存在的，我们无法在他人的肉体中直接感知他人的"我"，我是基于对我自己的心理状态、行为动机、行为方式和后果的理解，通过类比推理来把握他人的"我"的①——恰如舍勒所说："正是'类比推理'使我们在感知到我们自己的表达活动的情况下，从我们作为自己的个体性自我活动之后果而体验到的同一类表达活动，去推断另一个身上的同类自我活动。"②

新康德主义者艾洛伊斯·里尔（Alois Riehl，1844—1924）和心理学家利普斯对这种理论进行了严厉的批判，胡塞尔、舍勒和施泰因也从现象学立场出发对之进行了驳斥。胡塞尔批评埃尔德曼所谓同感是一个"假设"（hypothesis）的观点说，"如果同感是一个假设，那么我对于我午饭吃了什么的记忆也必定是一个假设了"③。"因此，推理是一种诡辩（Also ist der Schluß ein Sophisma）。"④ 舍勒也反对

---

① Dermot Moran, "The Problem of Empathy: Lipps, Scheler, Husserl and Stein," p. 302.

② *WFS*, S. 232.

③ *Hua* XIII, S. 36.

④ Ibid., S. 38.

类比推理，他认为"表达现象中的'体验'不是通过推理，而是'直接'在'感知'的原本意义上被给予我们的"①。我们并不是首先看见一张脸，然后推断说，它是愤怒的，相反，我们从脸红中感知到了羞涩，从笑声中感知到了快乐。在他看来，所谓"首先被给予我们的是他人的肉体"这种说法是完全错误的，只有医生或自然科学家才会这么认为，因为他们有意回避了完全原初地被给予的表达现象。相反，为外感知行为构建肉体的那些感官现象也能为内在的陌生感知行为构建表达现象，因为这里存在的是象征关系（Symbolbeziehung），而非因果关系，或者"我们也可以说，这里存在的不是标识首先在推论中意识到的'某物'之现成存在的单纯的'记号'关系，而是一种真正本原的'符号'关系"②。如果我们可以把他人之身体把握为其体验的表达领域，那么我们也就能"内在地感知"他人。比如，当我们看到合十的双手时，我们同时也看到了"请求"，正如当我们看到物时，我们同时也看到了物之物性。③

施泰因同意胡塞尔和舍勒对类比推理的批评。在她看来，以类比推理的方式来把握他人的人格之"我"是不能接受的，因为它从本质上代替了同感，而唯有同感，一个作为心理－物理个体的人格主体才能被"合法地"构造出来。同感不是类比推理。④

不过，施泰因并未因此而完全否定类比推理。相反，她认为类比推理确实存在于我们对陌生体验的认识中："另一个人的表达很

---

① *WFS*, S. 21.

② Ibid.

③ Cf. Ibid.

④ Edith Stein, *Zum Problem der Einfühlung*, S. 42.

容易让我想到我自己的一个表达，以至于我把这个表达对我的通常意义归之于他的表达。只有那样，我们才能把握另一个'我'，这个'我'有一个作为精神表达的身体表达。"①

　　然而，在她看来，类比推理所得出的不是经验，而是一种对陌生体验的或多或少可能的知识。这门理论本身并不打算给出一种发生学理论，而只想证明我们关于陌生意识的知识是有效的，它规定了关于陌生意识的知识在何种形式下才是"可能的"，但是这样一种所谓的"知识"并没有根据知识本身的本质得到定位和辩护，因此反而更加令人怀疑。②

结　语

　　艾迪特·施泰因利用现象学还原的方法，通过与其他意识体验行为的对比和对关于同感的各种错误理论和定义的批驳，揭示了同感的本质，即同感是对陌生主体及其体验行为的经验，它是一种自成一类的经验性行为。施泰因对同感行为之本质的澄清和定义，只是她对同感问题进行研究的第一步，接下来她要完成的任务则是阐明同感与陌生心理物理个体之构造的关系及其对我们自己的精神人格构造的意义。鉴于她对这一问题的理解在很大程度上与胡塞尔一致，而胡塞尔的同感理论在本书各章均有不同程度的涉及，特别是在第六章《舒茨论同感与他人》中有集中讨论，所以本章不再赘述。

---

① Edith Stein, *Zum Problem der Einfühlung*, S. 42.
② Cf. Ibid.

第五章
舍勒论同情的本质与形式

作为现象学伦理学的开创者，舍勒试图为哲学伦理学奠定一个现象学的基础，[①] 重新恢复布莱斯·帕斯卡尔（Blaise Pascals）所谓"心的秩序"（*ordre du cœur*）、"心的逻辑"（*logique du cœur*）和"心的理性"（*raison du cœur*）。[②] 为此，他拟订了一个专题研究计划，试图将帕斯卡尔的这一思想具体运用到我们情感生活的主要方面，即伦理的、社会的和宗教的方面，并以此为这一思想的真实性和深刻性提供更有力的证明。[③] 这个计划的总标题是《情感生活的意义规律》，在这个总的标题下包括四项主要研究，即《同情的本质与形式》《羞感的本质与形式》《畏与怕的本质与形式》和《荣誉感的本质与形式》。舍勒宣称，他"不仅会从心理学和价值论的角度对这些相关的感受加以特别的关注，而且还会从它们在个体和种属中的发展顺序及其对人类群体形式的建构和维持、形态和本质的意义角度进行深入考察"[④]。

鉴于舍勒在《同情的本质与形式》一书中讨论的问题与本书的主要论题"同感、他人与道德"密切相关，所以我将在本章围绕该

---

① Cf. Max Scheler, *WFS*, „Vorwort zur ersten Auflage", S. 9. 下引此书皆缩略为 *WFS*。

② Cf. *WFS*, „Vorwort zur zweiten Auflage", S. 10.

③ Cf. Ibid.

④ Ibid.

书中的相关思想进行论述。

《同情的本质与形式》共分三个部分，分别是"共感""爱与恨"和"论陌生之我"。传统伦理学常常认为"同乐"（Mitfreude）、"同悲"（Mitleid）这样的共感行为比爱与恨这样的行为更原始，而且认为爱是共感行为的一种特殊形式或后果。舍勒反对这种观点，他认为从共感出发解释爱是一种"自然主义的爱的理论"[①]，这种理论误解了爱的本质，无法正确解释道德价值和人的行为。

在舍勒看来，同情（Sympathie）是传统伦理学的核心概念，近代以来的许多伦理学家都对同情现象进行了不同程度的分析，例如沙夫茨伯里、哈奇森、休谟、亚当·斯密（Adam Smith）、赫伯特·斯宾塞（Herbert Spencer）、亚历山大·贝恩（Alexander Bain）等人，但这些分析包含严重的错误，具有双重的片面性："一方面，他们只从经验论的和发生学的立场对这些现象进行了研究，因此他们的研究既非本质现象学的，亦非严格描述的。另一方面，他们只带着为伦理学奠定一个更深刻基础的意图对事实情况进行了分析。"[②] 舍勒并不反对同情伦理学（Sympathieethik），因为在他看来，同情现象本身对伦理学来说具有重要意义，但他反对"特殊的同情伦理学"，即上述以英国道德感哲学和卢梭、阿图尔·叔本华（Arthur Schopenhauer，1788—1860）等人为代表的同情伦理学。舍勒独立发展了现象学的本质直观方法，将感受行为（noesis）与价值（noema）关联起来，对同情这种意识活动做了现象学的描述和本质分析，提出了自己的同情伦理学，即现象学的同情伦理学。

---

① *WFS*, S. 175.

② *WFS*, „Vorwort zur zweiten Auflage", S. 11.

第一节　舍勒对同情伦理学的批判

舍勒指出，18 世纪英国的道德哲学家们以及卢梭、叔本华等人的"同情伦理学"虽然宣称在共感（Mitgefühl）中看到了最高的道德价值，并且试图从中推导出所有在道德上有价值的行为，但是这样一门伦理学却根本无法解释现实的道德生活的理由。那么，这是为什么呢？

舍勒给出了两点说明。首先，同情伦理学总是预先设定了它要推导的东西。在他看来，同情伦理学并没有把道德价值与人的存在和行为方式，例如人的人格 – 存在（Person-Sein）和本质、人的行动和意愿等关联起来，而是首先从一个旁观者，也即从感受上对另一个人的体验和行为做出反应的人的行为进行推埋。例如，如果一个人对恶感到快乐，对善感到痛苦，那么我们当然不应从道德价值上对这个人的感受给予同情。如果 A 对 B 的不幸感到快乐，那么作为旁观者的 C 对这种快乐的共感，即同乐，就不能算是一种有道德价值的行为。在舍勒看来，"只有对于本身自在地有道德价值的快乐、对固有的价值内涵所要求的快乐所产生的同乐，才可能具有道德价值"。[①] 因此，舍勒认为，共感与爱之间存在着一种本质区别。因为对他人的爱常常要求并致使我们因他人可能以作恶为乐、以行善为苦而感到痛苦。也就是说，爱对其体验的价值有直接而明确的认识，在爱的行为中，一种价值或非价值本质上是当下的。相反，单纯的共感本身不论以何种可能的形式出现，它对于其

---

① 　*WFS*, S. 17.

体验的价值来说都是完全盲目的。[①] 换言之，"虽然共感本身可能是价值载体，并且独立于他人的快乐或痛苦所借以产生的价值内涵，但价值本身并不来源于共感"[②]。

其次，同情伦理学认为，要想完成一个伦理判断就必须以共感为中介。斯密认为，道德哲学的主要任务在于探讨道德判断的本质，而唯有同情才适合作为道德判断的标准，为此，他进一步发展了由哈奇森和休谟提出的"公正的旁观者"（Impartial Spectator）的观念，并由其来扮演道德审判者的角色。[③] 道德情感主义者认识到，单纯从第一人称视角出发，借助同感对他人的情感和行为做出评价，很难避免主观性。而如果设定一个"不偏不倚的""公正的"旁观者，从第三人称视角出发对他人（包括自我）的情感或行为做出评价，这样就能在更大程度上保证道德判断的客观性。假定 B 因为车祸失去了双腿，A 对 B 的遭遇感到幸灾乐祸，与 A 和 B 无利害关系的中立的旁观者 C 对 A 的幸灾乐祸感到不快或厌恶，从而做了否定判断，那么 A 的行为就是一个不道德的行为。C 的判断代表了公共视角，具有客观评价和道德矫正的作用。问题是，我们面对他人的情感或行为时，因为无利害关系，所以容易做出中立的判断，但面对自己的情感和行为时，又如果能做到公正无私呢？为此，斯密提出了"良知"概念。[④] 正是由于良知的存在，我们自

---

① Cf. *WFS*, S. 18.

② Cf. Ibid., S. 18, Fußnote.

③ 参见李薇:《论亚当·斯密同情理论的发生机制》，载于《世界哲学》第 1 期，2022 年，第 130、131 页。

④ 斯密说:"它（指良心——引者注）是一种在这些场合自我发挥作用的更强大的力量，一种更有力的动机。它是理性、原则、良心、心中的（转下页）

己就成了一个反思性的同感者，我们会设身处地地站在他人的立场上看待我们自己，从他者的目光中审视我们自己的情感和行为。我们自己成了自我认知和自我评价的一面镜子。

舍勒这样描述了斯密的观点："在斯密看来，人自己绝不可能独自直接地在其体验、意愿、行动和存在那里遇到伦理价值。只有当他把自己投射进旁观者对其行为或称赞或谴责的判断和行为方式中时，只有当他最终以一个'中立的旁观者'的身份观察自己时，而且，只有当他参与到针对他的那些仇恨、愤怒、复仇冲动等感受中时，在他身上才会产生肯定或否定意义上的自我判断。……'良知的痛苦'就是对旁观者的这些各种各样的否定性行为的一种完全直接的参与。"① 舍勒不同意斯密的观点。他认为，的确，我们在对自己的判断中似乎常常会受到他人对我们态度的感染，并被这种感染所取代，他人关于我们的价值图像似乎优先于我们对自身固有价值的直接体验。然而，这种想法恰恰是对自己良知的欺骗，正是社会的暗示作用（soziale Suggestion）遮蔽了良知的价值。这就好比如下情况：在中世纪的女巫审判中，许多女巫自己甚至也觉得施魔法巫术有罪，理应被判处死刑。在斯密看来，一个受到了（不）公

（接上页）那个居民、内心的那个人、判断我们行为的伟大的法官和仲裁者。每当我们将要采取的行动会影响他人的幸福时，是它，用一种足以震撼我们心中最肆无忌惮的激情的声音向我们高呼：我们只是芸芸众生之一，在任何方面都不比任何人更优越；并且高呼：如果我们如此可耻和盲目地看重自己，那么我们就会成为怨恨、憎恶和咒骂的对象。只有从它那里我们才知道，自己以及与己有关的事情都微不足道，而且只有借助这个公正的旁观者的眼睛，自爱之心的天然曲解才能得到纠正。"（Adam Smith, *The Theory of Moral Sentiment*, Oxford: Oxford University Press, 1976, p. 137.）

① *WFS*, S. 18.

正审判的、世人都认为有罪的人，也必须感到有罪，因为审判者都是品德高尚、不偏不倚、秉持正义的人。然而，历史一再地向我们证明，真理往往掌握在少数人手里，无数天才的哲学家、科学家、艺术家总是被他们的时代误解而被后世昭雪。公正的旁观者并不公正，道德的审判者并不道德。

此外，在舍勒看来，良知具有欺骗性。一个毫无良知的人往往会表现得富有良知。一个貌似天真无邪、"好像什么都未曾做"的人，可能会把这种"厚颜无耻"（Frechheit）所必不可少的心灵能量传染给他人，以致后者也认为自己是无罪的。[①]"公正的"旁观者可能会基于自己的宗教信仰、价值观念、阶级立场、道德偏好等与恶为伍、与善为敌。自称忠实执行"最终方案"的阿道夫·艾希曼（Adolf Eichmann）并不能因为信奉希特勒的国家社会主义和雅利安种族优越论而对屠杀犹太人感到无罪。"拉德布鲁赫公式"[②]恰

[①]　*WFS*, S. 18.

[②]　德国著名法哲学家古斯塔夫·拉德布鲁赫（Gustav Radbruch，1878—1949）为说明法的正义价值与安定性价值之间的关系（在当时的时代背景下，主要是为了否认纳粹法的有效性），于1946年在《南德意志法律人报》上发表了"法律的不法与超法律的法"一文。在文章中，他指出，"正义和法的安定性之间的冲突是可以得到解决的——只要实在的、通过命令和权力来保障的法也因而获得优先地位，即使其在内容上是非正义的、不合目的性的；除非实在法与正义之矛盾达到如此不能容忍的程度，以至于作为'非正确法'的法律必须向正义屈服。在法律的不法与虽内容不正当但仍属有效的法律这两种情况之间划出一条截然分明的界限，是不可能的，但最大限度明晰地做另一种划界还是有可能的，即凡正义根本不被追求的地方，凡构成正义之核心的平等在实在法制定过程中有意地不被承认的地方，法律不仅仅是'非正确法'，它甚至根本上就缺乏法的性质"［拉德布鲁赫："法律的不法与超法律的法"，舒国滢译，载于《拉德布鲁赫公式》，雷磊编，北京：中国政法大学出版社，（转下页）

恰告诉我们，代表公共意志的法如果明显有违正义原则（实质正义），依然应该被判为"不法"或"非法"。

基于上述两点理由，舍勒认为，同情伦理学之所以走上歧途，归根到底是它从一开始就违背了明见的优先法则：一切肯定地有价值的"自发的"（spontan）行为都应当优先于单纯"反应性的"（reaktiv）行为。所有共感行为从本质上来说都是反应性的，而爱不属于这种情况。[1] 舍勒的研究旨在表明，不仅自我评价可以在没有同情（共感）行为参与的情况下独立进行，而且对他人的评价也完全不必贯穿于共感的始终。共感或移情不是道德的基础，爱才是道德的基础。

第二节　共感、理解与追复感受

舍勒的同情概念是一个广义的概念，在这个概念之下，他讨论了"共感"（Mitgefühl）、"追复生活"（Nachleben）、"追复体验"（Nacherleben）、"追复感受"（Nachfühlen）、"感受传染"（Gefühlsansteckung）、"同感"（Einfühlung）和"同一感"（Einsfühlung）等主要概念，对它们之间的区别与联系做了详细分析，并以此为基础构建了自己的同情理论。

舍勒指出，我们必须先把所有那些用来"立义"（Auffassen）、

（接上页）2015 年，第 10 页，译文略有改动〕。这一论断又称"拉德布鲁赫公式"，普遍认为，其中体现了"恶法非法"的主张。

[1]　Cf. *WFS*, S. 19.

"理解"（Verständnis）以及有可能"追复体验"或"追复感受"他人之体验及其感受状态的行为与真正的共感区分开来。因为这些行为常常被错误地与共感混淆在一起，尤其是投射性的"同感"（Einfühlung）理论造成了这种混淆。①

在舍勒看来，每一个同乐或同悲的行为都是以对他人的体验以及这些体验之本质特征的认识为前提的，而这种可能的认识通常又是以对他人之实存的体验为前提的。他人之悲痛首先并非由于同悲而存在，相反，它作为一个事实必然已经以某种方式预先被给予我。唯其如此，当我朝向这种悲痛时，我才能与他人同-悲。也就是说，他人之悲痛的实存是我同悲的前提。② 设想如下两种情况：（1）A 看到一个孩子因大声哭喊而变得脸色青紫，但 A 并未把这张青紫的脸看作孩子感受的表达现象；（2）B 看到了同样的一张脸，B 把它理解为对某种特定感受（比如疼痛、饥饿等）的表达，但 B 对这个孩子仍然没有产生任何同感（情）。舍勒认为，（1）和（2）是两个完全不同的事实，我们不能将二者混淆在一起。在（1）中，A 没有意识到体验（疼痛或饥饿）与表达（青紫的脸）之间的本质关联；在（2）中，B 意识到或者理解了体验与表达之间的本质关联，但没有对这个孩子产生真正意义上的共感，也没有进而对其产生道德意义上的同情。因此，"立义""理解"不同于"共感"。据此，舍勒认为："同悲体验与共感总是被附加（hinzutreten）到已被理解的、被立义的他人之体验上，他人的体验本身之被给予根本不是在共感中被构造的，其价值当然也不是在共感中被构造的，更

---

① *WFS*, S. 19.

② Cf. Ibid.

遑论其他自我之实存在其中之构造了。"①

此外，舍勒认为，虽然他人的体验也可以通过"追复感受"或"追复体验"这种特殊形式获得完全的被给予性，但这种追复体验无须因此设定任何一种共感。

"追复感受"或"追复体验"也不等于共感，我们必须将二者严格区分开来。在舍勒看来，"追复感受"的确是对他人感受的一种感受，而不仅仅只是知道（Wissen）他人的感受，也不是对他人具有这种感受的一个判断。但它也根本不是对作为一种状态的现实感受的体验（感受传染）。我们在追复感受中把握到了他人感受的性质（Qualität），但这种陌生感受并未转移到我们身上，也并未在我们身上产生同样实在的感受。正如舍勒所说："我能很好地追复感受您的感受，但我对您没有任何同悲之情！"②"我们感受到他人之悲伤的性质，但并未对这种悲伤产生同悲之情；我们感受到他人之快乐的性质，但并未对这种快乐产生同乐之情。"③"追复感受"仍然停留在认知领域中，它是一种体验的再造或重演，与道德无涉。伟大的历史学家、文学家（特别是小说家）、戏剧艺术家都必须而且必定具有很高的"追复体验""追复感受"的禀赋，但他们根本无须与其对象和人物抱有"共感"。④

在舍勒看来，陌生感受之被给予性非常类似于我们在回忆意识中主观上"看见"的一幕风景或主观上"听见"的一段旋律所

----

① *WFS*, S. 19.

② Ibid., S. 20.

③ Ibid., S. 20, Fußnote.

④ Cf. Ibid., S. 20.

具有的被给予性。在回忆中，的确有一种看和听被给予，但被看见和被听见的东西并未被感知，而且也未作为现实的和当前的东西被给予：过去的东西只是被"当前化了"（vergegenwärtigt）。此外，追复感受和再造也并不暗含任何一种对陌生体验的"参与"（Teilnehmen），或与他人一起体验（miterleben）。在追复体验中，我们完全可以"漠然地"立于这个追复体验的主体之旁。①

在 20 世纪初，类比推理理论和同感理论（同时也是一种模仿理论）是哲学界最为流行的两种用来解释他人之实存的理论。舍勒认为，我们对他人的理解和接受既不是通过类比推理（B. 埃尔德曼和 J. St. 密尔），也不是通过投射的同感和模仿冲动（T. 利普斯）完成的。舍勒说："当一个体验被给予我们时，一个我也总是被给予，这一事实直接建基于我与体验的直观的本质关系中；为此，根本无须本己之我的同感。"②在舍勒看来，在对他人的经验中，我们立即就会发现，他人也有一个个体性的我，这个我与我们自己的我不同。他人的自我不是我的自我的投射或副本，而就是在我的体验中直接向我显现的对象。不过，由于这个我存在于每一个精神性的体验行为中，所以我们从来都无法完全把握这个个体性的我，而始终只能把握到这个个体性的我的某些方面。从这个意义上来说，他人之个体性的我既向我保持开放，同时又隐匿自身。③

---

① Cf. *WFS*, S. 20.

② Ibid.

③ Cf. Ibid., S. 20–21.

第三节　共感现象中的差异

舍勒认为，"理解""追复感受"和"追复生活"不是共感，而是共感的"首要成分"（diese erste Komponente des Mitgefühls）。为了理解共感的首要成分，既无须进行投射的"同感"，也无须进行"模仿"。① 由于共感具有两种不同的类型，并且常常与感受传染和同一感混淆在一起，所以舍勒指出，为了正确地理解共感，我们有必要区分四种完全不同的事实：（1）直接的共感，例如"与某人"（mit jemand）共同感受同一种悲伤；（2）"对某物"（an etwas）产生的共感："对"（an）他人之快乐同乐，"与"（mit）他人之悲伤同悲；（3）单纯的感受传染；（4）真正的同一感。②

一、直接的共感："与某人"共同感受

舍勒首先区分了两种类型的共感，一是直接的共感，即"与某人"共同感受某种感受，例如悲伤；二是"对某物"产生共感，即对他人的某种感受产生相同的感受，例如同乐或同悲。我们先来看第一种类型的共感。舍勒举例说：

> 父母伫立于他们可爱的孩子的遗体旁，他们共同感受着"同一种"（dasselbe）悲伤、"同一种"痛苦。这并不

① *WFS*, S. 23.

② Ibid.

意味着，A 感受到的悲伤，B 也感受到了；此外，这也并不意味着，他们都知道他们正在感受这种悲伤。不，这是一种共同感受（Mit-einanderfühlen）。因为在这里，A 的悲伤相对于 B 而言绝不是"对象性的"，好像他们的朋友 C 走到他们身边，"与他们"同悲或"对他们的痛苦"抱有共感。在一种共同感受（Miteinander-fühlens）、共同体验（Miteinander-erlebens）的意义上，他们"共同"（miteinander）感受到悲伤。他们不仅感受到"同一种"价值状况（Wertverhalt/value-situation），[①] 而且也感受到基于这种价值状况的情感活力（Regsamkeit/keenness）。在这种情况下，作为价值状况的"悲伤"（Leid）和作为功能性质的"痛苦"（Leiden）是同一个东西。因此我们立刻就会看到：人们只能感受到一种精神的痛苦，而不是一种肉体的疼痛，一种感官的感受。不存在任何"共同的疼"（Mitschmerz）。各种各样的感官感受——用 C. 施通普夫（C. Stumpf）的话来说是"感受的感觉"（Gefühlsempfindungen）——本质上都不可能具有共感的这种最高形式。[②]

从上面这个例子我们可以看到：

一、共感现象的发生不是主体间的，也就是说，既不是主体 A 对主体 B 产生了某种感受，也不是主体 B 对主体 A 产生了某种感

---

① 相对于维特根斯坦哲学中所谓的"Sachverhalt"（事况）。
② *WFS*, S. 23–24.

受，A 和 B 的感受之间不存在因果关系。例如，父亲的悲伤并不是由母亲的悲伤引起的，母亲的悲伤也不是由父亲的悲伤引起的。

二、共感的对象是外在于主体之外的"同一个""客观的"东西，它既不属于 A 也不属于 B，但都能被 A 和 B 所感受到，因此，A 和 B 的感受都具有同样的"原本性"。例如，父亲的悲伤和母亲的悲伤都有一个共同的、客观的原因，即他们深爱的孩子死了。"孩子死了"这件事是他们悲伤的对象。从这个意义上来说，父亲和母亲的悲伤是同样原本的。①

三、虽然共感的对象是"同一个"东西，但 A 和 B 对这同一个东西的"感觉"（Empfindung）却是不同的。例如，虽然因为孩子死了，父亲和母亲"一样"感到悲伤，但父亲对悲伤的"感觉"和母亲对悲伤的"感觉"依然有所不同。正如舍勒所说："人们能够'感受'（fühlen）同一种悲伤（尽管是以一种个体上不同的方式），但却不能感觉（empfinden）同样的疼痛；在这里始终有两种不同的感觉。所以，人们能像其他人一样，感觉同一种红色（在没有将颜色还原为一种运动的情况下），听到同一个 C 音；但是这时在眼睛和耳朵中渗透进来的感官感觉却只有这些器官的主人才能体验得到。"②

---

① 施泰因指出，从内容上来说，共感的内容和同感的内容完全不同；从性质上来说，共感是一个原本的体验行为，而同感是一个非原本的体验行为。Cf. Edith Stein, *Zum Problem der Einfühlung*, S. 25.

② *WFS*, S. 249.

二、间接的共感："对某物"共同感受

舍勒指出，对"某物"产生共感和"与某人"共同感受某种感受是两种完全不同的情况。仍以上文中的例子来分析。[①] 在这个例子中，如果说 A 与 B 因为自己的孩子去世而感到悲伤是"与某人"共同感受悲伤（第一种情况），那么 A 对 B（或 B 对 A）的悲伤所产生的悲伤，则是"对某物"感到悲伤（第二种情况）。[②] 舍勒说：

> 第二种情况完全不同。在这里，悲伤也不单单是引起他人之悲伤的原因。所有共感都包含对他人之悲伤或快乐体验进行感受的意向。共感本身作为"感受"不是首先因为"他人感受到了悲伤"这个"判断"或表象而"指向"这个意向的；共感之发生不仅因为他人之悲伤，而且因为它"意指"他人之悲伤，并把这种悲伤看作感受功能本身。但是，在这里，A 的悲伤作为属于 A 的东西首先在一个作为行为而被体验到的理解行为或追复感受的行为中变成了当下的悲伤，然后，B 的原本的同悲才指向其质料即 A 之悲伤，这就是说，我的同悲与他的悲伤在现象学上是两个完全不同的事实，而不像第一种情况那样是一个事实。[③]

[①] *WFS*, S. 23–24.

[②] 第二种共感，也即真正意义上的同感，虽然舍勒在这里并未使用这个概念。舍勒的问题在于，他没有明确地把同感与共感区分开来，而是混淆在了一起。

[③] *WFS*, S. 24. 在第一种情况下，A 的悲伤和 B 的悲伤都叫作同悲（Mitleid），都是共感（Mitgefühl），但这种共感不是相互的，不是对象性的。（转下页）

依照舍勒的观点，在第一种情况下，A 与 B 的悲伤都是由同一个外在的事实或原因所引起的原本的悲伤，它们不是互为因果的，也不是对象性的。用舍勒的话说：（1）A 感受到的悲伤，B 并不一定也能感受到；（2）他们并不都知道他们正在感受这种悲伤；（3）A 的悲伤与 B 的同悲在现象学上是同一个事实。然而，在第二种情况下，由于"所有共感都包含对他人之悲伤或快乐体验进行感受的意向"，所以 B 在感到悲伤的同时，也能够"意向性地"感受到 A 的悲伤，A 的悲伤变成了 B 的悲伤的对象或"质料"，B 的悲伤本质上是在对 A 的悲伤进行理解或再造的基础上产生的"同悲"。在这种情况下，A 的悲伤与 B 的同悲在现象学上是两个完全不同的事实。

舍勒认为，在第一种情况下，也即在 A 与 B 的共感中，追复体验和追复感受的功能（第一种功能）与原本的共感（第二种功能）是交织在一起的，以至于我们根本无法体验到两种功能的差别。① 然而，在第二种情况下，这两种功能被明确区分开来，也就是说，我不仅能够通过追复感受或感受之再造"理解"他人的悲

————————

（接上页）A 的悲伤是由他的孩子去世这件事引起的，而 A 的同悲也是由他的孩子去世这件事引起的，这里所谓的"同"（mit）意指的仅仅是 A 与 B 在空间关系上的并存，他们有一个共同的悲伤的对象，即他们的孩子死了。所以 A 的同悲（Mitleid）与 A 的悲伤（Leid）是相同的，B 的同悲与 B 的悲伤也是相同的。因此，舍勒说，在第一种情况下，我（A）的同悲与他（B）的悲伤在现象学上是一个事实。

① 在第一种情况下，A 的原本的共感是"悲伤"（Leid），而 A 自己完全可以重新体验或追复感受自己的悲伤。A 的原本的悲伤和他不断追复感受、重新体验的悲伤是同一个悲伤。

伤，而且能够通过"意指"这种悲伤，产生"同悲"之情。① 正如舍勒指出的那样："（原本的）共感，也即实际的'参与'，也在现象中表现为一种对在追复感受中被给予的陌生感受（悲伤）及其固有价值之事实情况的反应（同悲）。因此，在这种情况下分别被给予的追复感受（第一种功能）和共感（第二种功能）的功能应该被明确地区分开来。"②

在舍勒看来，下述事实可以最为清楚地表明这两种功能之间的区别：第一种功能（追复感受或感受之再造）不仅可以在缺少第二种功能（原本的共感，即快乐或悲伤）的情况下被给予，而且也可以在一个共感行为（例如悲伤）的对立面（例如快乐）那里被给予。比如，专以暴虐（Grausamkeit）为乐便是这种情况。以"粗鲁"（Roheit）为乐亦如此，只是程度较轻而已。暴虐者所造成的痛苦或悲伤完全是在一种追复感受的功能中被给予的，他的快乐正源于对受害者的"折磨"和受害者的痛苦。只要他在追复感受的行为中感受到受害者的痛苦或悲伤在增加，那么他的原始欲望之满足感和对他人之痛苦的享受也就随之在增加。因此，暴虐根本不在于暴虐者对他人之悲伤"毫无感觉"（Fühllosigkeit）。恰恰相反，暴虐者对他人之悲伤保有绝对的敏感。③ 只不过，暴虐者缺少原本的共感，即对被折磨、被虐待的原本的感受。也就是说，暴虐者并不一定只有在自己亲身体验过别人对他的折磨或虐

---

① 在第二种情况下，当 B 对 A 的悲伤产生同悲之情时，A 的悲伤是原本的，而 B 对 A 的悲伤所产生的悲伤是一种再造的悲伤，它不具有原本性。

② *WFS*, S. 24.

③ 暴虐一定是建立在同感的基础之上的，因为只有感受到他人的痛苦或悲伤，才能对这种悲伤产生快乐或享受的感受。快乐的基础仍然是同感。

待的情况下才能理解这种悲伤或痛苦。暴虐者通过追复感受或同感是可以对这种悲伤或痛苦达成理解的。与暴虐不同，"粗鲁"只是对于陌生的但同样在感受行为中被给予的体验的"不予顾及"（Nichtberücksichtigung）。谁如果将一个人视为一块木头，并像"对待"一块木头那样对待这个人的话，那么他也就能"粗鲁地"对待这个人了。①

三、感受传染

舍勒认为，感受传染（Gefühlsansteckung）是一种完全不同于共感的意识现象，但人们往往错误地把它与共感混淆在一起。那么，什么是感受传染呢？举例来说，当 A 去酒吧参加一个朋友的生日派对时，A 会被"裹挟"进一种快乐的气氛中，尽管在进入酒吧之前，A 还在因为刚刚和女朋友分手而感到痛苦。同样，当一群人被其中一个人的哭诉传染时，情况亦如此。在老年妇女那里就常常发生这种情况：其中一个人在诉说自己的不幸遭遇，而其他人则为之动容，泪流满面。然而，不论是在酒吧中感受到的"快乐"，还是在倾听他人的哭诉时感受到的"悲伤"，与共感意义上的同乐或同悲都毫无关系。因为，在感受传染的情况下，既不存在对于他人之快乐和悲伤的感受－意向（Gefühls-Intention），也不存在对其体验的任何参与。感染传染的特点毋宁在于：（1）它只发生于诸感受状态（Gefühlszuständen）之间；（2）它完全不以任何关于陌生快

---

① *WFS*, S. 25.

乐或悲伤之认知为前提。[①]一个人可能只是在事后才察觉到,他在自己身上所感受到的哀伤,源于数小时前陪朋友去参加的一个陌生人的葬礼。在哀伤之中并不存在能够直接证明其来由的东西,只是通过推理和因果反思才弄清楚了它的来由。[②]

由于感受传染并不需要参与他人的体验,所以自然对象或某种环境也会影响我们的情绪。例如,在春暖花开的时节,我们的心情明朗而愉悦;在凄风苦雨的秋日,我们会感到沉闷和阴郁。[③]

舍勒指出,感受传染的发生是"不由自主的"(unwillkürlich),其本质特点在于,它具有一种一再返回其出发点的趋向,以至于相关的感受好像"雪崩似地"(lawinenartig)爆发,通过传染而产生的感受因为表达和模仿的中介而再次发生传染,从而使传染着的感受不断加剧。在一切"群体兴奋"(Massenerregungen)的状态中,包括"公众舆论"(öffentlichen Meinung)的形成,尤其如此。自身累积的传染相互作用,导致情感总体运动的膨胀和如下事况:"行动的'群体'轻易地超越了一切个体的意向,做着没有任何人'愿意'和'对之负责'的事情。"[④]事实上,正是传染过程本身从自身产生了超越一切个体意向的目的。

由于感受传染会直接影响我们的情绪,所以不同的人对待它的态度也有可能不同。例如,有的人会主动寻求传染,而有的人则会尽量避免传染。舍勒指出,一方面,尽管传染过程本身不仅是

---

① Cf. *WFS*, S. 25-26.

② Cf. Ibid., S. 26.

③ Ibid.

④ Ibid.

"不由自主的"，而且也是"无意识的"，但它却有可能使人产生一种"自觉的意愿"（bewußtes Wollen）。例如，当人们寻求"排遣"（Zerstreuung）时就会发生这种情况。因为我们并非出于"兴致"（vergnügtes Aufgelegtsein），而是"为了使自己得到排遣"而进入一个"欢乐的社交聚会"，或者参加一个节日派对。我们期待着在聚会或派对中受到情绪传染，期待着聚会的欢乐气氛将我们"裹挟而去"，遗忘自身或消融在他人之中，而并不想"与他人同乐"。然而，另一方面，如果一个人意识到，他有可能被某种情绪传染的话，他也会对这种传染心生畏惧。[1] 例如，一个曾经因为地震失去亲人的人，再也不想看到任何关于地震的新闻报道和那些罹难者家属无助的哭喊。从对待感受传染的这两种态度我们可以看出，人们有一种基本的倾向，那就是"趋乐避苦"：为了避免负面的、悲伤的情绪，我们愿意选择被快乐的情绪所传染，或者，至少不愿意被负面的、悲伤的情绪再次传染。

　　舍勒对感受传染的讨论，特别要指出的一点是，"感受传染与共感毫无关系"。[2] 他认为斯宾塞、达尔文和尼采都错误地混淆了二者。例如尼采，他从对共感的错误理解出发，对共感尤其是同悲做了错误的评价。在《敌基督者》中，尼采说：

> 　　同悲（Mitleiden）将痛苦本身变得富有传染性；有时它还会带来生命和生命能量的整体损失，而这种整体损失与原因的量处于一种荒谬的关系中（——比如，"拿撒勒人

---

[1]　*WFS*, S. 28.

[2]　Ibid.

之死”这个病例）。……这种压抑的和易传染的本能违逆了那源于生命之保存与价值提升的本能：无论是作为忧伤的传播者，还是作为一切忧伤的保管者，它都是颓废向上攀升的主要工具——同情劝人向无（Nichts）！①

在舍勒看来，悲伤本身并不会因为同悲而变得具有传染性，毋宁说，凡是悲伤具有传染性的地方，共感都被完全排除了。因为在这种情况下，悲伤不再作为他人的悲伤，而是作为我的悲伤被给予我，它是我极力想通过避开悲伤的场景要消除的东西。即便在有悲伤传染的地方，对于他人悲伤的同悲恰恰有可能消除或阻止这种感受的传染。②

四、同一感

“同一感”（einsfühlen/Einsfühlung）是舍勒伦理学和哲学人类学的一个核心概念。他对同一感的讨论有一个重要的理论参照，这个参照就是利普斯。

利普斯把同感描述为对陌生体验的一种“内在的参与”（inneres Mitmachen），他认为，当这种“内在的参与”与陌生体验完全一致时，我们自己的“我”和陌生的“我”之间的区别就消失了，这两个“我”就变成了同一个“我”。他把这种现象叫作“同

---

① 尼采:《敌基督者》,《尼采著作全集》第六卷，余明锋译，孙周兴校，北京：商务印书馆，2020 年，第214—215 页。

② Cf. *WFS*, S. 28.

一化"或"同一感"。例如，当我观看一个杂技演员表演时，我被他的表演深深地吸引，我"内在地"参与到他的表演中去，好像我就是那个杂技演员似的。只有当表演结束后，我逐渐从完整的同感体验中走出来并对我的"实在的我"进行反思时，我才会把杂技演员和我自己区分开来。[1]

　　施泰因认为，利普斯的这种说法是错误的。因为"我与杂技演员不是一体的，而只是在他那里。我并未现实地实行他的活动，而只是好像实行了他的活动"[2]。利普斯本人也强调，我并未"外在地"实行杂技演员的活动，我"内在地参与"的表演不是杂技演员的表演，而且我的表演始终被他的表演所引导和伴随。在施泰因看来，"让利普斯在其描述中走上歧途的原因在于把遗忘自身——通过遗忘自身，我可以把自己交付给任何一个客体——与'我'在客体中的消解混淆在了一起，因此，严格说来，同感不是一种同感"[3]。舍勒肯定了施泰因的说法，他也对利普斯的"同一感"理论进行了批评。他说：

　　　　同一感是一种模棱两可的情况，在这种情况下不仅他人的、独立的感受过程被无意识地当成了自己的感受过程，而且陌生的我恰恰（在其所有基本行为中）也与我自己的我同一化了。这里的同一化既是不自觉的，也是无意识的。利普斯错误地把审美同感也看作这种情况。在他看来，在杂技场

① Theodor Lipps, *Ästhetik: Psychologie des Schönen und der Kunst. Erster Teil: Grundlegung der Ästhetik.*, Hamburg/Leipzig: Verlag von Leopold Voss, 1903, S. 124.

② Edith Stein, *Zum Problem der Einfühlung*, S. 28.

③ Ibid.

中全神贯注地观看演员表演的人，应该与演员有同一感，他在内心作为演员的我（Akrobatenich）也在共同完成着演员的动作。利普斯认为，在这里，观众的实在的我只是作为分离出来的我存在着，而"体验的我"则完全化为演员的我了。利普斯的这种观点受到了施泰因的强烈批评。施泰因说，我与杂技演员不是"一体"（eins）的，而只是"在他那里"（bei ihm）。在这里，那些"共同完成的"（mitvollzogenen）动作意向和冲动是由一个虚构的我（Fiktumich）一起实行的，我始终意识到这个虚构的我在现象上不同于我的个体的我，只不过我的注意力一直被吸引到这个虚构的我之上，并通过它被（被动地）吸引到演员身上。[1]

利普斯用同一感来解释自我对他人的认知（构造）是其根本错误之一，舍勒和施泰因都反对这种观点。在舍勒看来，同一感与追复感受和共感有本质差别，后两者完全排除了同一感和同一化（Identifizierung）。[2]恰恰因为这种排除，才使得追复感受和共感成为可能。他人的陌生性和外在性构成了我与他之间的意向性距离。不过，舍勒并未因此而否定同一感，相反，他把同一感看作感受传染的极端情况。他认为还存在其他类型的同一感，而这些同一感是利普斯和施泰因未曾提及的。[3]

在《同情的本质与形式》中，舍勒将同一感分为两种类型：一

---

[1] *WFS*, S. 29.

[2] Cf. Ibid., S. 44.

[3] Cf. Ibid., S. 29.

种是自发型的（idiopathisch），一种是他发型的（heteropathisch）。前者是指，陌生自我完全被本己自我吸收，其存在和本质被本己自我取代和剥夺；后者是指，（形式意义上的）"我"为另一个（质料的、个体意义上的）"我"感到惊愕，被它催眠、为之迷醉、被其俘获，以至于陌生的个体自我完全取代了我的形式自我和我的一切本质性的基本态度。于是，我不再在"我"之中生活，而是完全就在"他"之中生活。[①]

舍勒列举了至少十种同一感，并在人类学、生命哲学和宗教学的意义上肯定了它们。这十种同一感分别是：（1）原始民族的图腾崇拜和祖先崇拜中，崇拜者与图腾或祖先的同一感；（2）古希腊、罗马的宗教秘仪和悲剧作品中，司祭与神灵、生命和命运的同一感（例如《俄狄浦斯王》、酒神狄奥尼索斯）；（3）催眠者与被催眠者、施虐者与受虐者之间的关系中存在的同一感；（4）弗洛伊德在其精神分析学中列举的各种类型的病态同一感；（5）儿童游戏中的同一感（例如小女孩在用洋娃娃扮演妈妈的游戏中，把自己当成妈妈，把洋娃娃当成自己）；（6）意识分裂或精神错乱中的同一感；（7）既非自发型、亦非他发型的同一感，即爱欲领域中的互相交融现象（例如充满爱意的性交行为）；（8）乌合之众中，个体成员与首领的同一感或所有个体成员之间的同一感；（9）爱的认同理论（如冯·哈特曼和柏格森）所谓的同一感：对他人的爱就是通过同一感将他人的自我纳入本己自我之中；（10）动物之间的同一感（例如膜翅目昆虫、蜘蛛、甲虫的本能活动）。[②]

---

① Cf. *WFS*, S. 29.

② Cf. Ibid., S. 30–40.

在列举完上述十种同一感之后，舍勒从认识论和形而上学一元论两个方面对同一感做了说明。

认识论

舍勒认为，将每一种生物都把握为生物的最低限度的一般同一感是生物赖以存在的根本条件，最简单的"追复感受"和最简单的、真正的"共感"，以及超越二者之上的每一种精神性的"理解"都建立在"陌生被给予性"（Fremdgegebenheit）的原始基础之上。在他看来，与许多动物相比，人的特殊的同一感本能在不断退化，而随着人类文明的不断进步和人的不断成熟，人的同一感在不断减弱和丧失。相反，与高度文明化的一般成人相比，在儿童、幻梦者、某种病人（例如神经症患者）身上，在催眠状态下，在母亲本能和原始人身上，却仍然残存着强大的同一感能力（Einsfühlungsfähigkeiten）。虽然舍勒不同意尼采关于基督教道德起源于同情和怨恨的观点，但他和尼采一样认为，人类在理智不断发展的过程中，生命本能和同一感的能力在不断丧失，"文明人几乎完全丧失了原始人的同一感能力，而成年人则完全丧失了孩提时的同一感能力"[1]，"认识力的每一步'发展'也是这种力量的一次'衰败'"[2]。

既然每一个人都是一个精神的和心理物理的本质统一体，都或多或少具有某种同一感能力，那么这种同一感在人的整体结构的什么"位置"（Ort）发生的呢？舍勒认为，这个"位置"居于身体意识和意识活动的－精神的（noetisch-geistigen）人格存在之间，前

---

① *WFS*, S. 42.

② Ibid., S. 43.

者在其特有的统一形式中包括所有机体感觉（Organempfindungen）
和被定位的感受感觉（Gefühlsempfindungen），后者则是处于中心
地位的一切"最高的"意向行为的行为中心。他认为，不论在我们
的精神人格中心及其相关物，还是我们的身体－躯体及其所有现
象中，都不允许发生他所列举的那十种典型的同一感，因为每个人
独自具有他自己的身体意识和个体性的精神人格中心。①

形而上学一元论

舍勒这里的形而上学一元论特指印度哲学、黑格尔、谢林、叔
本华、哈特曼、柏格森等人的一元论。在他看来，所有的同一感都
存在于我们人类本质构成的"之间领域"（Zwischenreich）内。这个
"之间区域"既非人格性的精神，亦非身体－躯体，而是"生命意识"
（Vitalbewußtsein）或生命中心。它是人的生死本能、热情、情感、渴
望和欲求的心灵区域和氛围，这种欲求能够在从属于它们的意识现
象中产生同一感并达到真正的同一化。② 舍勒认为，一切真正的同一
感在其产生过程中都有两个共同特点：（1）它始终都是"自动"发生
的，因此，既不是"任意地"发生的，也不是"相互关联地、机械式
地"发生的；（2）只有当人的意识的两个始终本质上必然同时被给予
的领域在特定内容上变得完全"空乏"或接近"空乏"时，它才会发
生。这两个领域分别是：人的"意向活动的"精神领域和理性领域；
人的身体躯体的感觉领域和感性的感受领域。只有这两个领域中的
"功能"和"行为"停止活动，才会使人产生同一感的倾向和能力：

---

① Cf. *WFS*, S. 44.

② Cf. Ibid., S. 45–46.

为了达到同一感，人必须同时"英雄般地"（heroisch）超越他的身躯和一切对他重要的东西，必须同时"忘却"他的精神个体性或者对它不予"注意"，也就是说，他必须放弃他的精神尊严，听任其本能的"生命"行事。我们也可以说：他必须变得"小于"人这种具有理性和尊严的生命；他必须变得"大于"那种只在其身体状态之中"存在"和活着的动物。①

舍勒从其对第一次世界大战的体验中为上述论断提供了论据。他认为战争状态使所有"生命共同体"，即一切在其不可分割的生命过程中感到"一体"（Eins）的群体和个人，作为强大而统一的实在出现。它使个体生命"英雄化"，同时却使所有精神的个体性深深地陷入麻痹状态。它使人们超越所有对身体自我状态的烦恼，但同时也让精神人格感到恐惧，并剥夺了其应有的权利！革命大众和革命运动呈现出同样的狂热状态，肉体自我和精神自我同时沉沦，纷纷堕入一场激越的总体生命运动之中。②

第四节　同情的奠基法则

舍勒认为，同情必须遵循一定的法则，否则我们的情感世界就是杂乱无章的。在他看来，同一感、追复感受、共感、人类之

---

① *WFS*, S. 46.

② Cf. Ibid., S. 47.

爱（博爱）与非宇宙的人格之爱和上帝之爱之间（akosmistische Person-und-Gottesliebe）存在一种本质性的奠基关系。这种奠基关系的顺序如下：

一、同一感为追复感受奠基；

二、追复感受为共感奠基；

三、共感为人类之爱（博爱）奠基；

四、人类之爱为非宇宙的人格之爱和上帝之爱奠基。[1]

一、同一感为追复感受奠基

舍勒认为，不论是在非时间性的功能顺序中，还是在发生学的发展顺序中，同一感都是追复感受的基础。但是，这条法则只对感受功能（Gefühlsfunktionen）有效，而对感受状态（Gefühlszustände）无效。也就是说，同一感为追复感受奠基仅仅是在功能的意义上，而非在状态的意义上来说的。

就功能顺序而言，正是通过同一感或同一化（Identifizierung），他人感受状态的质性（Qualität）而非感受状态本身被给予我。我对这种感受性质的把握不是追复感受，而是同一感。[2] 以 A 和 B 两个人为例。A 因为亲人去世而感到痛苦（感受状态的质性），B 只有通过对 A 的同一感或同一化才能追复感受到 A 的痛苦，但被 B 追复感受到的 A 的感受状态（痛苦）变成了 B 的同一感的一部分内容。舍勒认为，同一感可以是具体的，也可以是抽象的。我可以

---

① *WFS*, S. 105–111.

② Ibid., S. 105.

对一切有生命的东西、对作为整体的人类、对一个民族、对一个家庭产生同一感，但无须把我的同一感的主体所具有的一切具体的感受状态都包含进这种同一感之中。[①] 我不必亲历他人的悲伤（具体的感受状态），但我可以追复感受他人的悲伤（感受状态的性质）。

就发展顺序而言，原先的同一感后来演变成了追复感受。舍勒举了不少例子来佐证。（1）在小女孩的"妈妈游戏"中有两种同一感，一是儿童与玩偶的同一感，二是她与妈妈的同一感。第一种情况是"自发的"（ekphorisch）同一感，第二种情况是"他发的"（enphorisch）同一感。在第一种情况下，玩偶与自我同一（Alter=Ego），在第二种情况下，自我与母亲同一（Ego=Alter）。然而，当我们成年后再玩这个游戏时，我们只具有"追复感受"。（2）同样，在与原始祖先的同一化（Ahnenidentifizierung）中，我们也具有同一感，而后来在充满虔敬的祖先崇拜中我们只具有对祖先生活的追复感受。（3）在古代神话中我们也具有真正的同一感，然而在从神话和祭仪发展而来的戏剧表演艺术中，单纯审美的同感和追复感受取代了同一感。（4）在古代具有半狂热崇拜的悲剧中，观众的行为表现为在同一感和追复感受这两种类型之间的一种过渡。（5）随着孩子的成长，母亲对孩子的那种本能性的、基于同一感的爱逐渐为单纯的追复感受所代替。相反，父亲对孩子从一开始就只具有追复感受。（6）在战争中，我们与遭受痛苦和牺牲的人民具有同一感，而对作为同一文化圈的其他民族的人民则没有同一感。毋宁说，我们对他们只具有追复感受和共感。一般而言，我们

---

① Cf. *WFS*, S. 105.

对于与我们具有较为紧密的关系的族群具有同一感，而对于离我们更远的族群则只具有追复感受和共感。[①]

二、追复感受为共感奠基

舍勒认为，"我们的每一个同乐或同悲的行为都是以对陌生体验的事实以及这些体验的本质和特性的某种形式的认知为前提的"[②]。他人的悲痛并非由于我的同悲而存在，相反，这种悲痛必然已经预先以某种方式被给予我。唯其如此，当我意识到这种悲痛时，我才能同－悲。舍勒把我们对他人悲痛的这种直观的感受叫作追复感受。追复感受是对陌生感受的一种感受，但它不是对陌生感受的单纯认知，不是关于他人具有这种感受的判断，也不是对作为一种状态的现实感受的体验。"我们在追复感受中通过感受把握了陌生感受的质性（Qualität），但这种陌生感受并未转移到我们身上，也并未在我们身上制造出同样实在的感受。……追复感受和追复生活也并不暗含任何一种对陌生体验的'参与'（Teilnehmen）。在追复体验中，我们完全可以'漠然地'立于这个追复体验的主体之旁。"[③]追复感受不为我们提供陌生感受的质料，即再造陌生感受的感受（例如他人的悲伤），而是为我们提供陌生感受的质性（例如他人的感受是悲伤而非喜悦）。"我们感受到陌生悲伤的性质，但

[①] Cf. *WFS*, S. 106.

[②] Ibid., S. 19.

[③] Ibid., S. 20. 从舍勒对追复感受的定义可以看出，它与上文提到的同一感或同一化有相近之处：它们把握的都是他人感受状态的质性，而非感受状态的质料或感受状态本身。由此也可以看出，舍勒实际上混淆了这两个概念。

并未对这种悲伤产生同悲之情；我们感受到陌生快乐的性质，但并未对这种快乐产生同乐之情。"① 追复感受不是陌生感受的转移、复制或参与，它就像我们在回忆意识中主观上"看见"的一幕风景或"听见"的一段旋律。② 正是在这个意义上，舍勒认为，追复感受是共感的基础。因为，如果没有追复感受，我们就不知道他人的感受具有何种性质，因此，也便不会产生对他人的共感。舍勒也把追复感受叫作"追复体验"（nacherleben）。他说："陌生的体验也可以通过'追复体验'这种特殊形式获得完全的被给予性，而无须因此设定任何一种共感。"③ 舍勒这里所谓的追复感受和追复体验很大程度上类似于胡塞尔所谓的同感（Einfühlung）。我们可以追复感受或追复体验他人的感受，但根本无须也无法真正"体验"他人的感受："重要的历史学家、小说家、戏剧艺术家都必须具有很高的'追复体验'的禀赋，但他们根本无须与其对象和人物抱有'共感'"④。舍勒清醒地意识到，追复感受或追复体验（或同感）依然停留在认知的行为领域中，它们与道德无涉，因此也不是同情的基础："我能很好地追复感受您的感受，但我丝毫都不同情您！"⑤

三、共感为人类之爱奠基

舍勒认为，共感具有两种形式，一是"与某人共同感受"

---

① *WFS*, S. 20, Fußnote.

② Cf. Ibid., S. 20.

③ Ibid.

④ Ibid. 这里的"共感"实即"同"感，即相同的感受。

⑤ Ibid.

（Miteinanderfühlen），一是"对某物共同感受"（Mitgefühl mit）。正是具有这两种形式的共感使"一般的陌生自我"（das fremde Ich überhaupt）在特定情境下获得了与我们自己的自我相同的现实性（Realität）。这一相同的现实性意识与建立在其上的判断构成了自发的"人类之爱"（Menschenliebe），也即对一个作为生物（Wesen）的人的爱的前提，因为这个生物是一个"人"，他有"人的面孔"（Menschenangesicht）。[1]"人类之爱本身是在人类本质中作为观念的可能性而形成的一种爱的运动的形式。爱的运动就其本质和方向而言是积极的，不仅就其起源来说，还是就其价值来说，它都是积极的。"[2]

然而，在舍勒看来，"追复感受"（nachfühlen）却并不能赋予他人以这种相同的现实性，而只能给出陌生状态的性质。因此，我们或许可以追复感受罗马人的快乐和痛苦，可以追复感受由演员所表现的虚构的戏剧形象，例如浮士德、格雷琴的快乐和痛苦，但只要我们通常是以审美的方式感受这些人物，就像一个情窦初开的少女阅读这些作品那样，那么我们就不会具有对他们（浮士德、格雷琴少女）的真正的共感。因为，共感本质上与主体的现实状态、与我们共同感受到的东西关联在一起。[3]

舍勒指出，由于共感使我们将他人看作与我们一样的人，所以在共感中，一切自爱（Autoerotismus）、自我中心主义（Egozentrismus）、实在的唯我论（Realsolipsismus）和自我论（Egoismus）统统都被

---

① Cf. *WFS*, S. 107.

② Ibid., S. 109.

③ Cf. Ibid., S. 107.

克服了。① 在他看来，不论是人类之爱，还是共感，都不取决于人类的肯定价值或否定价值，或者说，人们共同感受到的感受之价值。真正的人类之爱并不区分本国人与外国人、坏人与好人、优等种族的人与劣等种族的人、有教养的人与缺乏教养的人、善人与恶人。真正的人类之爱与共感一样，其对象是所有人，因为人不是动物，也不是神。然而，之所以将动物和神作为参照，并非因为人是某种肯定价值的承担者，而是因为相对于神来说，人有一种完全本己性的、特殊的激情（Pathos）："因为我是一个人，这也就意味着，我应当是一名斗士"②。由于共感是被动的，而且与价值无涉，所以，在共感中，人作为人的这种特定的价值尚未被给予。然而，被共感所激发的人类之爱却可以通过对人类的积极的救助（Hilfeleistung）主动地、任意地扩展共感的功能领域，扩大共感的客体范围。③

四、人类之爱为非宇宙的人格之爱和上帝之爱奠基

舍勒认为，近代的"人类之爱"（博爱）产生于对祖国之爱和对上帝、人格的基督之爱的怨恨，因此根本不是"真正的""自发的"爱的运动，它缺乏人类精神本质的本己的、肯定的基础。而且，今天我们所持有的人类之爱的观念也依然建立在怨恨的基础上。在他看来，人类之爱的价值不仅超越了基督教的人格之爱

---

① Cf. *WFS.*

② Ibid.

③ Cf. Ibid., S. 108.

和上帝之爱，而且也超越了对祖国之爱，对民族和文化共同体的爱。然而，"人类之爱的这种价值的超越（Wertüberordnung）是怨恨的杰作"[①]，超越了"邻人之爱"的乌托邦式的"最遥远的爱"（Fernstenliebe，出自尼采）也只不过是现代人的怨恨心理暗中起作用的结果。爱是针对上帝、针对人之中的精神人格及其可能的完满性、针对祖国和邻人的恨的一种观念上的变形。[②]

依照舍勒，非宇宙的人格之爱和上帝之爱，就其可能的"生成"（Werden）而言，也奠基于一般的人类之爱中。[③] 人类之爱奠基于与价值无涉的（wertindifferent）共感之上，而不需要在人与人之间进行价值上的区分和爱之优先性的区分。只要人作为可能的爱的客体和恨的客体被区分为"朋友"和"敌人"、"自由人"和"奴隶"（在亚里士多德的本质意义上，而非在血统和国家法律制度的意义上），只要对朋友的爱、对敌人的恨、对自由人的尊重和对奴隶的蔑视依然在道德上被认可和需要，那么他人的人格中心（Personzentrum）只有在朋友而非敌人，在自由人而非奴隶的情况下，才可能被给予。[④] 在他看来，对个体性的人格中心的爱是基督教的精神人格之爱的本质标志，它与一般的人类之爱有明显区别。人类之爱只是把每一个人看作"人"这个属（Gattung）的一个"样本"（Exemplar），它以对人之"样本"的爱为前提。因此，可能的人格之爱的位置和范围首先是通过普遍的人类之爱所划定的。[⑤]

---

① *WFS*, S. 108.

② Cf. Ibid.

③ Cf. Ibid., S. 109.

④ Cf. Ibid., S. 109−110.

⑤ Cf. Ibid., S. 110.

在舍勒看来，基督教的人格之爱只有建立在先知的和古代的"博爱"基础上才是可能的。由于非宇宙的人格之爱与有神论处在本质的和必然的意义关联中，所以普遍的人类之爱也是上帝之爱的本质条件，人类之爱只有通过上帝对人的爱才能有条件地被体验和思考。①

同一感为追复感受奠基，追复感受为共感奠基，共感为人类之爱（博爱）奠基，人类之爱（博爱）为非宇宙的人格之爱和上帝之爱奠基，这是舍勒提出的同情的四种奠基法则。从舍勒的论述来看，这里的同情包括同一感、追复感受、共感、人类之爱（博爱）和非宇宙的人格之爱和上帝之爱。如果我们把同情看作一个集合概念，显然，这个集合的元素在其论述的不同场合有所不同，而且往往与共感这个集合概念（广义的共感）有交叉重叠之处，例如同一感、狭义的共感就是其共同的元素。

舍勒认为，一旦我们认识到上述四种奠基法则，我们就可以在这些情感力量的价值等级序列之上刻画一幅基于观念的（理想的），而非基于命令的真正的爱的秩序的图像。这样一幅图像对于伦理学和教育学来说都至为重要，因为它事关人的情感的培养。② 既然在同一感、追复感受、共感、人类之爱（博爱）和非宇宙的人格之爱和上帝之爱这五类感受之间存在一种奠基关系，那么这同时也就表明，这些感受之间存在一种等级关系。这种等级关系在舍勒这里从根本上表现为一种价值关系或价值秩序。在他看来，爱在本质上是一种运动，即从较低的价值对象向较高的价值对象的运动，这种运

① Cf. *WFS*, S. 111.
② Cf. Ibid., S. 112.

动是一种人心的一种偏好，因此它会"自然而然"地从低到高，不断超越和攀升，最终结果便是达到对纯粹精神的人格之爱和上帝之爱。人与宇宙万物一体，皆属自然，皆为价值载体，因此爱自然与爱他人（个体）、爱人类（共同体）是同一的。上帝之爱不是爱作为一个物的上帝，而是与上帝一起爱自然、爱这个世界中的万物。因此，最低层次的爱（对宇宙自然的爱）与最高层次的爱（对上帝的爱）从根本上来说形成了一种循环和同一。爱是自发的，而非像同感或共感那样是被动的，它并不朝向一个具体的目的，它本身就是目的。因此，真正的爱的秩序并非基于命令，而是基于观念，基于我们对先天价值秩序的自觉。而伦理学和教育学的任务也恰恰在于培养人的情感能力，只有具备了一定的情感能力，我们才能洞察到情感与价值之间的本质联系，才能自发地爱自然、爱他人、爱这个世界。

第五节　共感、爱与道德

依照舍勒，真正的共感行为具有肯定的伦理价值，这种价值的程度取决于：

一、感受的层次。这里的感受可以是精神的、心灵的、生命的或感官的共感。[1] 舍勒认为感受与价值是直接相关的。感受层次越高，其所对应的价值层次也越高。上述四种类型的感受并不处在同一层次上，相反，它们之间还存在着深度层次的差别。精神感受

---

① *WFS*, S. 144.

是最高级的感受，本质上也是形而上学的和宗教的自身感受^①，其所对应的是最高的价值即人格价值，包括是非价值（对与错）、审美价值（美与丑）、认识价值（真与假）。感官价值是最低级的感受，其所对应的是最低的价值即适意的（angenehem）与不适意的（unangenehem）价值。心灵感受是对纯粹自我的心灵状态的感受，它先天地具有自我的质性，其所对应的价值是快乐或悲伤、平静或绝望等。生命感受是对我们的本己生命或其他生物的生命状态的整体感受，例如生命的健康或疾病、高贵或低贱、蓬勃上升或衰败下降、激情澎湃或萎靡不振等。^②

二、我们对他人的同悲是"与某人的同悲"（Mitleids mit jemandem），还是"为某人的同悲"（Mitleids für jemanden）。舍勒认为，感受传染不具有任何肯定价值，而只具有否定价值，其唯一的效果是放大了我们的痛苦。因此"与某人的同悲"不具有道德价值，而只有"为某人的同悲"才具有道德价值。^③

三、我们的共感是朝向他人人格的自身感受（Sichfühlen）和自尊（Sichselbstwerthalten），还是只朝向其状态。前一种共感把他人看作一个独立自尊的人格，而后者只是感受到他人作为一个生物所具有的心理－物理状态，还没有把他人真正看作一个"人"，因此前者的价值高于后者的价值。^④

---

① Cf. Max Scheler, *Der Formalismus in der Ethik und die Materiale Wertethik: neuer Versuch der Grundlegung eines ethischen Personalismus*, Bern／München: Francke Verlag, 1980, S. 331–345.

② Ibid., S. 342.

③ Cf. *WFS*, S. 144.

④ Cf. Ibid.

四、**价值事态**（Sachwertverhalte）的价值。价值事态是他人悲伤或快乐的原因。换言之，对那些与实事相对应的快乐或悲伤的共感优先于对那些并不与实事相对应的快乐或悲伤的共感。同样，对一个具有更多价值的人的状态的共感优先于对一个具有更少价值的人的共感。[1]

传统的同情伦理学将同情看作伦理价值的根源。这种伦理学认为，虽然所有的伦理价值都是通过共感获得的，但共感本身没有任何肯定的价值。舍勒反对这种观点。他认为，共感（同情）的价值自在地存在，它不是由帮助他人的行为引起的。毋宁说，帮助他人的行为恰恰是由于共感，尤其是由于同情才产生的。在他看来，"分担的痛苦是减半的痛苦，分享的快乐是加倍的快乐"这句西方的谚语经受住了伦理的考验。真正的同情（共感）的标志就在于它会促使我们帮助他人。[2]

在舍勒看来，相对于古希腊和基督教的伦理学来说，整个近代英国伦理学最根本的错误在于试图将爱与恨回溯到共感上。舍勒这里的"共感"相当于近代启蒙哲学家所谓的"同情"。近代启蒙哲学家把同情看作道德的基础，并且用"无利害关系的善意"（uninteressierte Wohlwollen/disinterested good-will）来代替爱。在他看来，"善意"往往建立在同情的基础上，它似乎构成了一条通向爱的道路，正如恶意是通向恨的道路。不过，善意与爱完全不同。对于爱来说，对幸福的朝向既不是必要的，也不是本质性的。爱完全朝向肯定的人格价值，而就爱变成了人格价值的载体而言，

---

[1]　Cf. *WFS*, S. 144.

[2]　Cf. Ibid., S. 144–145.

它也只朝向"幸福"。^①我们"爱"事物，例如美、艺术或知识，对这些东西来说，感受其"善意"是毫无意义的。我们爱上帝，但说"怀有对上帝的善意"这是很荒谬的。"幸福的愿望"（das Wollen des Wohles）并不是与"善意"（Wohlwollen）相同的现象。在"善意"中包含着"善人"或"好心人"的一种优越感，他们以"施恩者"的身份自居，高高在上，"垂怜"他人。如此一来，爱的可能性就被轻而易举地排除了。对他人的同情（Mitleid mit einem anderen）似乎是一种"善意"，但它在本质上不同于"一起受苦"（Miteinander-leiden）。

舍勒认为，在"善意"中包含一种"努力的冲动"（Strebens-regung），其内容是他人的"福祉"（Wohl），但这种冲动不是一种真正的"愿望"（Wollen），而是一种欲求（Trieb）。^②然而，在爱中根本不包含这样的努力，即使爱的确具有运动的性质。爱是一种朝向肯定价值的运动，但是，这种价值是否已经存在，爱却毫不关心。在所有努力中，都有一种需要被实现的内容，这一内容作为其目标是本质上固有的。"善意"也有努力要实现的内容，即他人的福祉。但爱根本不具有这样的东西。当一个母亲充满爱意地看着自己可爱的宝贝酣睡时，她会希望实现什么（目标）呢？在对上帝的爱中，人们会希望"实现"什么（目标）呢？爱可能会产生一切努力、欲望或对所爱对象的渴望，但它本身不是这样的东西。它遵循的是与努力相反的法则。当努力在其"满足"（Befriedigung）中消耗殆尽、偃旗息鼓时，爱依然保持不变，或者

---

① Cf. *WFS*, S. 145.

② Cf. Ibid.

在其行动中增长。说爱的行为得到满足，这是没有意义的，除非我们意指的是完全不同的东西，也就是说，在爱的行为完成时感受到的满足或喜悦。舍勒认为，爱被看作一种需要实现或满足的目标这种观念具有非常坏的根源，它部分地是由教会道德所树立的"爱的义务"（Liebespflicht）的观念造成的。爱的义务已被证明是对不可能的东西的一种错误的苛求，它已经被"善行"（Wohltun）或"善意"代替。与此相反，康德从道德上有价值的行为中排除爱，他认为我们不能把爱看作一种义务，道德价值的概念必须建立在应当和义务的基础之上。①

在说明了善意与爱的区别之后，舍勒继续说明共感与爱的区别。舍勒认为，首先，爱本质上与价值关联在一起，因此，它根本不是共感。自爱不是利己主义。即使自爱也与价值关联在一起，而且，依其本质，它也不可能是"与某人的共感"。其次，爱不是"感受（活动）"（Fühlen）。也就是说，它不是一种功能，而是一种行为（Akt）、一种"运动"。在舍勒看来，感受不仅是对价值的感受，而且也是对状态（例如痛苦、忍耐、忍受）的感受，而所有的感受都是被动的或接受性的。我们把这样的感受叫作功能。② 但爱是一种情感运动，是一种精神行为。不论这种运动从现象学上来说更多的是从对象出发的，还是从自我中心出发的，都不重要。这里所谓的"行为"（Akt）概念与"自我"（Ich）无关，而与绝对不能被对象化的"人格"（Person）有关。爱是对具有最高伦理价值的精神人格的爱。舍勒认为，爱也可以看作是被爱者的一种"吸引"

① Cf. *WFS*, S. 146.
② Cf. Ibid., S. 146–147.

或"邀请"，而这对于感受来说则是不可能的。例如，亚里士多德的爱的概念就具有这样的意义：神使世界运动，正如被爱者使爱者运动那样。① 然而，从根本上来说，爱是一种自发的行为，即使在"回应之爱"（Gegenliebe）中亦如此。与此相反，所有的共感都是一种反应性（reaktiv）的行为。②

舍勒一方面认为共感与爱之间存在本质差别，另一方面也认为二者在某些方面存在本质关联。他的一个核心观点是：每一个共感行为通常都在一个爱的行为中得到奠基。当爱停止时，共感也不复存在。共感与爱的这一关系不可颠倒。我们对他人的共感会随着我们爱的程度和深度发生变化。如果我们对共感对象的爱是肤浅的，那么共感很快就会达到极限，当然也不会延伸到他人的人格中心。但是这并不意味着，我们具有了对于我们共感对象的爱。我们常常具有对我们并不爱的某个人的共感。例如，当我们表达对某人的同情时，我们并不具有对他的爱。在下述情况下，我们对某人的共感冲动也奠基于爱：（1）奠基性的爱与一个整体相关，某人是这个整体（例如家庭、民族、人类）的部分或成员；（2）奠基性的爱与一个一般对象相关，对于这个对象来说，某人是这个对象的一个实例（例如国民、家庭成员、人类的一员、一个生物）。因此，从现象学上来看，爱的对象并不必须在意向性上与共感的对象同一（爱的对象可能是一个整体，也可能是一个一般对象，而共感的对象则是这

---

① 亚里士多德的原话是："它（即，不动的动者或神——引者注）通过被爱，推动了万物。"（Thus it produces motion by being loved; κινεῖ δὴ ὡς ἐρώμενον. Cf. Aristotle, *Metaphysics*, 1072b3–4.）

② Cf. *WFS*, S. 147.

个整体的一部分或这个一般对象的例示）。共感行为必须被嵌入一个包含它的爱的行为中。它比单纯的"理解"和"追复感受"包含更多的东西，而正是这些多出来的东西，才使得我们能够对一个我们并不爱的人产生共感。爱某人，却对他没有共感，这是不可能的。①

　　爱的范围规定了共感得以可能的领域。由此，舍勒得出了两个结论：首先，在一个整体行为中，不可能同时既恨又共感。在我们憎恨的地方，我们享受痛苦和伤害，我们发泄具有否定价值的情感，例如嫉妒、幸灾乐祸。其次，如果我们爱某人，但所爱者并非我们共感的对象，那么在被同情的对象那里，"受伤的自尊"（beleidigten Stolzes）、羞耻心、屈辱的意识便被唤醒了。舍勒援引尼采的话说：不是同情（Mitleid）伤害了我们的羞耻心，而是对被同情者无爱的同情伤害了我们的羞耻心。唯一能使同情可忍受的东西就是它所背叛的爱。在另一种情况下，被伤害的对象感到，爱根本没有在一种具体的意义上指向他，而是被指向了一个被一般化的对象——人类、他的家庭、他的国家、他在一个班级中的成员身份。正是这个一般的或集合的概念继续被爱着，它是同情的间接诱因。如果把被同情者只看作是一种"情况"或一个"例子"，那么他的羞耻心就会被唤醒。因为，"一种价值被从个体私密的舒适的黑暗中移植到一个普遍的或公共的领域中"。②舍勒指出，如果我们对一个东西的爱为零，那么我们对间接包含于其中的东西的共感也为零。因此，我们可以理解，如果你不爱一个人（广义上的爱），

---

① Cf. *WFS*, S. 147–148.

② Ibid., S. 148.

那么你对他所展现出来的那种同情的表情将会被理解为一个残忍的行为。如果一个人不能同时爱他同情的对象，而他又足够敏感和智慧，那么他就会隐藏他的同情感。由此，那种认为可以根据共感来解释爱的观点包含的谬误也就被揭示了出来。爱必定伴随着共感，而共感并不一定有爱。

舍勒把对爱的讨论与价值（对象）关联在一起。他说："爱是一种运动，在这种运动中，每一具体的承载着价值的个体对象，获得了对它而言，并依其观念的规定性来说可能的最高价值；或者说，在这种运动中，个体对象获得了其特有的观念的价值本质。"[①]在他看来，爱既不是对一种已经感受到的价值（例如"高兴""悲伤"）的单纯反应，也不是一种像"享受"一样的规定模态的功能（eine modalbestimmte Funktion），更不是像"偏爱"那样对两种预先被给予的价值的态度[②]，而是对那些含有价值的（werthaltig）对象的意向性指向。"我'爱的'不是任何价值，而始终是那个含有价值的东西。"[③]

在舍勒看来，爱原初地指向的是价值对象，但这个价值对象并不局限于人，也包含一切与人无关的东西。由此，爱与同感区分开来。因为同感理论认为，只有人才是人之爱的原初对象，而所有其他非人的东西都是人通过"同感"的方式，将人类的情感移置到其中而成为人之爱的对象的。因此，对自然的爱、对一切活的东西和死的东西的爱，都是因为我们通过感情移置的方式把我们的感受赋

---

① Cf. *WFS*, S. 164.

② Cf. Ibid., S. 156.

③ Cf. Ibid., S. 151.

予自然客体。换言之，我们是从人的生活图景和类比的角度来看待自然客体的。依照同感理论，艺术品和知识这样的东西，也属于同感的对象，它们只有作为人类生活的"表达形式"或"推动手段"才能唤起我们的爱。上帝亦如此。例如，费尔巴哈就认为，我们关于上帝的观念只不过是人对宇宙整体或其最终根据进行同感的结果。在舍勒看来，基于同感产生的这种对自然、艺术、知识和上帝的爱并非真正的爱，而只是爱的一种假象或幻象。我们对自然的爱恰恰表明，自然是因其自身之故，因其不同于人的特质，才成为爱的对象的。换言之，我们对自然的爱并非基于同感。①

依照古典的爱的观念，有一种对善本身的爱，这种爱可以脱离承载价值的对象。舍勒反对这种观念，他认为根本不存在对善本身的爱，因为这种爱必定是伪善。伪善的公式是："要爱善的东西"或者"要爱人，因为他们是善的"。相反，我们应该爱所有的一切，因为宇宙万物都是价值的载体，这便是基督教的爱的观念。②尽管基督教的基本教义是要爱上帝，但在舍勒看来，"对上帝之爱的最高形式不是对作为全善者即一个物的'上帝'的爱，而是与上帝一起爱这个世界"③。如果我们想把最高的道德性质归于上帝，那么我们只能把爱看作是上帝的最内在的本质：上帝就是"无限之爱"④。由于爱上帝就是爱一切，所以爱上帝必然蕴含着爱邻人、爱他人，而爱他人也设定了对方的回应之爱、反向之爱（Gegenliebe），由

---

① Cf. *WFS*, S. 158.

② Cf. Ibid., S. 164–165.

③ Ibid., S. 166.

④ Cf. Ibid.

此导致的结果便是：人与人之间的相互之爱。由此，舍勒得出了"所有道德生物的休戚与共原则"（Prinzip der Solidarität aller sittlichen Wesen）。这一原则意味着，就道德价值而言，每个人都对所有人负有责任，而所有人都对每个人负有责任；意味着"我为人人，人人为我"；因此，也意味着，每个人都对他人的"罪责"负有"共同责任"，每个人都原始地分有他人肯定的道德价值。[1]

结　语

在《同情的本质与形式》中，舍勒往往将"同情"与广义的"共感"概念混淆在一起，后者包括"相互感受"（Miteinanderfühlen）、"共感"（狭义的）、"感受传染"和"同一感"。在这四种感受中，最核心的感受是狭义的"共感"，因为只有这种感受才具有真正的伦理价值。舍勒对以近代道德感哲学为代表的旧的同情伦理学的批判，目的在于指出将道德建立在同情（实则为移感、共感）的基础上是错误的，唯有爱才是道德的基础。爱与同情（共感）既有联系，又有区别。前者是主动的、自发的，后者是被动的、反应性的；前者为后者奠基。只有建立在自发的爱的基础上的同情（共感）行为才是真正的道德行为，而无爱的同情（共感）只能是一种居高临下的施舍和伪善。作为一名天主教的信奉者（虽然其糟糕的婚姻生活被指有悖于天主教教义并因此被慕尼黑大学解除教职），舍勒对爱的理解超越世俗的伦理生活，跃升到宗教 – 形而上学的层面，试

---

[1]　Cf. *WFS*, S. 151.

图通过作为最高价值位阶的上帝为爱奠基，进而为一门质料的价值伦理学（核心是感受与价值的关系）奠基。心的秩序、心的逻辑、心的理性本质上是爱的秩序、爱的逻辑、爱的理性。

第六章
舒茨论同感、他人与主体间性

  舒茨是一位"业余"哲学家，因为他早年的主要工作是在银行理财。他是胡塞尔的忘年交，也是其晚年和临终前最亲密的朋友之一。由于受到胡塞尔的启发和影响，他试图利用现象学心理学为马克斯·韦伯（Max Weber，1864—1920）开创的理解社会学奠定一个可靠的哲学基础，其理论成果集中体现在《社会世界的意义构成》中。正是因为这部著作，舒茨获得了除银行家之外的第二个身份：现象学的社会学家，而这部著作也被看作现象学社会学的开山之作。除这部著作之外，舒茨还有许多其他的著述，涉及舍勒、威廉·詹姆斯（William James）、萨特等人的思想。在众多哲学家中，胡塞尔是其最重要的研究对象。

  他人和主体间性问题是胡塞尔现象学心理学的核心论题，而现象学心理学又承担着为精神科学奠基的任务，所以舒茨对胡塞尔的他人（同感）理论、主体间性理论以及现象学的心理学都做了非常深入的研究。舒茨对胡塞尔的研究并不只是一味附和、全盘接收，而是具有选择性、批判性和创造性。本章试图通过对舒茨的研究，间接地回到胡塞尔，以对后者的相关理论进行反思和重估。

第一节　舒茨社会世界现象学视域中的他人问题 *

"他人的存在"是一个需要证明的问题吗？众所周知，康德（Immanuel Kant，1724—1804）在驳斥唯心论时曾经指出，迄今为止的哲学还要一再为外部世界的存在提供证明，这是哲学的一个丑闻。同样，舒茨（Alfred Schütz，1899—1959）认为，现代哲学居然要为他人的存在提供证明，这是哲学的另一个丑闻。① 的确，从哲学史来看，除了笛卡尔从方法论的角度对他人之存在表示过怀疑之外，几乎很少有哲学家认为他人之存在本身是一个有待证成的问题。胡塞尔开了这个先河，他第一次明确指出，他人只是意识的"现象"，只有通过先验自我的"构造"才能获得其存在地位和意义。舒茨虽然声称要用胡塞尔的现象学为社会学奠基，从有意义的社会行动出发来说明社会世界的意义建构，但他反对先验构造，而主张通过"自然态度的构造现象学"来说明社会世界中不同类型的他人之"理解"方式。然而，从本质上来说，不论对于胡塞尔，还是对于舒茨，主体间性问题而非他人问题，才是其构造

---

* 本章第一节部分内容曾以《舒茨社会世界现象学视域中的他人问题》为题发表于《学术研究》2018年第5期；第二节部分内容曾以《主体间性与构造：论舒茨对胡塞尔的批评》为题发表于《哲学研究》2018年第3期；第三节部分内容曾以《现象学如何为社会科学奠基：以舒茨的现象学社会学为例》为题发表于《中国高校社会科学》2018年第5期。

① Alfred Schütz, "Begriffs-und Theoriebildung in den Sozialwissenschaften", in *Gesammelte Aufsätze*, Bd. I: *Das Problem der sozialen Wirklichkeit*, Den Haag: Martinus Nijhoff, 1971.

理论的核心问题，因为他们一致认为，意义的客观性源于主体间性，区别只在于，胡塞尔坚持"先验的主体间性"（transzendentale Intersubjektivität），而舒茨则坚持"世间的主体间性"（mundane Intersubjektivität）。对于前者来说，主体间性需要先验论证，而对于后者来说，主体间性是一个不言而喻的事实，它是生活世界的一种被给予性（Gegebenheit），是人在世界之中生存的基本存在论范畴，因此也是一切哲学人类学的基本存在论范畴。①

一、他人问题：从周围世界到社会世界

从一定程度而言，舒茨关于"他人问题"的理解是在批判和完善胡塞尔同感理论的基础之上发展起来的。为了克服"唯我论"的先验假象（Transzendentaler Schein），也为了将"发生－构造"的现象学方法贯彻到底，胡塞尔通过吸收和改造利普斯的"同感"理论对他人的构造问题进行了系统说明。胡塞尔讨论的他人通常被限定为在一个亲熟的周围世界中当下向我呈现的他人，这个他人是一个"心理－物理"个体，是我的知觉对象。

在胡塞尔的同感理论中，肉体发挥了"中介性"的作用。可以说，离开了肉体，他人的构造便无法完成。为什么肉体在他人的构造中竟有如此重要的作用呢？这与胡塞尔的意向性理论有直接关

---

① Alfred Schütz, *Philosophisch-phänomenologische Schriften* 1. *Zur Kritik der Phänomenologie Edmund Husserls.*, *Alfred Schütz Werkausgabe*, Bd. III.1, hrsg. von Gerd Sebald, nach Vorarbeiten von Richard Grathoff, und Thomas Michael, Kanstanz: UVK Verlagsgesellschaft mbH, 2009, S. 254. 以下凡引此书皆缩略为 "*ASW* III.1"。

系。胡塞尔和利普斯一样，将我们的认识对象分为三类，一是自我，二是物体，三是他人。自我是"非被构造的内在的超越性"，它可以通过反思的意识得以把握；外部世界中的物理物体是超越的对象，它只有通过先验自我的构造活动才能在我们的意识中呈现；他人是肉体和心灵的复合体，对于肉体，我们可以像构造一个物理物体那样构造它，但对于意识或心灵而言，由于它不是一个物理物体，因而无法以"侧显"（Abschattung）的方式被给予我，而只能以"共现"的方式，"通过"肉体呈现出来。因为肉体和心灵是关联在一起的，我们内在的思想、情感、意志、感受都会通过我们外在的行为、动作、姿态、表情等表现出来，通过一种"类比的立义"（analogisierende Auffassung）和"统觉的转移"（apperzeptive Übertragung），我们就能根据自身的经验，将意识或心灵归属于他人的肉体，将其构造为一个"自我－主体"（Ich-Subjekt）。

以肉体为中介来构造他人只有在周围世界中才是可能的，因为只有在周围世界中，他人的肉体才能作为一个当下的知觉对象在先验自我的意识体验中被给予。对于那些脱离周围世界、超出自我的知觉范围的他人而言，其存在与否无法确定，而只能是一种理论的预设或推测。胡塞尔通过"同感"所完成的对他人的构造分析只对周围世界中的他人有效，同感不是一个普遍的、统一的解释模型。

舒茨敏锐地洞察了胡塞尔同感理论的缺陷，不仅对这一理论提出了深刻的批评，还为进一步完善他人的构造分析提出了新的理论。在《胡塞尔的主体间性问题》一文中，舒茨指出："胡塞尔把时空共同体中的参与者的肉体呈现当作社会情境的模型，所以一个人才会发现他既处于知觉领域中，也处于他人的领域中。在对他人经验的分析中，胡塞尔偏爱使用这一模型，这类似于他在知觉分析中，偏爱使用近距离对象的视知觉模型。但是，社会世界既有近的区域，也有远的区域：使你和我得以在其中通过时空的直接性而相互经验的周围世界（在这里，这个术语是在社会学的意义上来理解的）也可以转化为我的那些不是在空间的直接性中被给予我的同时代人的世界；而且在经历了各种各样的转变之后，还存在着前人的世界和后人的世界。"① 胡塞尔的同感理论只是解决了周围世界中他人的构造问题，但对于超出我们的知觉经验范围，处于共同世界、前人世界和后人世界中的他人的构造问题则没有给出说明。在批判地吸收胡塞尔他人理论的基础上，舒茨进一步将这一问题延伸到社会学领域，对社会世界中不同类型的他人之构造进行了详细分析。

二、社会世界中的他人

为了深入分析他人之构造问题，舒茨在《社会世界的意义构成》中提出了"社会世界"（die soziale Welt）的概念，并将社会世界划分为四种基本类型：社会的周围世界（die soziale Umwelt）、社会的共同世界（die soziale Mitwelt）、社会的前人世界（die soziale Vorwelt）与社会的后人世界（die soziale Folgewelt）。舒茨对社会世界的四重划分实际上是对他人类型的四重划分。正如他指出的那样："当我们在谈论周围世界、共同世界、前人世界与后人世界时，这无非意味着，他人对我来说分别是邻人（Mitmenschen）、同时代人（Nebenmenschen）、前人（Vorfahren）或后人（Nachfahren），

———————————

① Alfred Schütz, "Das Problem der transzendentale Intersubjektivität bei Husserl", in *ASW* III.1, S. 253.

反过来，我自己本身对他人来说也分别是邻人、同时代人、前人或后人。"①舒茨对他人的分析，目的就是要说明这四种类型的人是如何在不同的社会世界中被构造的。

（一）社会的周围世界

舒茨接受了胡塞尔的周围世界概念，但在这个概念之前加了一个限定词"社会的"，以表明其研究方法和研究对象都限定在社会学的范围之内。社会的周围世界本质上即是胡塞尔意义上的知觉世界，是自我通过意识体验和动觉行为所"认识""把握"到的世界。周围世界不是作为整体的物理实在，而仅仅是自我知觉、体验、认识到的那个世界。具体来说，周围世界具有如下一些特点：

首先，周围世界是一个我与他人共在的世界，在这个世界中，我们都是具有"身体性"的存在，我们处在同一个时空共同体中，彼此可以直接交流，并且可以达成相互理解。由于在周围世界中，我与他人的关系是一种"面对面"的、亲熟的关系，所以舒茨把周围世界中的他人叫作"邻人"，把具有距离感的、生疏的、第三人称的"他"变成了第二人称的"你"。正如舒茨所说："假如有一个人属于我的社会周围世界，与我在空间、时间上共存，那么我把这

---

① Alfred Schütz, *Der sinnhafte Aufbau der sozialen Welt. Eine Einleitung in die verstehende Soziologie.*, *Alfred Schütz Werkausgabe*, Bd. II, hrsg. von Martin Endreß, und Joachim Renn, Kanstanz: UVK Verlagsgesellschaft mbH, 2004, S. 290. 以下凡引此书皆缩略为 *"ASW* II"。中译本参见舒茨：《社会世界的意义构成》，游淙祺译，北京：商务印书馆，2012，第 186 页，译文略有改动。下引此书，将同时给出德文全集本和中译本页码。

个人叫作'你'。"① 在他看来，"空间与时间的直接性对于周围世界的情境而言乃是本质性的"②。

其次，在社会的周围世界中，我始终以"朝向你的态度"（Dueinstellung）面对他人。换言之，在周围世界中，人对人的根本态度是纯粹"朝向你的态度"。所谓"朝向你的态度"是一种特殊的行为意向性，"只要我生活于这种意向性中，我就能够经验到一个以原本自身的方式存在的'你'"③。在周围世界中，由于"你"是活生生地（leibhaftig）、以"原本自身的方式"出现在我面前的一个他人，你的表情、动作、语言和沟通意向都直接呈现在我的面前，所以你是我明见地直观到的对象，用胡塞尔的话说，你是在我的"前述谓经验"（vorprädikative Erfahrung）中自身给予的对象。

舒茨指出，在周围世界中，"朝向你的态度"所指向的是他人的一般性存在，即他人的"此在"（Dasein），而不必是其"如此存在"或存在特质（Sosein）。④ 也就是说，"朝向你的态度"仅仅意味着，我的意识指向另一个具有生命与灵魂的纯粹的"你"，我并不关心你的特殊的意识体验，也不关心你的具体存在特质。因此，舒茨说："'纯粹''朝向你的态度'是一个形式概念、是观念化的产物，或者用胡塞尔的话来说，是一个'观念界限'（ideale Grenze）。"⑤

再次，社会周围世界中的社会关系本质上是一种纯粹形式的

---

① *ASW* II, S. 313；中译本，第 210 页，译文略有改动，着重号为德文原文所加。

② Ibid., S. 314；中译本，第 210 页，译文略有改动。

③ Ibid.；中译本，第 211 页，译文略有改动，着重号为德文原文所加。

④ Ibid., S. 319；中译本，第 216 页。

⑤ Ibid., S. 315；中译本，第 211 页，译文略有改动，着重号为德文原文所加。

"我们关系"（Wirbeziehung）。用舒茨的话说，"只要我们原本地经验到自己在此存在着，而且相互朝向着，那么这一事实就构成了纯粹的我们关系"[①]。然而，在他看来，这种"纯粹的我们关系"只是一个极限概念（Limesbegriff）。[②] 因为，事实上，在周围世界中，每一种被体验到的社会关系都是"我们关系的一种特定的现实化与具体化，它是一种'具有内容的'（inhaltserfüllte）我们关系"[③]。

最后，周围世界中的社会关系不同于周围世界中对他人行为的观察（Beobachtung）。一方面，周围世界中的社会关系是基于"朝向你的态度"形成的，因此是一种双向的、交互的关系，而在周围世界中对他人行为的观察则是单向的，因为当我们从与他人"面对面"的相互朝向关系中跳脱出来，从一旁观察他人时，被观察者完全"不知道"或者"没有注意到"他正在被观察。[④] 另一方面，在周围世界的社会关系中，我可以通过对共同的外部世界中的某一对象的直接指示来检验我的体验与他人的体验是否一致。然而，在周围世界的观察中，由于我处在社会关系之外，所以我无法根据被观察者的自我诠释来证实我对他人体验的诠释，除非我将自己作为观察者的角色变为社会关系的参与者即被观察者的角色。对于周围世界的观察者而言，"你"在本质上是无法被询问的，但相对于共同世界或前人世界的观察而言，它却具有优先性，因为它通常能够直

[①]　*ASW* II, S. 319；中译本，第 216 页，译文略有改动。

[②]　Ibid.；中译本，第 216 页。

[③]　Ibid., S. 315；中译本，第 212 页，译文略有改动，着重号为德文原文所加。

[④]　Ibid., S. 326；中译本，第 223 页。

接被转换成周围世界的关系，在后一种关系中的"你"是可以随时被询问的，所以关于他人体验的诠释结果是可以被证实的。①

（二）社会的共同世界

社会的共同世界是从周围世界转化而来的，区分二者的界限在于他人身体显现的程度。如果说，在周围世界中，我与他人都能够直接在一个共同的时空中与对方遭遇，体验到对方的喜怒哀乐，并与其进行语言上的交流，那么在共同世界中，我们已经无法"亲身"体验到对方，他人不再"活生生地"出现在我的直观视域中，而是逐渐从我的世界里隐退，直至消失。正如舒茨所说："在周围世界中呈现的那些或多或少带有边缘性质的体验区域所具有的'朝向态度'之层次，随着身体上与空间上的直接性的递减，也在一定程度上超越了周围世界的界限，逐渐转变成了共同世界的情境。与周围世界还有所关联的中间阶段，乃是通过身体征兆的充盈程度之递减（Abnehmen der Symptomfülle）以及'你'出现在我的立义视角之游戏空间的逐渐缩小（Verkleinerung des Spielraums der Auffassungsperspektiven）而标示出来的。"②

如果说社会的周围世界是通过"面对面"的方式建立起来的亲熟的社会关系，比如婚姻或友谊③，那么，社会的共同世界则是通过"类型化"（Typisierung）的方式所建立起来的社会关系，比如

---

① *ASW* II, S. 327；中译本，第 224 页。

② Ibid., S. 331；中译本，第 228 页，译文略有改动，着重号为德文原文所加。

③ 舒茨说："我们向来习惯于把婚姻或友谊看作典型的周围世界社会关系，而且是一种特别亲密的社会关系。" Cf. Ibid., S. 334；中译本，第 230 页，译文略有改动。

交通警察或邮递员。在"共同世界"中，他人都以类型化的方式出现，我只是根据我在周围世界中对他人的经验来推断"共同世界"中的他人之可能经验。事实上，在现实生活中，我们所能"直接"经验到的人，也即在同一个周围世界中遭遇并与之建立亲密联系的人非常有限，大部分人都是通过类型化的方式被"间接"经验到的，换言之，是通过"述谓"（prädikativ）的方式、"判断"的方式呈现的。[①]正如舒茨所说："共同世界中的'你'从来都不会作为一个自我（ein Selbst）被经验到，从来都不会在前述谓经验中被经验到。毋宁说，一切关于共同世界的经验都是一个述谓经验，都是在我对一般社会世界之经验储存的揭示中以判断的形式进行的。"[②]

舒茨认为，社会共同世界具有一些基本的特征：

首先，如果说在周围世界中，人与人之间的态度是"朝向你的态度"（Dueinstellung），那么，在社会的共同世界中，人与人之间的态度则是"朝向你们的态度"（Ihreinstellung）。什么是"朝向你们的态度"呢？舒茨说，"朝向你们的态度"指的是"意向地朝向一个共同世界之他我的行为"[③]。相对于"朝向你的态度"，"朝向你们的态度"所指向的他我之体验本质上具有或多或少的匿名性（Anonymität）。因为，我对社会的共同世界之体验，其对象并非一个个具体个别的"你"之存在，不是真正被体验到的他人之生命流程（Dauerablauf），而是我对一般的社会世界以及对一般他人之意识体验的经验。所以，我只是以判断或推论的方式认识共同世界，

---

① *ASW* II, S. 338；中译本，第234—235页，译文略有改动。

② Ibid., S. 341；中译本，第237页，译文略有改动，着重号为德文原文所加。

③ 同上。

而这种认识主要在客观的意识关联中进行。由于共同世界的他者即同时代人的意识体验从形成它们的主观意义关联中脱离了出来，因而，这些体验具有"总是再一次"（immer wieder）的特质。它们被视为类型化的意识体验，因此基本上是同质的和可重复的。①

由于在社会的共同世界中，我与他人的关系是一种"类型－类型"关系，即"你我双方都用人的理念型（Idealtypus）②来理解对方，双方都觉察到这种相互理解，双方也都期待对方的诠释模式（Deutungsschema）与自己的诠释模式是相互一致的"③。所以，共同世界的"与你们关系"是一种"或然性的""假设性的"社会关系。然而，这种类型化的模式原则上是无法被证实的，因为，共同世界中的他人并不是直接地而是间接地被给予的。如果套用在对方身上的诠释模式越标准化，越与通过法律、国家、传统、秩序等被规范化的诠释模式相一致，或者用马克斯·韦伯的话来说就是，诠释模式越理性，那么我以"朝向你们态度"所采取的行动得到他人恰当

① *ASW* II, S. 342；中译本，第237—238页，译文略有改动。

② "Idealtypus"是韦伯理解社会学的核心概念，社会学者一般将其译为"理想类型"（参见苏国勋：《理性化及其限制》，北京：商务印书馆，2016年，第273—282页）。我认同游淙祺教授的译法，将其译为"理念型"。韦伯和舒茨在使用这一概念时都与"类型化"（Typisierung）概念关联在一起，意思是通过抽象化、概念化、符号化的方式，将事物划分为不同类型，这些类型都类似于柏拉图意义上的"理念或形式"（eidos/idea），它们是纯粹的、理想化的，而非具体的、现实的。胡塞尔在《欧洲科学的危机与先验现象学》中所谓近代自然科学的数学化、理念化本质上即是一种理念化的抽象（die ideierende Abstration），与韦伯和舒茨的"理念型"有类似的含义，比如"圆""直线""平面"这样的概念，严格说来在现实世界中根本找不到其所指（referent），因为在现实世界中不存在绝对的圆、直线或平面。

③ Alfred Schütz, *ASW* II., S. 369；中译本，第263页，译文略有改动。

回应的主观或然性也就越大。[①]

　　其次，类型化的问题与"相关性"（Relevanz）问题关联在一起。也就是说，理念型问题会因为观察者的立场、问题提法及其整个经验结构的不同而有所不同。[②]那么，什么是"相关性"呢？舒茨说："每个理念型的建构都受限于观察者当时的经验。……意义关联、诠释模式以及理念型都是彼此相互关联着的，它们都是一个共同的基本问题的不同表达方式而已，这个基本问题就是相关性问题。"[③]舒茨举例来说明这个问题：（1）假设我观察到某人 S 正在拧螺丝钉，那么我对其行动的第一个诠释模式可能是这样的：S 使用螺丝刀去连接某个装置的两个部分。（2）如果我知道这件事正在一家汽车厂内进行，那么我就可以把 S 的操作放在"汽车制造"的意义关联中来理解。（3）如果我知道 S 是一位在汽车厂工作的人，那么我就能对这个被认定为"工人"的 S 做出更多的假设，例如，他每天早上来上班，下班后回家，按月领取工资等。（4）从一个更大的意义关联来看，我也可以将我从普通的工厂工人，尤其是城市工人所建构而来的理念型套用在 S 身上。（5）这样的理念型可以视具体需要以不同方式加以限定，例如"一九三一年柏林工人的理念型"。一旦我确定 S 是德国人并且是柏林人，那么我就可以将我从经验中获得的一般德国人和特别是柏林人的典型特征运用到 S 身上。（6）我可以根据我的兴趣无限制地增加使用诠释模式的数量，但这种类型化行为的延伸开始面临风险，亦即我的理念型建构

---

①　*ASW* II；中译本，第 263 页。

②　Ibid., S. 355；中译本，第 251 页。

③　Ibid., S. 357；中译本，第 252 页，译文略有改动，着重号为德文原文所加。

成功的概率会逐步降低。假定我说"像柏林工厂这样的工人都会把票投给社会民主党",这个判断乃是根据上次选举,多数柏林工人把票投给社会民主党这项统计资料而来,但我并不能百分之百确定,我现在观察的这个 S 是否属于那些人中的一个。如果我知道 S 是社会民主党的工会成员,或他有党证,那么我做出正确判断的概率就会增加。因此,根据理念型所建构的每项诠释实际上都带有或然的性质。例如,这个拧螺丝的 S 可能根本就不是"工人",而是一位工程师,或是一位暑期打工的学生。在此情况下,我通过"城市工人"这个理念型所作的思考与推理就是错误的。①

最后,在社会共同世界中,社会关系的参与者与观察者之间的关系不同于周围世界中观察者与被观察者之间的关系。在周围世界中,社会关系的参与者与观察者之间有显著差异,但这项差异在共同世界中则消失了。因为共同世界的社会关系里不存在鲜活的"你",所以没有生命流程中的意识体验可供参照,而只存在非时间性的,带有"想象性质的"(imaginär)生命流程的"你们"。在共同世界的社会关系中,关系双方都来自"你们 – 关联"(Ihrzusammenhang)。然而,对共同世界的社会关系进行观察的人使用的人的理念型必然与参与者的理念型有所不同。因为,理念型会随着建构者的兴趣而有所不同,而且仅仅是为此目的而被建构,以便能够将他单一主题地把握的客观意义关联当作某个他我的主观意义关联来看待。②

---

① *ASW* II, S. 356–357;中译本,第 251—252 页,译文略有改动。
② Ibid., S. 372–373;中译本,第 266 页。

（三）前人世界

舒茨提醒我们，千万不要误以为对他人行为的类型化把握与共同世界的社会经验是完全等同的，因为，每一个共同世界的经验固然都是对他人行为的类型化把握，但是类型化的经验并不局限于共同世界。对前人世界的理解也是以类型化的、再认的综合（Synthesis der Rekognition）模式来进行的，因为有关人类行动过程的类型与人的理念型的经验是经验一般社会世界的诠释模式[1]，而且因为，"对前人世界的经验始终是间接的，所以前人世界中的他人只能像我们共同世界的人那样以理念型的方式被把握。当然，肯定经过了显著的变样"[2]。

那么，什么是前人世界呢？舒茨说，前人世界就是"在我出生之前已经存在"的世界。[3] 因此，前人世界的特点在于：前人的意识体验和我的经验之间完全没有时间上的同步性；前人世界本质上是已经结束、已经过去的，而且是完完全全过去的，它不指向未来开放的视域；前人世界的具体行为并不是不确定的，或有待实现的，而是确定的、不变的；前人世界的行为从来不处于预期的模式中，而总是处于已实现的模式中。这也同时表明，虽然在面对前人世界时，所有类型的朝向他人态度都是可能的，但却绝不可能存在对前人的实质影响。[4] 因此，当我们说自己的行动乃是以前人世界

① *ASW* II, S. 344；中译本，第 240 页。

② Ibid., S. 380；中译本，第 273—274 页，译文略有改动。

③ Ibid., S. 377；中译本，第 270 页。

④ Ibid., S. 378；中译本，第 270—271 页，译文略有改动。

的行动为导向时，其真正的含义只在于，那些前人世界的体验以
"过去完成时"的方式被我诠释为当下行为的原因动机。[1] 由于我
与前人世界没有实质的互动关系，所以对于前人世界我们只能采取
单向的"朝向他人态度"，祖先崇拜仪式正是这种朝向前人世界的
最佳例子。

既然前人世界是一个已经在过去完成了的世界，那么，我们就
无法与前人世界中的他人进行直接的交流和对话，他们既不能被询
问，也不可能像共同世界中的他人那样转变为与我具有周围世界
的关系的人。因而，我们对前人世界的解释必定是模糊而不可靠
的。[2] 例如，如何对巴赫的音乐作品进行"正确的"解释，才符合
他本人的意图；如何对历史上的哲学家所使用的概念进行"正确
的"解释，才符合哲学家本人的思想原貌——这些都是争论不休的
问题。也正因如此，"历史科学的主要任务，就是去决定从预先被
给予我们的前人世界中选取哪些事件、行动、记号等等，并对它们
做出科学的诠释，以便建构历史的事实"[3]。

（四）后人世界

如果说前人世界是过去了的、完成了的，因而是不自由的和确
定的，周围世界中的邻人是自由的，共同世界中的他人是被类型化
的，那么后人世界便是完全不确定的，并且也是永远无法确定的。
因而，"我们对后人世界的朝向态度只是：存在着一个一般的后人

---

[1] *ASW* II；中译本，第271页。

[2] Ibid., S. 382；中译本，第274—275页。

[3] Ibid., S. 383；中译本，第275页，译文略有改动。

世界，但这一判断的根据并不是其如此存在或存在特质，也不是其在每一现在点上的存在样态。而且，类型化的方法也是不充分的。因为这一方法通常是建立在我们对前人世界、周围世界和共同世界的经验基础上的，它无法运用于我们可能根本不具有任何经验的后人世界"①。

正因为如此，舒茨认为，根本不存在什么可以超越时间的历史法则，好像这种法则不仅能够解释过去与现在，而且还可以预见未来。实际上，"所有的后人世界必然都是非历史的，是绝对自由的。虽然它可以在空洞的想象（在前摄中亦然）中被预期，但根本无法用直观的方式被设想。后人世界不可能被构想，因为其实现与否完全超越了我们所能经验的范围"②。

三、我们 VS. 他人：何者具有优先性？

虽然舒茨声称要借助胡塞尔的现象学方法和理论为社会科学奠基，但他在处理他人问题时却并未贯彻这一原则，而是明确放弃了现象学的观点。他说："当我们从对孤独自我的分析转入对社会世界的研究时，我们将放弃严格的现象学的考察方式，也就是放弃我们在对孤独的心灵生活之意义现象进行分析时所使用的那些观点，转而接受素朴自然的世界观关于社会世界之实存（Existenz）的观点。人们在日常生活中所持的就是这种观点，而在社会科学中，这种观点也司空见惯。在此，对于一切有关先验现象学究竟如何在孤

---

① *ASW* II, S. 386；中译本，第 279 页，译文略有改动。

② Ibid., S. 387；中译本，第 279—280 页，译文略有改动。

独自我的意识中构造'他我'的问题，我们将统统不予考虑。"① 也就是说，舒茨不会像胡塞尔那样去探讨下列问题："你"是如何在先验自我中被构造的？自我观察的可能性是否优先于观察他人的可能性？作为心理–物理主体的"人"的概念是否指涉先验自我？在什么情况下，主体间普遍有效的客观认识能够借由先验他我在先验自我中的构造而成为可能？舒茨认为，这些问题对于一般的认识论来说有直接的重要性，对社会科学来说也有着间接的重要性，但对社会世界的研究来说却无关紧要。②

为什么这么说呢？因为舒茨认为，社会世界的研究对象是生活在素朴的自然态度中的人，他们诞生于周围世界，把周围世界中他人的存在视为理所当然，一如他们把自然世界的存在也视为理所当然那般。就社会世界的研究目的而言，如下观点完全足够了，即"'你'通常也有意识，'你'的意识绵延不绝，你的意识体验流和我的意识体验流具有相同的原初形式（Urform）。"③ 在舒茨看来，周围世界中的他人，也即"你"与我是原初地共在的，我们根本无须像胡塞尔所认为的那样，必须首先通过"同感"的方式将他人构造出来。他认为胡塞尔的同感理论至少存在两个方面的错误："首先，它天真地试图通过同感这一先验现象学方法在我的意识中完成'他我'之构造，以至于好像'他我'在同感中找到了其存在的认识源泉；其次，同感理论除了主张他人的意识流程与我的意识流程在结构上相同之外，还宣称能够提供有关他人意识之特定存在方式

① *ASW* II, S. 219；中译本，第 125 页，译文略有改动，着重号为德文原文所加。
② Ibid., S. 220；中译本，第 126 页，译文略有改动。
③ Ibid.；中译本，第 126 页，译文略有改动，着重号为德文原文所加。

之知识。"[1]

　　事实上，就他人问题而言，舒茨的观点离胡塞尔更远，而离舍勒更近。舍勒认为，"我们"关系先于"自我－他人"关系，我们并不是通过同感才认识他人的，毋宁说，同感的发生本身是以承认他人之存在为前提的。他甚至认为，"人'首先'更多地生活在他人之中，而不是自己本身之中，更多地生活于共同体而不是自己的个体之中"[2]。在《认识与劳作》中，舍勒指出："共同世界与共同体的真实性对于整个作为有机与无机（organische und tote）自然来说，首先是作为'你领域'（Du-Sphäre）和'我们领域'（Wir-Sphäre）而预先被给予的，……更进一步来说，对于本己自我（Eigen-Ich）意义上的'我'之真实存在，及其单独地和个体性地'被自身所体验者'（Selbst-erlebten）而言，'你'与共同体的真实性是预先被给予的。"[3]

　　舒茨同意舍勒的观点，认为"我们"的存在先于"我"的存在。他说："对我来说，'我们'的基本关系在我诞生于社会的周围世界之时就已经是预先被给予的。正是基于这一基本关系，我对于被包含在我们之中的你，以及作为我们的共同世界之一部分的我的周围世界的一切经验，才首次获得了其原初的合法性。就此而言，舍勒的观点完全正确，他说，对（周围世界中的）'我们'之经验

---

① *ASW* II, S. 242；中译本，第 146 页，译文略有改动。

② Max Scheler, *WFS*, S. 241.

③ Max Scheler, *Wissensformen und die Gesellschaft,* Leipzig: Der Neue-Geist Verlag, 1926, S. 475 ff. 转引自 *ASW* II, S. 220；中译本，第 125—126 页，译文略有改动，着重号为德文原文所加。

奠定了'我'对世界之经验的基础。"[①] 正是基于对"我"与"我们"关系的这种认识，所以舒茨拒绝按照胡塞尔的理路来讨论他人问题。为此，舒茨接着说道："当然，究竟这个'我们'是如何由先验主体所构造的，这个心理－物理的'你'又该如何通过回溯到心理－物理的我而得到说明，诸如此类的问题都是艰深的现象学问题，关于这些问题，我们不拟在当前的研究框架下处理。但是，即使不去追问他我之先验构造的问题，我们依然可以从被给予的世间的'你'这个预设出发，从纯粹的'我们'关系去描述地把握关于这个'你'之经验的构成。"[②]

结　语

虽然舒茨所谓的社会世界现象学并非完全建立在胡塞尔的先验现象学基础之上，但他并未完全脱离胡塞尔思想的影响，而是继续沿着从客观的意义构成物向主观的意识体验回溯的先验哲学路线，来为其理解社会学奠基，他利用胡塞尔的内时间意识现象学对社会行动和意义构成的阐释，便是这种奠基的范例。

舒茨对胡塞尔同感理论的批评，的确切中了后者的理论要害，而他坚持从自然态度而非先验态度出发来说明自我与他人的关系，则又从根本上背离了胡塞尔的哲学立场。他虽然批评胡塞尔对他人的构造是以身体为中介的，但他通过"自然态度的构造现象学"对

---

① *ASW* II, S. 316；中译本，第 213 页，译文略有改动，着重号为德文原文所加。

② Ibid.；中译本，第 213 页，译文略有改动。

社会不同世界中的他人之构造分析，依然是以身体的显现为基础和参照的。

虽然在他人问题上，舒茨反对胡塞尔的同感理论，但他把对他人问题的讨论从周围世界扩展到社会世界的做法，也给我们提供了一条重要的启示，那就是：对他人的理解，没有唯一标准的方法，我们需要通过对不同世界的划分来对不同类型的他人进行描述和分析。用舒茨的话说就是："生活于人群中的人投入的社会世界并非同质的，而是以多种方式被划分，它的每个领域或范围，不仅是陌生意识体验的一种特定的被给予方式，而且也是以独特的方式理解他人的一种特定的技巧。"①

第二节　舒茨对胡塞尔主体间性理论的批评

如上文所述，他人与主体间性问题不仅是胡塞尔晚期现象学的核心论题，同时也是舒茨社会世界现象学的核心论题。在《社会世界的意义构成》（1932 年）、"《笛卡尔式的沉思》书评"（1932 年）、"《形式逻辑与先验逻辑》书评"（1933 年）、《舍勒的主体间性理论与关于他我的一般论题》（1942 年）、"萨特的他我理论"（1948 年）、"胡塞尔的《观念》第二卷"（1953 年）、"胡塞尔的先验主体间性问题"（1957 年）等著作和论文中，舒茨不同程度地涉及胡塞尔的主体间性理论。② 其中，"胡塞尔的先验主体间性问题"一文

---

① *ASW* II, S. 285；中译本，第 181 页，译文略有改动。

② Cf. *ASW* II: *Der sinnhafte Aufbau der sozialen Welt. Eine Einleitung in*（转下页）

最集中地阐述了舒茨晚年对胡塞尔先验主体间性理论最为深刻的思考和批评。

　　1957 年 4 月 23—30 日，舒茨应邀参加了在巴黎郊区的罗约蒙（Royaumont）举办的"现象学国际研讨会"（Colloque international de phénoménologie à Royaumont）。4 月 29 日，舒茨以法语作了题为"胡塞尔的先验主体间性问题"（Le Problème de l'intersubjectivité transcendentale chez Husserl）的报告。[1] 参加此次研讨会的现象学家还有欧根·芬克（Eugen Fink，1905—1975）和罗曼·英伽登

（接上页）*die verstehende Soziologie.*, hrsg. von Martin Endreß, und Joachim Renn, Kanstanz: UVK Verlagsgesellschaft mbH, 2004; *ASW* III.1: *Philosophisch-phänomenologische Schriften 1. Zur Kritik der Phänomenologie Edmund Husserls.*, hrsg. von Gerd Sebald, nach Vorarbeiten von Richard Grathoff und Thomas Michalel, Kanstanz: UVK Verlagsgesellschaft mbH, 2009; *ASW* III. 2: *Philosophisch-phänomenologische Schriften 1*, *Studien zu Scheler, James und Sartre*, hrsg. v. Hansfried Kellner, und Joachim Renn, Kanstanz: UVK Verlagsgesellschaft mbH, 2005.

[1]　该报告由德文写成，其德文原文（„Das Problem der transzendentale Intersubjektivität bei Husserl"）发表在由伽达默尔（Hans-Georg Gadamer）和库恩（Helmut Kuhn）主编的《哲学评论》（*Philosophische Rundschau*, 5, 1957, Heft 2: Juni, S. 81-107）上，后收录于《舒茨论文集》第三卷《现象学哲学研究》（*Gesammelten Aufsätzen III: Studien zur phänomenologischen Philosophie,* 1971-I-2, S. 86-118）中，现收录于《舒茨全集》第三卷《哲学－现象学著述：对胡塞尔现象学的批判》（*ASW*, III.1）中；其法语译文发表在《胡塞尔·罗约蒙纪要·哲学》中（*Husserl, Cahiers der Royaumont. Philosophie*, No. 3, Paris: Les Editions de Minuit, 1959, S. 334-365）；其英译文收录在《舒茨论文集》第三卷《现象学哲学研究》（*Collected Papers III: Studies in Phenomenological Philosophy*, 1966-I-1, ed. by Ilse Schütz, pp.51-91）中。Cf. *ASW* III.1, S.223.

（Roman Ingarden，1893—1970）。芬克对舒茨的报告作了专题评论，而舒茨也对芬克和其他学者的评论作了回应。

自 1932 年舒茨从胡塞尔那里获赠《形式逻辑与先验逻辑》（1929 年）、《笛卡尔式的沉思》（1931 年）之后，他便开始了对胡塞尔先验主体间性理论的思考，并逐渐形成了对这一理论的自我理解和批评意见。在 1957 年 2 月 17 日写给埃里克·沃格林（Erich Vögelin，1901—1985）的信中，舒茨坦言："我很希望及时对胡塞尔处理先验主体间性问题的做法提出批评，有一些问题多年以来一直困扰着我。"[①] 在 1957 年 3 月 15 日写给阿隆·古尔维奇（Aron Gurwitsch，1901—1973）[②] 的信中，舒茨指出："第五沉思的每一个论证步骤都无法成立：我已决定告别先验的构造分析。"[③] 紧接着，在 3 月 22 日将"胡塞尔的先验主体间性问题"一文附寄给古尔维奇评阅的另一封信中，他说："这是我二十五年来持续思考和五个周末专心工作的成果。……对我个人来说，这篇文章至少意味着'悬置'的终结。现在道路畅通无阻了，我可以安心投身于生活世

---

① Alfred Schütz und Eric Vögelin, *Briefwechsel*, Fn. 2, S. 528. 也可参见 *ASW* III.1, S. 224。

② 古尔维奇是立陶宛的犹太人，由于担心纳粹的迫害，遂携妻子逃离柏林来到巴黎，在索邦大学讲授一些现象学课程，他的学生有梅洛－庞蒂（Maurice Merleau-Ponty，1908—1961），据说萨特可能也是。舒茨与古尔维奇在学问上互动频繁，从 1939 年开始，二人开始了一场持久的关于胡塞尔现象学的对话，直至 1959 年舒茨过世方告结束。二人的对话可参见其通信集：Alfred Schütz und Aron Gurwitsch, *Briefwechsel*, 1939–1959, hrsg. von Richard Grathoff, München: Wilhelm Fink Verlag, 1985。

③ Ibid., S. 400; 也可参见 *ASW* III.1, S. 224。

界这片沃土之上。"① 实际上，早在 1954 年 8 月 23 日写给古尔维奇的信中，舒茨就表达了对胡塞尔先验构造理论的失望："在我首次读完《危机》之后，我就愈发产生了这样的信念：胡塞尔的现象学不能解决主体间性问题，尤其是先验主体间性问题。"②在 1956 年 5 月 1 日写给古尔维奇的信中，舒茨再次表达了对胡塞尔先验哲学的强烈不满："现在我们或许已经有二十个通向先验领域的'通道'，但我没有找到一个从这一领域中走出来的'出口'。"③

正是由于舒茨对胡塞尔的先验主体间性理论充满困惑和不满，所以他对在罗约蒙召开的研讨会充满期待。他希望通过"胡塞尔的主体间性问题"这篇文章对胡塞尔的先验主体间性理论进行彻底的清理和批判。从 1957 年 6 月 11 日写给沃格林的信中，我们可以看出舒茨在罗约蒙的研讨会上对胡塞尔的先验主体间性理论"成功地"进行了批判之后的那种欣喜之情："我论胡塞尔先验主体间性问题的文章将只有少数几位读者，我对他们的评论作了回应，毋庸赘言，您也属于这少数的几位读者之一。我很高兴，同时也令我没有想到的是，这篇文章受到了古尔维奇、约翰·M. 凯恩斯（John M. Keynes，1883—1946）、芬克和英伽登的好评。他们都认为我对胡塞尔的批判是恰切的。"④

---

① *ASW* III, Fn. 4, S. 401; 也可参见 *ASW* III.1, S. 224。

② *ASW* III.1, Fn. 4, S. 224.

③ Alfred Schütz und Aron Gurwitsch, *Briefwechsel* 1939–1959, S. 391 ff.; 也可参见 *ASW* III.1, S. 224。

④ Alfred Schütz und Eric Vögelin, *Briefwechsel*, Fußnote 2, S. 532; 也可参见 *ASW* III.1, S. 225。

　　"胡塞尔的主体间性问题"这篇文章共由八个部分构成：第一部分结合《观念I》、《形式逻辑与先验逻辑》和《笛卡尔式的沉思》，考察了胡塞尔先验主体间性理论的发展。第二部分分析《笛卡尔式的沉思》之"第四沉思"中自我本身的构造问题，进而引出了"第五沉思"的主题，即先验主体间性与先验自我的意识生活，与世界的客观性之间的关系。从第三到第七部分，舒茨分别对胡塞尔论证先验主体间性理论的四个步骤进行了详尽的分析和批判。其中，第三部分考察了胡塞尔论证的第一步，即先验还原之后的第二次还原——"原真的还原"（primordiale Reduktion）。第四部分考察了论证的第二步，即通过"结对"（Paarung）联想对他人的统觉。第五和第六部分考察了论证的第三步，即对客观的主体间自然的构造。第七部分考察了论证的第四步，即对更高阶形式的共同体之构造，并对先验主体间性理论的主要困难进行了总结。第八部分则指出，胡塞尔的先验主体间性理论最终走向了失败，而失败的根源在于其核心概念"构造"（Konstitution）的含义发生了变迁。为了彻底澄清胡塞尔先验主体间性理论的困难和舒茨对这一理论的批评，本文将主要围绕这篇文章展开讨论。

　　由于胡塞尔对先验主体间性理论的阐释和舒茨对他的批评都是围绕着"原真的还原""结对""共现""视角之互易性""周围世界"和"先验自我"等关键概念展开的，因此，为了更好地呈现二者的观点和分歧，我将对这些概念进行逐一的分析。

一、原己的还原

　　胡塞尔对他人的构造是通过两个步骤完成的。第一步，通过

"原己的还原"（primordiale Reduktion）[①] 或"第二次悬置"（zweite Epoché），将纯粹属于本己自我的东西（das Mir-Eigene）与陌生的东西（das Fremde）区分开来。第二步，通过结对联想、类比统觉等具体操作，在自我的原己领域中将他人构造出来。

舒茨认为，原己的还原这一现象学的操作方法是成问题的，它会导致诸多理论困难：

第一，依照胡塞尔，在经受了先验还原的领域中，我们必须能够把属于本己自我的东西和陌生的东西，即或直接或间接地与他人有关的东西区分开来。然而，"陌生的东西"这一概念充满歧义。因为陌生的东西除了他人（der Andere）之外，还有其他"类似自我"（ich-artig）的生物，比如非人的动物。那么，胡塞尔所谓的作为"自我－主体"（Ich-Subjekt）的"他者"（der Andere）究竟是他人还是非人的动物？它们在"意向相关项－存在者"意义上的被给予方式是怎样的？它们是作为习性之基底的人格自我，还是具

---

① "primordial"这个词在汉语现象学中一般被译为"原真的"，参见倪梁康：《胡塞尔现象学概念通释》（修订版），北京：生活·读书·新知三联书店，2007年，第 375 页。但这个词在《笛卡尔式的沉思》中其实是"eigen"（本己的）的同义词，与"fremd"（异己的、陌生的）相对，本身没有"本真"（Eigentlichkeit）或"真理"（Wahrheit）的含义。与"primordial"相关的两个词分别是"Primordialreduktion"和"Primordialsphäre"，前者也被叫作"第二次悬置"，而后者则是指经过第二次悬置之后剩余下来的纯粹本己自我的领域，这个领域不包含任何陌生（他人）之物，完全是由自我所构造的一个纯粹"属我"的世界。胡塞尔是想首先通过本己之物与陌生之物的区分，为他人之构造找到一个绝对的、原初的、唯我论的起点。考虑到这个词在《笛卡尔式的沉思》中的主要用法，我建议将其译为"原己的"（其实译为"本己的"最符合原意，但这与其字面意思不符），取"原初本己的"之意。相应地，"Primordialreduktion"译为"原己的还原"，而"Primordialsphäre"译为"原己的领域"。

体化的单子？舒茨认为，这一系列问题都有待澄清。[①]

第二，在《笛卡尔式的沉思》第 44 节中，胡塞尔明确指出，一切与"我们"有关的东西都是第二次悬置要排除的对象。但是，这种说法与他的如下说法是相矛盾的，即一切有关他人的现实的和可能的经验都滞留在本己自我的领域中。显然，这些对他人的经验"创建"（stiften）了一个"我们"。[②] 也就是说，"我们"之存在先于本己自我与陌生他人之分离。

第三，就他人与我一起规定了事物的意义而言，我们很难把对陌生者的意识与对一起进行意义规定的陌生主体的意识区分开来。作为第二次悬置的结果，对陌生者之现实的和可能的经验都属于自我的本己领域，而进行意义规定的其他主体性的"成就或产物"（Leistung）却属于第二个领域，即陌生的他人领域。但问题是，我们对陌生主体之"成就或产物"的一切体验难道不都是在社会生活世界中形成的吗？比如，我们对一张桌子、一台电脑的体验。它们的意义是由我与他人一起规定的，离开了他人，我们根本无法对事物形成客观的认识。事实上，我们根本无法区分绝对属于本己自我的领域和陌生他人的领域。[③]

二、结对

依照胡塞尔，同感有两个阶段或层次：（1）通过相似性联想即

---

① *ASW* III.1, S. 233−234.

② Ibid., S. 234.

③ Ibid.

结对的方式将陌生的肉体构造为与我的肉体相似的肉体;(2)通过准当前化,将与他人的肉体一起共现的心灵统觉为他人的心灵,因而将他人构造为一个心理－物理、灵魂－肉体相结合的真正的身体。作为他人之构造的第一阶段,"结对"(Paarung)起了关键作用。

胡塞尔认为,作为构造者的我,首先通过知觉和动觉将自己构造为一个不同于其他自然物体的身体(Leib),然后通过"统觉的转移"(apperzeptive Übertragung)和"类比的立义"(analogisierende Auffassung)将在我的本己领域中出现的陌生肉体构造为一个不同于我的、作为他人之身体的肉体(Leibkörper)。这种通过"相似性的联想"将他人的肉体"立义"为一个与我的肉体相似的肉体的做法,就是结对,因此,胡塞尔也把它叫作"结对的联想"(paarende Assoziation)。

舒茨认为,在结对的联想中,只有我的身体是原本地被构造为一个鲜活的、由各种感觉器官构成的一个功能统一体。如果我把这种意义以类比的方式赋予显现给我的另一个肉体,把它理解为他人的身体,那么正是我的肉体与他人的肉体之相似性使得这种统觉的意义转移成为可能。但问题是,这种相似性究竟是在何种程度上被获得的?因为,他人的肉体是通过视知觉被把握的,而我的肉体则不是通过视知觉,或者说,不完全是通过视知觉被把握的。毋宁说,我的身体始终是作为"原创建的"(urstiftend)器官被直接给予我的,是通过对其界限的内知觉和对其功能的动觉体验而被把握的。相反,他人的肉体是通过外知觉被把握的。二者的把握方式根本没有相似性,因而,类比的统觉是不可能的。在舒茨看来,舍勒和萨特从存在论角度对肉体的区分,即"我的为我的肉体"(mon corps pour moi）和"我的为他人的肉体"（mon corps pour autrui）之间的区分，以及梅洛－庞蒂在对"本己肉体"（corps propre）的分析中，早就说明了这一点。因此，胡塞尔的假定，即对他人之身体的类比的理解建立在与我自己的身体的相似性基础上，与如下这一现象学发现是相矛盾的，即我的身体在原己的知觉领域中显现的方式与他人的肉体在这一领域中显现的方式截然不同。[①]

舒茨进而认为，胡塞尔对"他者"（der Andere）这个概念的使用是不严格的，因为这个词至少包含"像自我一样的生物"，比如动物。如果我们把胡塞尔的结对联想模型运用到现实生活中，很有可能会出现如下情况，即把在我的原己领域中显现的肉体理解为一条鱼或一只鸟的肉体，也即把作为人的肉体的意义归属于一个"像自我一样的"生物上去。[②]芬克在对舒茨的"胡塞尔的先验主体间性问题"一文的评论中，也发表了相同的意见。他同意舒茨对胡塞尔的批评，认为如果把拥有肉体（Leibhaber）当作构造先验的"同伴－主体"的充分指示的话，那么我们必然会得出结论说，猫和狗也是先验主体了。芬克向我们提出了一个问题："一个人如何从对拥有肉体的他人（Leibhaber）之解释出发达到一个作为爱人的他人（Liebhaber）？"[③]因为我们根本不能通过类比的方式，从我的肉体的功能和行为出发来理解一个异性的身体，"从一定意义上来说，胡塞尔的分析依然是对自我的一种复制，尽管他看到了这

---

① *ASW* III.1, S. 234.

② Ibid., S. 237-238.

③ Eugen Fink, „Eugen Finks Diskussionsbemerkungen zu Schütz Vortrag ‚Das Problem der transzendentalen Intersubjektivität bei Husserls'," in *ASW* III.1, S. 370.

一危险，但始终没有从方法论上成功地克服它"[1]。

三、共现

依照胡塞尔，我们的外感知对象可以分为两类，一是他物，二是他人。在对他物和他人的经验中，"共现"（Appräsentation）这种机制都在发挥作用。就一个空间物体而言，它始终是以"侧显"的方式向我们显现的，我们能直接把握的只是它的被"当前化"（Gegenwärtigung）的正面。然而，它的背面虽然不是直接而原本地呈现的，但却能够作为我的内视域的一部分，作为背景，与原本的呈现一同被意识到、被"共现"。而且，被共现的背面总是有可能因为我们身体的移动或它自身空间位置的改变而成为直接可见的正面。也就是说，对于外部世界中的空间物体来说，它未予直接呈现的、被共现的背面，总是能够变成直接呈现的、被明见地把握的正面。共现与呈现之间始终处于一种现实的和可能的相互转化之中。

他人的构造也是通过共现完成的，但对他人的共现与对他物的共现有所不同。他人的身体是肉体与心灵的复合体，对于他人的肉体而言，我们可以通过外感知即对物理物体的感知获得原本的知觉。但是对于他人的心灵生活或主观性而言，我们无法通过原本的知觉，而只能通过"共现"的方式进行把握。他人的"自我"、他人的"意识生活"，虽然只有他人才能以第一人称的方式直接地把握，但这并不意味着，它们不会通过身体的"表达"被我们

---

[1] *ASW* III.1, S. 370.

间接地经验。事实上，他人的心灵生活总是可以通过外在的肉体，通过表情、动作、姿态、语言等表达区域，以一种"准当前化"（Vergegenwärtigung）的方式被呈现。然而，虽然他人内在的心灵生活能够通过肉体被共现，但它永远都无法变成一种直接的呈现，也即永远不能被"当前化"，而只能被"准当前化"。因为我们不是他人，我们永远都无法像他人那样直接通达其内在的意识体验。因此，就他人而言，不存在共现与呈现的相互转化。①

针对胡塞尔的共现理论，舒茨提出如下质疑：

第一，既然我的本己自我的原己领域通过第二次悬置与或直接或间接地和他人相关的一切东西分离了，那么我如何知道被体验为他人之活的身体的行为与其内在的心灵生活是协调一致的（einstimmig），也即他人内在的心灵生活通过其外在的行为得到了"共现"？虽然胡塞尔明确表示，二者的协调一致是毫无疑问的，但问题在于，如果预先没有一种对他人之行为与其内在心灵生活协调一致的经验，那么我如何知道这种共现是准确无误的？而如果我有了这种协调一致的经验，那岂不意味着，早已有一个他人在我的文化共同体中存在了？因此，舒茨指出，如果我们

---

① 在《笛卡尔式的沉思》中，胡塞尔并没有对这两种类型的共现进行明确的区分，芬克在对舒茨的评论中对此做了详细的阐释（Cf. „Eugen Finks Diskussionsbemerkungen zu Schütz's Vortrag ‚Das Problem der transzendentalen Intersubjektivität bei Husserls ‚," in *ASW* III.1, S. 371）。不过舒茨对芬克的观点也提出了反驳，在他看来，并非所有被共现的物理对象都可以获得直接的呈现（充实），比如地球的内部，如地壳、地幔、地核等（Cf. „Beantwortung der Diskussionsbemerkungen zu meinem Vortrag ‚Das Problem der transzendentalen Intersubjektivität bei Husserls ‚," in *ASW* III.1, S. 274）。

为了澄清协调一致的行为，必须返回到一个"预先被构造的基础"（vorkonstituierte Unterstufe）的话，那么只有两种可能性：要么根本无法彻底实行"第二次悬置"，要么我确实可以通过类比的方式将在我的本己领域中出现的他人的肉体理解为一个活的肉体即身体，但我无法在我的原己领域中把握对这种共现的证实，即对他人之行为与其内在心灵生活协调一致的证实。[①]

第二，舒茨认为，协调一致的观念已经预设，他人的行为可以依照"常态"（Normalität）的标准被类型化。但"常态"本身是建立在众多其他主体性的基础之上的，因此，也应当在第二次悬置中被置入括号之中。这样一来，胡塞尔便陷入自相矛盾。一方面，他想通过常态与非常态（Abnormalität）的区分来说明他人之构造，但另一方面，正是他人之存在构成了区分常态与非常态的基础。[②]

第三，从一种更深刻的意义上来说，在他人的行为中，常态是协调一致的一个前提。对于男人的行为和女人的行为，青年人的行为和老年人的行为，健康人的行为和病人的行为来说，存在着各种各样的常态，这些常态依赖于他人和我所从属的文化。为了在我的本己自我的原己领域中使他人行为的协调一致之确定性成为可能，所有这些常态必定属于预先被构造的层次。而且，依照一种"常态"是协调一致的东西，依照另一种"常态"则不是协调一致的。[③]

第四，如果不能澄清"这里"与"那里"的这种空间位置变换

---

① *ASW* III.1, S. 238–239.

② Ibid., S. 239.

③ Ibid., S. 240.

的本质，那么，就不足以把"他人"看作我自身的一种变样，因为
这种变样会重新引出常态的问题，因此也会引出"预先被构造的基
础"的问题。如果我在向本己自我的还原中预设了预先被构造的基
础，那么"第二次悬置"究竟意味着什么呢？第二次悬置或许根本
无法在我的单子中完成作为一个完满单子的他人之构造，它至多只
能从我的心理物理的自我之基础出发完成对另一个心理物理自我的
共现。①

四、视角之互易性

为了通过"视角之互易性"来说明自我与他人处在一个共同的
周围世界，具有可被同一化的显现系统，胡塞尔在对他人的构造理
论中使用了"这里"（Hier）与"那里"（Dort）这一对空间概念。

胡塞尔认为，在我的原己领域中，自我始终是世界的中心，他
总是以"在这里"的方式显示自身，而每一个"他人"的躯体，则
总是以"在那里"的方式被给予，而且，这个"在那里"的方位可
以通过我的动觉被自由地改变。也就是说，我可以通过身体的运
动，从我的"这里"走向"那里"，并"从那里"来知觉同一个对
象，虽然对象的显现方式和显现内容有所不同。② 如果说"那里"
本来是他人的位置，那么我通过占有他人的位置所看到的东西必然
与他人本身所看到的东西是相同的。反过来，如果他人处在我的位
置上，那么他所看到的东西与我所看到的东西必定也是相同的。由

---

① *ASW* III.1, S. 240.

② Edmund Husserl, *Hua* I, S. 145–146.

于我们总是能够通过现实的身体运动或通过想象，交换彼此的位置，所以，我们具有相同的空间显现方式。在我的原己世界里，我的身体是以"绝对在这里"的方式存在的，我是我的原己世界的中心。同样，我也可以通过类比的统觉将他人共现为他的原己世界的中心，他人也以"绝对在这里"的方式经验和构造着他的世界。通过"视角之互易性"，胡塞尔进一步深化了对他人之存在的论证。①

然而，舒茨认为，胡塞尔从"视角之互易性"角度对他人之构造所作的证明存在如下问题。

首先，我们很难看到，通过将另一个活的躯体共现为"他人"的躯体，他人的原己世界、他人的本己领域也能够同时被共现。假定从我的身体向共在的他人之身体的意义转移取得了成功，他人能够作为另一个心理物理的"我"被给予我，但这并不足以构造一个他的自我的本己领域。他人的本己领域是其一切现实的和可能的主观体验流，其中包含一切可能的"你能够"（Du kannst/Du könntest）。但我如何能够达到"你能够"的体验？通过"我能够"（Ich kann/Ich könnte）的意义转换可以做到这一点吗？舒茨认为这是不可设想的，因为我的"在这里"和你的"在那里"必然包含"我可以从这里，但你不能从那里"。这一困难无论如何不能通过扩展共现的含义得到克服，即"如果我在那里，那么我就可以做你能从你的这里所做的事情"，因为这种意义的扩展根本不允许相反的情况出现，即"如果你在这里，那么你可以做我能从这里做的事情"②。

---

① Edmund Husserl, *Hua* I, S. 146.

② *ASW* III.1, S. 241.

其次，一个心理物理的我之共现如何能够导向一个完满的单子的具体化，这一点依然并不清楚。即使胡塞尔承认，我与他人是共在的（Mit-sein），我们具有共同的时间形式，他依然没有说明他人的时间性如何能够被揭示，而这一点对于作为完满单子的他人之构造是本质性的。[①]

最后，将一个被共现的层次归属于一个自然肉体是否足以说明对客观自然和客观世界的构造，这一点也还是成问题的。尽管胡塞尔认为自然客体是在我的原己领域中以综合的统一性和同一性的方式被给予我的，但是客观自然的构造难道不是已经预设被给予他人的自然客体和被给予我的自然客体本身具有综合的统一性和同一性吗？因此，一个共同的客观自然之创建不是已经以"我们关系"（Wir-Beziehung）、以共同体的可能性为前提吗？

五、周围世界与沟通行为

在《观念 II》中，胡塞尔指出，我们在共同的周围世界中生活时，与他人处于一种人际关联（personaler Verband）中。[②] 由此，就形成了一种"相互达成一致的关系"（Beziehungen des

---

[①] *ASW* III.1, S. 242.

[②] *Hua* IV, S. 191. 在第 51 节中，胡塞尔说："我们处在与一个共同的周围世界的关联中——我们处于一种人际关系中？这种关系是相互共属的。假如我们没有在一种共同性中、在我们生活的一种意向性关联中面对一个共同的周围世界，那么我们对于他人来说，可能就算不上是人。就此而言，一个人本质上是与他人一起被构造的。"

Einverständnisses）。① 一方面，从意识的层面而言，这种相互达成一致的关系会建立起人与人之间的一种交互关系（Wechselbeziehung）；但同时，从另一方面来说，这种相互达成一致的关系也会建立起人们与其共同周围世界的统一关系。② 胡塞尔把这个共同的周围世界也叫作"沟通的周围世界"（kommnikative Umwelt）。③ 依其本质，这个沟通的周围世界与生活于其中并和它打交道的人们关联在一起，人与人之间不是主体与客体，而是主体与主体的关系，是伙伴关系（Genossen）。④ 这样一来，人们就处在一种交互的社会关系中。社会性是通过特定的社会沟通行为建立起来的。⑤

舒茨认为，胡塞尔关于周围世界与沟通行为关系的论述不仅零散琐碎，而且充满了严重的误解。

首先，他人的心灵生活如何能够根据我自己的身体定位（Lokalisierung）并通过同感的转换（einfühlende Übertragung）和共同呈现（Kompräsenz）被构造出来，这一点是不清楚的。他人不可能被"直接地"把握为一个共同周围世界中的人格主体，因为，正如胡塞尔正确地指出的那样，物理世界只是主体的周围世界的一部分。从先验"唯我论"的积极意义上来说，每一个人都在沟通的周围世界中有一个"以自我为中心"（egoistisch）的周围世界，但遗憾的是，胡塞尔并未说明物理世界的不同部分如何能够"叠合"（Überdeckung）在一起。然而，这一点至关重要，因为不断进

---

① Edmund Husserl, *Hua* IV, S. 192.

② Ibid., S. 193.

③ Ibid.

④ Ibid., S. 194.

⑤ Ibid.

入人际沟通中的每一个人都必须"知道"（weiß）这种叠合，而只有知道了这种叠合才能理解，一个共同的周围世界是如何出现的，这样一个"认识"（Wissen）的共同体（Gemeinsamkeit）如何能够先于相互理解而被建立起来。[①]

其次，不难表明，相互理解和沟通已经预设一个认识的共同体，甚至是一个共同的周围世界或社会关系的存在。因此，共同的周围世界和社会关系不能从沟通的观念中推导出来。一切沟通行为，不论是所谓的表情、动作、姿态，还是视觉或听觉符号的运用，都已经预设共同周围世界中的某个事物或事件。[②]

最后，胡塞尔并未说明，与他人沟通往来的主体是如何构成一个更高层次的人格统一体的，这些人格主体之间的联结又是如何构成一个作为整体的共同体的。因为像人格、沟通、周围世界和主体性这些概念的含义已经在向更高层次的转化过程中发生了根本变化，以至于它们只能被看作一些不恰当的术语的一种过度的修辞学用法。[③]

六、先验自我与先验主体间性

众所周知，先验还原是胡塞尔现象学最重要的方法，而这一还原的后果，就是所谓的"先验唯我论"（transzendentaler Solipsismus），胡塞尔也把"先验唯我论"称作"先验自我学"

---

① *ASW* III.1, S. 245.

② Ibid., S. 245.

③ Ibid., S. 246.

（transzendentale Egologie）。虽然胡塞尔认为，他的先验自我学并非真正的"唯我论"，而只是一种"幻象"（Illusion）或"假象"（Schein），但为了澄清种种误解，他必须通过彻底贯彻先验还原和构造的方法，通过证成先验主体间性来为知识的客观性提供辩护。然而，舒茨认为，胡塞尔的先验自我学与其先验主体间性理论之间存在内在的矛盾。他从如下三个方面进行了阐述：

首先，一个进行悬置的先验自我如何可能构造出一个作为先验共同体的"我们"（Wir）？舒茨认为，即便我们接受了胡塞尔的同感理论，我们也无法从先验自我出发建立一个先验的共同体、一个先验的"我们"。相反，每一个先验自我都是为其自身的存在和意义而构造自我、他人和世界的，他的构造活动仅仅是"为其自身的，而并不为一切其他的先验自我"。[①] 也就是说，进行构造的先验自我与被构造的先验自我并不具有同等的存在地位，二者间的关系并非主体间的关系，而是主体与客体的关系。

其次，先验自我是否可以从单数形式"变格"（deklinieren）为复数形式？依照胡塞尔，答案是否定的。先验自我不是一个实在的自在存在者，而是一种纯粹的主观性。在《危机》第71节中，胡塞尔说："当我对我和我的关于世界的意识进行还原的悬置时，他人——如同世界本身一样——也同时受到悬置，这样一来他们对于我就只是意向的现象。因此，彻底的、完全的还原导致这位绝对孤独的纯粹心理学家的绝对唯一的自我，他作为绝对唯一的自我不再具有作为人的自身有效性，并且不再被看作世界中的实在的存在

---

① ASW III.1, S. 249.

者，相反，他是纯粹的主观性。"①胡塞尔的这一观点得到了芬克的认同，后者和胡塞尔一样认为，先验自我既不是一个复数的概念，也不是经验实在性意义上的单数概念，而是一种纯粹的、绝对的主观性。②

舒茨不同意胡塞尔和芬克的观点，他认为，如果先验自我只是一种纯粹的主观性，是先验的原自我（Ur-ich）、原生活（Ur-leben），而且不能用单数或复数来计量的话，那么先验主体间性如何得以可能？孤独的哲学家，也就是实行悬置的、不参与的、不感兴趣的旁观者，如何能够与他人一起沉思？简言之，"一种共同的哲思"（symphilosphein）是如何可能的？③

最后，先验自我是一个柏拉图意义上的"纯形式"吗？如果说从一种纯粹的主观性出发来说明众多先验自我的构造问题，在本质上是一个"一与多"（数量上）的、构造与被构造的问题，那么从"一般先验自我"出发来说明众多先验自我的"共存性"（Kompossibilität）问题，则是一个类似于柏拉图"形式论"（Theory of Form/Eidos/Idea）意义上的"分有"与"被分有"、一般与个别的关系。

在第四沉思中，胡塞尔把"一般先验自我"（Transzendentales Ego überhaupt）看作艾多斯"自我"（Eidos 'Ego'）的可能体验形式之大全（Universum），这个"一般先验自我"是通过对我的实际

---

① *Krisis*, §71, S. 260.

② Eugen Fink, „Die Phänomenologische Philosophie Edmund Husserls in der gegenwärtigen Kritik," in *Kantstudien*, Band 18, 1933, S. 367 ff.

③ *ASW* III. I, S. 249.

的先验自我之自由变更获得的。胡塞尔说，在本质现象学的框架中，"个别的先验自我及其先验经验之特殊被给予性的事实相对于纯粹的可能性而言只具有范例的意义"①。也就是说，"一般先验自我"是普遍的艾多斯自我，而个别的先验自我都只是这个普遍自我的"例示"（Exempel）。然而，问题在于，众多相互关联的先验自我如何能够与"一般先验自我"即艾多斯自我兼容？就"一般先验自我"的艾多斯而言，先验的而非世间的主体间性的意义又何在呢？舒茨认为，这里似乎又产生了一个悖论，即规定"实际的－先验的"（faktisch-transzendental）自我之共存性原则如何能够与一切单子间相互的意向性关联之共存性兼容？②

七、构造，还是创造？

正如我在引言部分指出的那样，舒茨认为胡塞尔的先验主体间性理论是失败的。那么，失败的原因何在呢？在舒茨看来，原因在于胡塞尔的"构造"（konstitution）理论出了问题。

在"胡塞尔的主体间性问题"一文中，舒茨指出："胡塞尔通过先验自我的意识操作来说明先验主体间性之构造的尝试没有取得成功。应当承认，主体间性不是一个能够在先验领域中得以解决的构造问题，而毋宁说是生活世界的一种被给予性（Gegebenheit）。它是人在世界之中生存的基本存在论范畴，因此也是一切哲学人类学的基本存在论范畴。只要人是由女人生育的，主体间性和'我

---

① *Hua* I, S. 107.

② *ASW* III. 1, S. 250.

们－关系'就是人类生存之一切其他范畴的基础。对自我进行反思的可能性、对自我的揭示、实行悬置的能力、一切沟通交流和建立一个沟通交流的周围世界的可能性，统统都建立在我们－关系的原初经验上。"① 在舒茨看来，只有生活世界的本体论，而非先验构造，才能澄清主体间的本质关系②，胡塞尔未能为解决主体间性问题找到一条出路，原因在于，"他试图有意把社会世界的生活世界之'存在－被给予性'（die lebensweltliche Seins-Gegebenheit der sozialen Welt）理解为由先验主体所构造的产物，而不是通过先验主体的意识成就来揭示其先验意义"③。

如说周知，在《观念Ⅰ》之后，先验主体间性问题变成了胡塞尔的核心论题。因为只有成功地说明先验自我与他人之间的关系，"先验唯我论"的假象才能真正得以克服。然而，为了说明先验自我与他人的关系，就必须引入"构造"概念，这是由先验现象学的方法论所决定的。或者说，为了贯彻先验现象学的方法论原则，胡塞尔必须通过"构造"概念来说明他人之可能性，进而说明先验主体间性之可能性。

舒茨认为，"构造"概念的含义在胡塞尔现象学的发展过程中经历了多次转化，而正是这些转化，导致其现象学最终走向了自己批判的对立面。在他看来，"构造"本来的意思是"对意识生活之意义结构的澄清，是对意识之历史积淀的考察，是一切所思

---

① *ASW* Ⅲ. 1, S. 254.

② Ibid..

③ Ibid., S. 273.

（*cogitata*）向正在进行的意识生活之意向操作的回溯"①，然而，后来这种含义却悄悄发生了变化，它"从对存在意义的阐释变成了对存在结构的奠基，从阐释变成了创造（Kreation）"②。因此，现象学的根本任务也发生了变化，它不再是对意识生活的揭示，而是"在主观性之生活过程的基础上建立一门本体论"③。

虽然舒茨拒绝在"创造"的意义上使用胡塞尔的构造概念，但他认为现象学的构造分析依然具有合法性。他说："在沉思的哲学家的先验主观性中创造一个单子的宇宙和对所有人来说都客观的世界，这被证明是不可能的。但是，对主体间性的意义结构和对被我所接受为客观世界的澄清，现在是，将来依然是现象学构造分析的一项合法的任务。"④显然，舒茨这里所谓的"主体间性"不是先验的主体间性，而是世间的主体间性，这里所谓的"客观世界"也不是由先验自我构造的纯粹知觉体验的世界，而是自然态度下预先被给予的社会生活世界。

我认为，舒茨对胡塞尔构造概念的批评是不成立的，纵观胡塞尔的前后期哲学，他从来没有在"创造"的意义上使用过"构造"概念，而这种意义上的构造概念恰恰也是胡塞尔所反对的。胡塞尔所谓的"构造"，不是本体论意义上的创造，而始终就是"对意识生活之意义结构的澄清，是对意识之历史积淀的考察，是一切所思（*cogitata*）向正在进行的意识生活之意向操作的回溯"。舒茨对

---

① *ASW* III. 1, S. 255–256.

② Ibid., S. 256.

③ Ibid.

④ Ibid.

胡塞尔的批判建立在他对胡塞尔的误解之上。

著名的现象学研究者罗伯特·索科洛夫斯基（Robert Sokolowski）在《胡塞尔构造概念的形成》一书中，通过对《算数哲学》《逻辑研究》《内时间意识现象学》《观念 I》《形式逻辑与先验逻辑》和《笛卡尔式的沉思》这些胡塞尔生前发表的最重要著作的考察，对其前后期思想中构造概念的含义和用法进行了详尽的分析和梳理。在索科洛夫斯基看来，胡塞尔的构造概念主要来源于新康德主义者保罗·那托普（Paul Natorp, 1854—1924）。在那托普那里，"构造"的一般意义是指通过把某些主观的范畴或先天法则直接应用到被给予的感觉材料上，从而构造出对象①，因此，构造是主体通过其自身的主动性形成对象的过程。②胡塞尔对构造概念的使用虽然非常接近于新康德主义者③，但二者间有非常重要的区别。新康德主义者认为对象是通过将主观的范畴加到感觉之上而构成的，而胡塞尔则反对这种看法，他认为对象是由主体本身所构成的，一切范畴都是经验的产物。④

---

① Paul Natorp, *Einleitung in die Psychologie nach kritischer Methode*, Freiburg: Mohr, 1888, S. 108. 转引自 Robert Sokolowski, *The Formation of Husserl's Concept of Constitution*, The Hague: Martinus Nijhoff, 1970, p. 214.

② Robert Sokolowski, *The Formation of Husserl's Concept of Constitution*, pp. 214–215.

③ 索科洛夫斯基指出，那托普并非唯一一个使用构造概念的新康德主义者，赫尔曼·柯亨（Hermann Cohen, 1842—1918）也常常使用这一概念，他也认为经验对象是由主体构造的。Cf. Robert Sokolowski, *The Formation of Husserl's Concept of Constitution*, p. 215.

④ Robert Sokolowski, *The Formation of Husserl's Concept of Constitution*, pp. 215–216.

索科洛夫斯基认为，在胡塞尔那里，"构造"这个概念主要是指"主观性（主体）实现其赋义功能的方式"①，也即意识赋予实在对象以意义的方式。在他看来，要想正确理解胡塞尔的构造概念，我们必须从"依赖性"（dependence）和"超越性"（transcendence）两个维度出发来看待意识与实在之间的关系。依照胡塞尔，一方面，实在（reality）要想成为"真实存在的"（real）就必须依赖意识，因为只有意识才能让实在显现出来；然而，另一方面，实在又不能被还原为意识，因为二者在本体论上完全不同。换言之，实在从根本上超越于主体（主观性），存在（Sein）不是"被意识到"（Bewusstsein）②。

正因为如此，索科洛夫斯基指出，在实在与意识的关系中，如果我们过分地强调（实在对意识的）依赖性的话，那么我们很有可能在一种"创造"的意义上来理解构造，也即主体（主观性）单凭其自身就"制造"（produce）了实在，实在的意义和实在与实在间的区别是由意识所决定的。然而，如果我们过分地强调（实在对意识的）超越性的话，那么主体（主观性）相对于实在的显现而言就似乎变成了多余的。③

在他看来，我们虽然也有可能陷入第二种误解，但我们更容易陷入第一种误解，因为，胡塞尔过多地强调了世界相对于意识的相对性和依赖性，把主观性当成阐释其"第一哲学"的主导原则，而

---

① Robert Sokolowski, *The Formation of Husserl's Concept of Constitution*, p. 196.
② Ibid.
③ Ibid., p.197.

没有对世界的实际性（facticity）和超越性做出足够充分的解释。[①]
芬克对胡塞尔构造概念的理解正是犯了这样的错误。在"意向性分析和思辨思维的问题"一文中，芬克对胡塞尔的"构造"概念进行了批判，他说，"在胡塞尔那里，'先验构造'这一概念的意义摇摆于'意义形成'（Sinnbildung）和'创造'（Creation）之间"。[②]事实上，舒茨对胡塞尔构造概念的误解与芬克如出一辙。[③]

索科洛夫斯基认为，基于胡塞尔关于实在的超越性和意义的客观性理论，我们需要对芬克的诠释做出限定。也就是说，世界的相对性是仅就其对意识的依赖性而言的，意识或主观性是实在的世界显示自身的一个必要条件。离开意识或主观性，实在世界无法获得其存在的价值和意义。然而，意识并非世界之意义的充分原因，它既不"形成"（form），也不"创造"世界的意义和客观性，而只是为意义的生成创造可能性条件，或者说，将意义"赋予"世界。[④]

为了更好地说明胡塞尔构造概念的真实含义，索科洛夫斯基对"构造"这个词在胡塞尔文本中的语态形式做了分析。他指出，构造这个词在胡塞尔的著作中作为动词出现时有两种主要形式，一是

---

① *The Formation of Husserl's Concept of Constitution*, p. 218.

② Eugen Fink, "L'Analyse Intentionelle et le Problème de la pensée speculative," in *Problèmes actuels de la phénoménologie,* edités par H. L. van Breda, Paris: Desclée de Brouwer, 1952, p. 78. 转引自 Robert Sokolowski, *The Formation of Husserl's Concept of Constitution*, The Hague: Martinus Nijhoff, 1970, p. 197，也见 *ASW*. III.1, Anmerkungen des Editors, E128, S. 266。

③ 舒茨说，他完全同意芬克对胡塞尔构造概念的批评。Cf. Alfred Schütz, „Das Problem der transzendentale Intersubjektivität bei Husserl," in *ASW*. III.1, Anmerkungen des Editors, E128, S. 266.

④ *The Formation of Husserl's Concept of Constitution*, pp. 197–198.

主动形式（konstituieren），二是自反形式（sich konstituieren）。[①] 例

---

① 很有意思的是，日本学者滨涡辰：（Shinji Hamauzu）接续索科洛夫斯基的思路，也对"构造"概念在胡塞尔文本中的不同语态进行了统计分析，但他增加了一种语态，即被动形式（konstituiert）。在他看来，尽管主动形式、被动形式和自反形式这三种形式胡塞尔都使用过，但最为重要也最能反映胡塞尔"构造"思想核心的是自反形式。他对"konstituieren""konstituiert""sich konstituieren"三个词的统计情况如下表：

	主动的	被动的	自反的	总计
《逻辑研究》第 1 卷	10	11	6	17
《逻辑研究》第 2 卷第 1 部分	22	5	45	50
《逻辑研究》第 2 卷第 2 部分	26	8	36	44
《观念》第 1 卷	32	16	35	51
《观念》第 2 卷	60	149	158	307
《观念》第 3 卷	16	16	38	54
《主动综合与被动综合》	67	120	137	257

滨涡指出，当胡塞尔说"世界在先验主观性中构造自身"时，这里的"先验主观性"不是指构造世界的主体；当胡塞尔说"在先验自我中，他我构造自身"时，这里的"先验自我"也不是指构造他我的主体。毋宁说，这两种表述仅仅指示世界或他我构造自身的场域（field）。因此，滨涡也认为，胡塞尔的"构造"概念没有"创造"的意思。滨涡进一步指出，为了避免这种本体论意义上的误解，胡塞尔在《形式逻辑与先验逻辑》中，用另一个词"sich bilden"（形成／产生）代替了"构造"。我认为，滨涡的分析有其合理之处，但需要注意的是，从胡塞尔本人的思想来看，先验自我当然是进行构造的主体，否则我们就否定了先验自我的主动性和主动综合能力，只不过，这里的构造确实不是从无到有式的创造，而是纯粹的意义分析，或者，正如索科洛夫斯基所说的那样，它是他人或他物显示自身的可能性条件，而非简单的场域。Cf. Shinji Hamauzu, "Identity and Alterity: Schütz and Husserl on the Phenomenology of Intersubjectivity," in *Identity and Alterity: Phenomenology and Cultural Traditions*, ed. by Kwok-Ying Lau, Chan-Fai Cheung and Tze-Wan Kwan, Würzburg: Königshausen & Neumann Publisher, 2006, p. 105, 112.

如，意识构造（konstituiert）其对象，而实在、事物、意义在意识中"构造其自身"（sich konstituieren）。在索科洛夫斯基看来，自反形式应该被看作实在之物在意识中显现的单纯可能性条件，因为意识本身不会"产生"（cause）对象及其内容。"构造自身"这种说法并不适用于完全由他物产生的东西，例如我们并不会说，一个被制造的产品"构造自身"，而是说，我们制造了它，或者机器制造了它。胡塞尔的这种语法表达方式实际上隐含"构造"概念的另一个重要元素或来源，即实在世界的实际性。离开实在世界，意识也无法"构造"对象。① 正是在这个意义上，胡塞尔也用"自身显示"（sich bekunden）来代替"构造"，因为它暗含着这样的意思，即"实在将某物带给意识"。②

索科洛夫斯基指出，胡塞尔也使用其他一些词作为"构造"的同义词，比如"erzeugen"（生产或制造）或"bilden"（形成或制作），这些词更多地具有主动的意味，意即"主体（主观性）制造对象"。③ 但是，这些词往往被用来指"范畴构造"（categorial constitution），因此，从主体（主观性）的角度来说，更应该把它们叫作"创造"（creation）或"制造"（production）。然而，范畴构造也不是任意的，因为范畴对象的内容依然是由前述谓经验中所给予的东西规定的。④ 为了避免"意义构造"或"对象构造"这样的表达可能造成的误解（主要是"创造"），索科洛夫斯基建议我们

---

① *The Formation of Husserl's Concept of Constitution*, p. 216, 218.

② Ibid., p. 217.

③ Ibid.

④ Ibid.

用"生成"（coming-to-be）这个中立的术语代替"构造"。但我们必须记住，离开意识这个必要条件，也不可能有意义或对象的生成。[①]

索科洛夫斯基的观点很值得我们注意。在《形式逻辑与先验逻辑》中，胡塞尔提出要用先验逻辑为形式逻辑奠基，而他所谓的"先验逻辑"实际上就是先验现象学。在他看来，形式逻辑本质上是一门纯粹观念性质的科学，与逻辑有关的概念、判断、推理、证明等都是观念的构成物（Gebilde），都是认识之主观性的产物，因而逻辑必须从观念的构成物回溯到构造它们的意识上去，即回溯到先验的主观性那里去。作为形式逻辑之核心主题，同时也作为知识之最基本表达形式的述谓判断，在前述谓经验中有其发生学的起源，正是通过先验自我的被动综合和主动综合，关于个体对象的经验认识或经验判断才得以明见地产生出来，由判断所构成的推理和证明等逻辑构成物才获得了可靠的基础。在讨论述谓判断时，胡塞尔区分了个体对象和范畴对象，例如，当我说（1）"海德格尔是弗莱堡大学的教授"时，这里的"海德格尔"就是一个个体对象；而当我说（2）"弗莱堡大学的教授海德格尔是胡塞尔的学生"时，"弗莱堡大学的教授海德格尔"就是一个范畴对象，判断（2）的主词是通过对判断（1）的"名词化"转变而来的。正如索科洛夫斯基正确地指出的那样，这种范畴构造不是任意的，因为判断的基底对象从根本上来说只能是在前述谓经验中所给予的个体对象（如海德格尔），而范畴本身也不是纯粹主观的产物，而是由经验的先天结构所决定的。在胡塞尔看来，一切判断都离不开范畴，因而都是范畴构造，从这个意义上来说，一切意义构造都是主观的"创造"

---

① *The Formation of Husserl's Concept of Constitution*, p. 217.

或"制造"。但"意义构造"或"对象构造"的确具有太强的本体
论意味，这与胡塞尔的认识论旨趣并不一致。胡塞尔认为现象学最
大的贡献之一就是成功地说明了作为意识构成物的观念或意义虽不
具有"实在性"，但却具有与实在之物同等效力的"客观性"。不论
是"构造"还是"生成"，他强调的始终都是观念的客观性，这也
是为什么他将自己的哲学称作"观念论"。

结　语

先验主体间性理论可以说是胡塞尔晚期思想中最为重要的理论
之一。舒茨对这一理论的批评，揭示了其中所包藏的诸多理论困
难，也提出了一系列有待进一步思考和解答的问题，当然，也不排
除其中的一些问题是由于舒茨的误读所引出的假问题、伪问题。①
从舒茨的思想发展历程来看，他对胡塞尔现象学采取了批判地
继承的态度。总体而言，他接受了胡塞尔早期所提出的本质直观方
法、内时间意识现象学和晚期的生活世界理论，但对先验还原、先
验主体间性理论则持批判和拒斥的态度。在舒茨写作《社会世界的
意义构成》时，由于其对胡塞尔著作的阅读还不够全面和深入，所
以对胡塞尔的先验主体间性理论尚未形成明确的反对意见，而只是
对其同感理论提出了批评。经过二十五年的思考，晚年的舒茨终于

---

① 例如，彼得·J. 卡林顿（Peter J. Carrington）就认为，舒茨对胡塞尔先验主
体间性理论的批判是错误的，因为他未能正确理解第二次悬置的功能和意
义。Cf. Peter J. Carrington, "Schütz on Transcendental Intersubjectivity in Husserl,"
Human Studies, Vol.2 No.1 (December 1979): 110.

坚定了自己的理论立场，最终彻底告别了胡塞尔的先验哲学。

舒茨继承了韦伯的"理解社会学"传统，试图通过胡塞尔的现象学为包括社会学在内的一切社会科学奠基，但他认为，只需在自然态度而非先验态度下便能完成对社会生活世界的本质直观，并且明确主张，社会生活世界的客观性先于主体间性。这与胡塞尔的观点正相反对，因为胡塞尔认为，唯有先验主体间性才能为社会生活世界的客观性提供担保。有趣的是，芬克在这一问题上提出了不同于二者的第三种观点，在他看来，我们无法在客观性与主体间性之间建立起一种何者优先的关系，相反，客观性与主体间性是同样原始的（gleich ursprünglich）。①芬克的这种理解对于我们重新审视胡塞尔的主体间性理论不无参考意义。

虽然舒茨拒绝胡塞尔的先验还原方法和先验主体间性理论，但他所谓的"自然态度的构造现象学"本身是以先验现象学为前提和理论参照的。现象学心理学是胡塞尔哲学中备受争议的理论，舒茨把自己的社会学研究建立在现象学心理学的基础之上，从一开始就为这种奠基的尝试埋下了失败的伏笔。

舒茨把胡塞尔先验主体间性理论失败的原因归结在其构造概念，而他自己对胡塞尔构造概念的批判却又建立在芬克式的误解上，这样就使他对胡塞尔的批判丧失了应有的效力。与其说胡塞尔先验主体间性理论的失败在于其构造理论的失败，不如说是其现象学哲学的失败，因为，正如索科洛夫斯基所说，"胡塞尔构造理论的哲学价值是作为一个整体的现象学的哲学价值，而构造这一概念的弱点和困难也正是作为一种哲学方法的现象学本身固有的

---

① *ASW* III. 1, S. 373.

弱点和困难"①。

第三节 现象学能够为精神科学奠基吗?

在本章第一节,我围绕他人问题,着重讨论了舒茨对社会世界中不同类型的他人的理解。在第二节,我则围绕同感和先验主体间性问题,着重讨论了舒茨对胡塞尔批评。在本节,我将围绕现象学的心理学这个核心概念,着重讨论现象学为精神科学(包括社会学)奠基的可能性问题。由于现象学的心理学关涉他人和主体间性问题,所以本节的讨论是在前两节讨论的基础上所作的进一步延伸。

在舒茨所生活的时代,人文科学和社会科学正面临严重的危机。随着自然科学和技术的长足进步,人类思想和社会生活的方方面面都发生了翻天覆地的变化,人们越来越感到人文科学和社会科学在理论的精确性和实际的效用性两个方面都远远不如自然科学。人文科学和社会科学正不断丧失自身的独立性,其研究方法也逐渐趋向于服从自然科学,实证主义和科学主义正日益取代人文科学和社会科学原有的方法论和认识论。② 面对这种情况,人文科学家和社会科学家不得不追问和反思本学科的合法性,于是他们便向自己提出了这样的问题:人文科学和社会科学能否像自然科学那样成为

---

① *The Formation of Husserl's Concept of Constitution*, p. 223.

② 参见谢地坤:《走向精神科学之路:狄尔泰哲学思想研究》,南京:江苏人民出版社,2008 年,第 9 页。

"科学"？如何看待自然科学与人文科学和社会科学之间的区别，后者的意义和价值何在？[①]

狄尔泰自觉地意识到了上述问题，通过提出和论证"精神科学"的概念，从方法论和认识论两个角度与自然科学做了比较和区分，并提出用描述心理学为精神科学奠基。[②] 胡塞尔批判地继承了狄尔泰的思想，认为描述心理学仍然是一门基于经验立场的心理学，而只有作为本质科学的现象学的心理学才能真正完成为精神科学奠基的任务。舒茨受到胡塞尔的启发，认为现象学的心理学既然可以为一切精神科学奠基，那么它也完全可以为社会学奠基，因为社会学本身就是一门精神科学。

一、社会学与精神科学

据汉斯－格奥尔格·伽达默尔（Hans-Georg Gadamer，1900—2002）考证，"精神科学"这个概念首先是由约翰·斯图尔特·穆勒（John Stuart Mill，1806—1873）提出的，但穆勒提出这个概念并不是认为精神科学有独立于自然科学的一套方法，而是想指出自然科学中的归纳法同样适用于精神科学。[③] 且狄尔泰使用"精神科

---

① 参见谢地坤：《走向精神科学之路》，第1页。

② 参见狄尔泰：《精神科学引论》（第一卷），第一部分第二章"精神科学作为与自然科学相对的独立整体"和第三章"精神科学与自然科学的关系"（Cf. Wilhelm Dilthey, *Einleitung in die Geisteswissenschaften, Gesammelte Schriften, Bd.* I, Göttingen: Vandenhoeck & Ruprecht, 1959, S. 4-21）；亦可参见谢地坤：《走向精神科学之路》，第10—16页。

③ 参见谢地坤：《走向精神科学之路》，第4页。

学"这个词有其特殊的含义：（1）精神科学是研究人的精神能力及其产物的学问，它不仅包括哲学、文学、宗教学等人文科学，而且包括心理学、历史学、人类学、政治学、社会学和法学等社会科学^①；（2）精神科学不研究人的自然属性，它以"社会和历史的现实性"（die gesellschaftliche-geschichtliche Wirklichkeit）为研究对象，因而与研究人的自然属性的自然科学判然有别；（3）精神科学研究人与社会制度、文化传统、意识形态、道德规范等"客观精神"之间的关系，其基本方式是"理解"（Verstehen），而非经验的归纳；（4）精神科学的基本对象是生命，是作为社会成员的个体，其认识论基础是生命个体对社会和历史现实的体验，而体验需要表达和理解，因此，生命（Leben）、表达（Ausdruck）和理解构成了精神科学的基础。^②

　　作为一名社会学家，舒茨敏锐地意识到自然科学对科学（Wissenschaft）和科学性（Wissenschaftlichkeit）的规定给作为精神科学的社会学所造成的影响。在《社会世界的意义构成》中，舒茨指出："德国人文思想史近五十年来最令人瞩目的现象之一，就是围绕社会学的科学性质所展开的争论。自从个体和社会整体两者的关系被系统地研究以来，方法和目的的相关问题就一直争论不休。与其他学科领域不同的是，这些争论不单围绕在某些理论和方法的证明之上，而且连社会科学的研究对象与范围本身，以及

---

① 参见谢地坤:《走向精神科学之路》，第 7 页。

② Wilhelm Dilthey, *Der Aufbau der geschichtlichen Welt in den Geisteswissenschaften*, *Gesammelte Schriften*, Bd. VII, Göttingen: Vandenhoeck & Ruprecht, 1957, S. 87.

它乃是先于科学经验之实在的既存事实都成了问题。"① 舒茨认为，隐匿的或显明的形而上学前提、价值判断以及伦理 – 政治的设定（Postulate）往往会从根本上决定社会科学家针对其研究对象的态度，例如：社会科学所关切的究竟是人的存在本身，还是其社会行为方式？社会整体是否先于个体的存在，因而个体只是作为社会整体的一分子？或者相反，我们所谓的"社会整体"及其部分都只不过是独立的人类个体之功能综合体罢了？究竟是人的社会性存在决定了人的意识，还是人的意识决定了其社会性存在？② 诸如此类的问题，立场不同，答案也会不同。

那么，社会科学的真正任务究竟是什么呢？在舒茨看来，格奥尔格·齐美尔（Georg Simmel，1858—1918）是第一个发现这个问题并认真加以对待的人。虽然齐美尔"在方法论的基本观点上显得既混乱又无系统性"，③ 但他对社会科学之真正任务的界定备受肯定并具有持久的影响力，"我们必须把所有实质性的社会现象回溯到个体的行为方式上去，并对这些个体行为方式的特殊社会形式通过描述的方式进行把握"④。

舒茨认为，马克斯·韦伯的"理解社会学"（verstehende Soziologie）也是围绕着齐美尔的这个基本思想展开的，因为韦伯也认定社会学的根本任务在于对社会存在进行精确的描述而非形而上学思辨，正如卡尔·雅斯贝尔斯（Karl Jaspers，1883—1969）在

---

① Alfred Schütz, *ASW* II, S. 83. 中译文参见"导论"第 4 页，译文有所改动。

② Ibid. 中译文参见"导论"第 4—5 页，译文有所改动。

③ Ibid., S. 84. 中译文参见"导论"第 5 页，译文有所改动。

④ Ibid. 中译文参见"导论"第 6 页，译文有所改动。

《时代的精神状况》中评论的那样："社会学对他（韦伯）来说不再是人类存在的哲学，而是关于人类行为及其后果的个别科学。"[1] 韦伯将各种类型的社会关系、构成物、文化客体和客观精神领域都回溯到个体的社会行为这一最初的元素上。他认为，虽然社会世界中一切复杂的现象都有意义，但这些意义都是由社会世界中的行动者赋予其行为的。只有个体的行为及其意义内容是可理解的，也只有从对个体行为的解释入手，社会科学才能打开理解社会关系和社会构成物的通道，因为社会关系和社会构成物正是在个体的行为中被构造的。[2]

在舒茨看来，韦伯的"理解社会学"继承了狄尔泰的精神科学理念，为将当代德国社会学确立为一门独立的科学做出奠基性的贡献，具体表现如下。第一，韦伯赋予当代德国社会学以特质，使社会学以科学而非治疗学（Heilslehre）的身份出现，并且为社会学提供了在解决特定问题时所需的"逻辑－方法"工具。如果没有韦伯所做的奠基性工作，那么当代德国社会学的一些最重要的成果，比如舍勒、维赛（Wiese）、弗莱尔（Freyer）、迈克尔·桑德尔（Michael Sander）等人的著作就不可能出现[3]。第二，韦伯是最早挺身捍卫社会科学价值中立，对抗政治或"价值－意识形态"的人，因为后者总是有意无意地影响了社会科学研究者的思想成果[4]。第三，韦伯将理解社会学当作一门科学，规定其课题是对社

① Karl Jaspers, *Die geistige Situation der Zeit*, Berlin／Leibzig: Walter de Gruyter & Co, 1931, S. 137.
② Alfred Schütz, *ASW* II, S. 86. 中译文参见"导论"第7页，译文有所改动。
③ Ibid., S. 85. 中译文参见"导论"第6页，译文有所改动。
④ 同上。

会行为方式的主观意义进行解释，首次彻底贯彻了狄尔泰提出的精神科学的原则，把"客观精神的世界"还原成了个体行为。[①]

虽然舒茨一再指出，他的《社会世界的意义构成》一书得益于多年来对韦伯著作的集中研究[②]，也认为自己的思想和问题意识在很大程度上依赖于韦伯，但他并未迷失在对后者的崇敬和感恩之中，而是将韦伯作为自己的理论对手和参照，对之进行了严肃而深刻的批评。从《社会世界的意义构成》的副标题"理解社会学导论"就可以看出，本书的核心论题是"理解社会学"。"理解社会学"这个概念本来是由韦伯提出的，那么舒茨为什么要重提这个概念，而且还要做一个"导论"？显然，舒茨一方面接受和继承了韦伯"理解社会学"的基本构想，即把社会学的研究对象确定为对个体行为的主观意义之理解，但另一方面，他对韦伯的社会学方法论持有不同意见，更确切地说，他认为韦伯对社会学的奠基是不成功的。

舒茨认为，韦伯的"理解社会学"尽管构想很好，却奠定在许多未经说明的预设之上。[③]在韦伯看来，相对于专业研究领域中的具体问题，为科学奠基的活动是次要的。只有在对于具体的科学问题有必要时，他才会去处理科学理论的问题，而他通过认识论的方式所进行的研究，目的只是要获得有用的研究工具；一旦他获得这样的工具，分析的活动就会终止。在舒茨看来，"作为方法学家，韦伯确实有重要的贡献，他在建立社会科学概念的问题上具有

---

① *ASW* II, S. 86. 中译文参见"导论"第7页，译文有所改动。

② Ibid., S. 75.

③ Ibid., S. 87.

独到而精准的眼光，他那令人佩服的哲学本能也使他具有正确的认识论批判态度。尽管如此，他却很少让他的研究成果奠定在坚实的哲学基础上，同样也很少去阐明自己所提出的基本概念之深层含义"[1]。由于韦伯在方法论上所受到的根本局限，所以他对社会世界所进行的分析只能终止于这一层次："只要求达到社会现象的看似基本而不能再还原的元素，或不需要继续还原的形态。个体富有意义的，因此也是可理解的行动的概念——理解社会学的真正基本概念——绝不能被当作社会发生现象的真正元素而得到单义的规定。相反，它是一个极富歧义的称号，而且是有待进一步厘清之问题的称号。"[2]

二、理解社会学与胡塞尔现象学

舒茨一生的学术旨趣是为社会科学，尤其是社会学奠定哲学基础。在其思想发展过程中，至少有两位哲学家对其产生了非常重要的影响，一是亨利·柏格森（Henri Bergson，1859—1941），二是胡塞尔。

在舒茨记述自己生平的文章"胡塞尔及其对我的影响"（"Husserl und sein Einfluß auf mich"）中，他说道："自我最早投身学术研究以来，我的主要兴趣就是为社会科学，尤其是社会学奠定哲学基础。在当时，我还是相当推崇韦伯，尤其是他的方法论著作。但我很快就意识到，尽管韦伯打造了用在他所需要的具体研

---

[1]　*ASW* II, S. 87. 中译文参见"导论"第 8 页，译文有所改动。

[2]　同上。

究上的工具，然而他的主要问题——关于社会行动相对于行动者本身的意义之理解——却还有待哲学的证成。我的法哲学导师汉斯·凯尔森曾经设法在新康德主义的学说中寻求这样的哲学依据，但不论是格拉德·A.柯亨、那托普，还是恩斯特·卡西尔（Ernst Cassirer，1874—1945）的早期著作，都没有为我钻研的问题打开一条通道。不过，柏格森的哲学倒是令我印象深刻。我那时以为，他对意识结构，尤其是内时间意识结构的分析可以作为对社会科学的那些未予澄清的基本概念，比如含义、行动、预期，尤其是主体间性进行诠释的出发点。"①可以说，从韦伯的理解社会学到胡塞尔的先验现象学，柏格森是一个过渡性人物。因为正是柏格森对于"绵延"（durée）概念的分析首先启发了舒茨，使后者意识到可以从体验、内时间意识和意义构成的角度对韦伯理解社会学的基本概念进行哲学的分析和说明。

然而，当舒茨接触胡塞尔的现象学，尤其是内时间意识现象学之后，他才猛然发现，胡塞尔的理论远比柏格森全面而深刻，也只有现象学才能真正完成为社会学奠基的使命。正如赫尔曼·列奥·凡·布雷达（Herman Leo van Breda，1911—1974）在《社会实在问题》（1962年）的序言中指出的那样："在他（舒茨）的研究过程中，注定要遇到胡塞尔的现象学。从哲学上为在社会科学中实际使用和理解的意义概念进行奠基，就是在意识生活中寻找其起

---

① Alfred Schütz, *ASW..III.1: Philosophisch-phänomenologische Schriften 1. Zur Kritik der Phänomenologie Edmund Husserls*, hrsg. von Gerd Sebald, nach Vorarbeiten von Richard Grathoff und Thomas Michalel, Kanstanz: UVK Verlagsgesellschaft mbH, 2009, S. 295. 中译文参见"译者导论"，第3页，译文有所改动。

源。舒茨并不是没有看到柏格森学说的意义，也不是没有看到他向意识的直接予料以及内在时间体验的回返。然而，指导舒茨的思想并使其独具特色的却是胡塞尔的意向性理论及其主体间性和生活世界的观念。"①

在 1949 年 9 月 21 日写给联合国教科文组织的一封信中，舒茨说道："30 多年来我一直研习胡塞尔的哲学，我很荣幸在他生命的最后 6 年中成为他较为亲密的学生。"② 从这几句话中我们可以看出，舒茨在开始其学术生涯的时候就在阅读胡塞尔的著作了。③ 在他的第一部但在生前未予发表的著作《生命形式与意义结构》（Lebensformen und Sinnstruktur，1925/27 年）中就可以发现胡塞尔的影子。在这本书中，舒茨使用了胡塞尔的"意向活动"（Noësis）和"意向相关项"（Noëma）概念，但并未系统引入胡塞尔的思想。④

在用柏格森的时间哲学为韦伯的理解社会学进行奠基的尝试失败之后，胡塞尔的《内时间意识现象学讲座》（1928 年）和《形式逻辑与先验逻辑》（1929 年）再次让舒茨看到了希望。1932 年，舒茨发表了他的代表作《社会世界的意义构成》。在这本书中，他"试图利用胡塞尔的现象学和韦伯的方法论作为对社会世界的意义

---

① Alfred Schütz, *The Problem of Social Reality*, Collected Papers I, edited and introduced by Maurice Natanson, with a preface by H. L. van Breda, The Hague: Martinus Nijhoff, 1962, p. VIII.

② Alfred Schütz, *Alfred Schütz Papers, General Collection*, Beinecke Rare Book and Manuscript Library, box 2o, folder 428. 也见 *ASW* III.1, S. 14。

③ 舒茨 1920 年从维也纳大学本科毕业，无意在学术界发展，遂进入银行工作，担任财税专员。

④ *ASW* III.1, S. 14.

结构进行分析的出发点"①。他追随韦伯的脚步，将社会学看作是奠定在行动理论上的一门科学。围绕有意义的社会行动应该如何被理解这一基本问题，舒茨更进一步追问，我们能否构造一个关于社会行动的方法论与普遍理论，以便为社会科学（包括社会学）奠定稳固的基础。②通过在意识生活中探求社会科学所特有的那些范畴的起源，舒茨便把韦伯的"理解社会学"与胡塞尔的现象学结合在一起③，现象学社会学（Phänomenologische Soziologie）也由此诞生。

事实上，舒茨并不属于早期胡塞尔学派的成员，直到1932年，他在朋友菲利克斯·考夫曼（Felix Kaufmann，1895—1949）和尾高朝雄（Tomoo Otaka，1899—1956）的鼓励下将自己的著作《社会世界的意义构成》邮寄给胡塞尔，并得到了胡塞尔的高度赞赏之后，舒茨才逐渐进入现象学圈子，继而成了胡塞尔最为欣赏和亲密的学生之一。④

虽然舒茨一再声称要借助胡塞尔的现象学方法和理论为社会科学奠基，但他在真正开始这项工作的时候却并未严格贯彻这一原则，而是自觉放弃了先验现象学的立场，试图在未经还原的自然态度（natürliche Einstellung）中展开对理解社会学的研究。他说："当我们从对孤独自我的分析转入对社会世界的研究时，我们将放弃严格的现象学的考察方式，也就是放弃我们在对孤独的心灵生活之意义现象进行分析时所使用的那些观点，转而接受素朴自然的世界观

---

① Alfred Schütz, „Husserl und sein Einfluß auf mich," in *ASW* III.1, S. 296.

② 参见阿尔弗雷德·舒茨：《社会世界的意义构成》，游淙祺译，北京：商务印书馆，2012年，"译者导论"，第7页。

③ Alfred Schütz, *The Problem of Social Reality*, p. VIII.

④ *ASW* III.1, S. 14–15.

关于社会世界之实存（Existenz）的观点。人们在日常生活中所持的就是这种观点，而在社会科学中，这种观点也司空见惯。在此，对于一切有关先验现象学究竟如何在孤独自我的意识中构造'他我'的问题，我们将统统不予考虑。"[①]

当舒茨将自己的《社会世界的意义构成》一书寄送给胡塞尔时，也在信中明确表明了自己的研究旨趣和所采用的方法，他说："我在这本书中尝试着对韦伯所创建的'理解社会学'的问题和方法从哲学上进行批判。随着我的研究不断深入，我越来越清醒地意识到，社会学的任务，即对自然领域中的社会性（Sozialität）进行分析，只有在由现象学所阐明的对意识生活的本质事实的洞见之基础上才可能得以完成，正如唯有通过先验的构造分析才能得到意识生活之本质事实那样。……因此，我在您所发展的先验主体间性理论中找到了几乎可以解决多年来困扰我的一切社会学问题之密钥。我的这本书只处理自然领域中的主体间性问题，它并不致力于解决或讨论先验问题。毋宁说，它只是把您的根本认识转用到社会学的工作领域中去的一种尝试。"[②]从这封信中我们就可以看到，舒茨从一开始就将自己的研究限定在了"自然领域"而非先验领域之中。

胡塞尔在收到舒茨的信和赠书之后，立刻对这位素昧平生的年轻学者给予积极回应和高度评价，并盛情邀请后者到弗莱堡做客，但他除了将舒茨引为同道之外，并未对其研究方法和理论进行任何

[①] *ASW* II, S. 219. 中译本参见阿尔弗雷德·舒茨：《社会世界的意义构成》，第125 页，译文有所改动，着重号为德文原文所加。

[②] Edmund Husserl, *Die Freiburger Schüler*, *Briefwechsel*, Bd. IV, hrsg. von Karl Schuhmann, Dordrecht: Kluwer 1993, S. 481 ff..

具体的评价。在 1932 年 5 月 3 日给舒茨的回信中，胡塞尔写道：
"我正想写信告诉您，您的关于社会世界之意义建构的著作如同您
真挚的来信一样令我高兴……我很渴望见到您这样一位思想严谨、
见解透彻的现象学家。能够理解我毕生工作之最深刻意义的人不
多，您是其中之一，的确，能做到这一点，实属不易。我对这为数
不多的几个人寄予厚望，希望他们能继承我的哲学，同时，我也把
他们看作真正的永恒哲学（*philosophia perennis*）之代表。"①

从舒茨的记述中，我们可以得知，他在收到胡塞尔的回信后很
快就去弗莱堡拜访了这位仰慕已久的现象学大师，也知道胡塞尔将
刚刚出版的《笛卡尔式的沉思》和《形式逻辑与先验逻辑》赠予
他，并请他写书评。但我们不知道的是，胡塞尔与舒茨见面后究竟
对后者的著作进行了怎样的评价，对自然态度中的现象学社会学研
究究竟是否可行发表了怎样的看法。的确，胡塞尔对舒茨的工作是
高度赞赏的，但这种赞赏是否意味着，他完全同意舒茨的观点？

在我看来，胡塞尔或许是同意舒茨的做法的，因为后者声
称自己的现象学社会学恰恰是建立在前者的"现象学的心理学"
（phänomenologische Psychologie）这一理论基础上的。在《社会世
界的意义构成》中，舒茨明确把自己的研究看作"现象学心理学"
的研究。② 在他看来，现象学的心理学是"一门纯粹主体间性的心
理学，本质上是一门自然态度的构造现象学"③，其研究目标"不是

---

① Edmund Husserl, *Briefwechsel*, Bd. IV: *Die Freiburger Schüler*, S. 483.

② Edmund Husserl, „Nachwort zu meinen Ideen," in *Jahrbuch für Philosophie und phänomenologische Forschung*, Band XI, The Hague: Martinus Nijhoff, 1930, S. 554.

③ *AWS* II, S. 56.

建立有关内在直观领域之事实的经验科学，而是本质科学，要探求的乃是心灵的不变本质结构，或探求社会心灵（精神）生活不变之本质结构，换言之，追问它们的先天特质（Apriori）"[①]。如果说现象学社会学的主要目标是对参与社会生活的各个行为主体之主观意义以及主体间社会关系之本质结构的理解，是对社会之社会性如何得以可能的本质考察的话，那么，从舒茨对现象学心理学的这些本质特征的刻画来看，它恰恰满足了为理解社会学奠基的要求。由于现象学的心理学这一理论源自胡塞尔，所以我们有必要回到其思想源头，看看胡塞尔究竟是如何论述现象学心理学的，而现象学心理学与先验现象学又有何关系。

三、现象学的心理学与先验现象学

现象学的心理学是胡塞尔后期哲学的一个核心概念，从其思想发展历程来看，处在《纯粹现象学与现象学哲学的观念》第一卷（1913 年，以下简称《观念 I》）与《欧洲科学的危机与先验现象学》（1936 年，以下简称《危机》）的中间阶段，旨在说明现象学与心理学、现象学与精神科学之间的奠基关系。早在 1917 年，胡塞尔就撰写了一篇长文"现象学与心理学"来阐述二者的特点和相互关系[②]。之后，在 1923—1924 年的《第一哲学》下卷《现象学的还原理论》中，胡塞尔讨论了现象学的心理学作为通向先验现象学

[①]　Edmund Husserl, „Nachwort zu meinen Ideen," S. 554.

[②]　参见倪梁康："现象学的方法特征：关于现象学与人类学、心理学之间关系的思考"，《安徽大学学报》（哲学社会科学版）第 3 期，2009 年，第 3 页。

的第二条道路。后来，在 1925 年夏季学期，他又开设了"现象学心理学"的讲座，专题讨论作为一门本质学科的现象学心理学。在 1926 年的"阿姆斯特丹讲稿"和 1927 年的"大英百科全书条目"中，胡塞尔进一步凝练和完善了他现象学的心理学思想。在后来出版的《现象学的心理学》中，胡塞尔对现象学心理学下了这样的定义："现象学的或纯粹的心理学，与自然科学亦明显有别的心理学学科，从深层的理由来看，不是一门有待奠基的事实科学，而是一门纯粹理性的（'先天的''本质的'）科学。就此而言，它是任何一门有关心灵的严格经验法则科学的必然基础。"① 从这个定义我们可以看出，现象学心理学：（1）是一门纯粹的心理学；（2）它属于心理学学科；（3）它不是一门有待奠基的事实科学，而是一门为"有关心灵的严格经验法则科学"（经验心理学）奠基的先天的、本质的科学。

依照胡塞尔，现象学既不等于哲学，也不等于心理学，而是这两门学科的结合物。现象学的心理学虽然被冠以现象学之名，但它本身不是现象学，而是随着现象学的发展逐步从中分化出来的。正如胡塞尔所说，"当哲学与心理学为严格科学的方法搏斗时，一门新的科学诞生了，它将哲学与心理学之新的研究方法融为一体。这门新的科学自称为现象学"② ，"它在后续发展中呈现出值得注意的双重意义：一方面是心理学的现象学，作为彻底的基础

---

① Edmund Husserl, *Phänomenologische Psychologie, Husserliana* IX, hrsg. von Walter Biemel, Den Haag: Martinus Nijhoff, 1962, S. 244. 中译文参见胡塞尔：《现象学的心理学》，第 262 页，译文有所改动。

② Ibid., S. 302. 中译文参见胡塞尔：《现象学的心理学》，第 316 页，译文有所改动。

科学，它必须为一般心理学效劳；另一方面则是先验现象学，它在哲学的脉络中具有第一哲学的巨大作用，也就是作为哲学的源泉科学"①。胡塞尔这里所谓的"心理学的现象学"（psychologische Phänomenologie）也即现象学的心理学。正因为现象学在其发展过程中产生了分化，即分化为现象学的心理学和先验现象学，所以，他有时称现象学为第一哲学，有时称现象学为描述心理学（deskriptive Psychologie）。

就现象学的心理学与先验现象学的关系来说，胡塞尔有两点基本规定：（1）现象学的心理学与先验现象学是一种平行关系；（2）现象学的心理学是先验现象学的预备和前导。

胡塞尔指出："随着哲学现象学的产生，一门新的、在方法和内容上与它平行，但开始时尚未与它区分开的心理学学科得以形成，这便是先天纯粹的或'现象学的心理学'。"②为什么胡塞尔说现象学与现象学心理学"在方法和内容上"都是平行的呢？

首先，从方法上来说，不论是先验现象学，还是现象学心理学，都采用了现象学还原的方法。胡塞尔指出："现象学还原的方法是纯粹心理学的基本方法，是其一切特殊理论方法的前提。"③严格说来，所谓"现象学还原"是指先验还原，它包含悬搁（Epoché）和还原（Reduktion）两个阶段。所谓"悬搁"，是指把有关事物存在（包括世界存在）的一切设定统统放到括号里，不

---

① Edmund Husserl, *Phänomenologische Psychologie, Husserliana* IX, S. 303. 中译文参见胡塞尔：《现象学的心理学》，第 317 页，译文有所改动。

② Ibid., S. 277–278. 中译文参见同上书，第 293—294 页，译文有所改动。

③ Ibid., S. 282. 中译文参见同上书，第 297 页，译文有所改动。

做任何判定；所谓"还原"，是指从悬搁的剩余物即纯粹意识回溯到先验自我或先验主体性。所谓"现象学心理学的还原"，是指把心理－物理的自我还原为纯粹的心理自我，将意识体验对象还原为纯粹心理之物。[①] 由于心理主体不仅包括自我，而且也包括以"同感"（Einfühlung）的方式所把握的他人，所以现象学心理学的还原，既包括"自我学的还原"，也包括"主体间性的还原"。胡塞尔指出："如果还原在一种显著的意义上仅仅提供通向每一本我的心灵生活之途径，该还原便称为自我学的。但每一个自我都与他人处于同感的关联中，而这种关联又在主体间的体验中被构成，于是便有必要通过主体间的还原而对自我学的还原进行扩展。"[②]

尽管先验还原与现象学心理学还原，从方法上来看是平行的，但两者仍有根本差异。质言之，先验还原是比现象学心理学还原更彻底、更高一层次的还原。为什么这么说呢？因为在胡塞尔看来，虽然现象学心理学的还原也是借助悬搁所进行的纯化（Reinigung），但这种纯化是不彻底的。心理学家秉持的是素朴直向的自然态度，他只是把在世界之中存在的心理－物理的主体性还原为纯粹心灵的主体性，而并未排除对世界之存在的先验设定。先验还原则要求普遍而彻底的悬搁，即对包括自我、他人在内的整个外部世界都进行普遍的"加括号"，因此，它也要求对纯粹心灵和与心灵有关的纯粹现象学心理学加括号，借由这种方

---

① Edmund Husserl, *Phänomenologische Psychologie, Husserliana* IX, S. 260. 中译本参见胡塞尔：《现象学的心理学》，第 277 页。
② Ibid., S. 262. 中译文参见同上书，第 279 页，译文有所改动。

式，纯粹的心灵便成了先验的现象。因而，"先验现象学家通过其绝对普遍的悬搁把心理学的纯粹主体性还原成了先验的纯粹主体性"①。

胡塞尔指出，现象学心理学本质上是一门实证科学，它向先验现象学的转变类似于康德所谓的"哥白尼式的革命"。这一革命的后果是颠覆性的，作为实证研究者的心理学家变成了对一切事物都不感兴趣的"先验旁观者"，而实在的自然世界则变成了纯粹的"现象"。正如他所说："心理学家从未停止作为实证的研究者，从未停止对世界统觉之有效性的依赖。一旦他彻底终止该统觉，便执行了哥白尼式的转向，该转向会影响其所有生命与整个心理学思考。他变成了先验现象学家，他不再有'那个'世界（一个被预设为存在的可能世界），不再研究隶属于实在世界的现存者。对他来说，世界以及每一个可能的世界都只是单纯的现象。不再拥有世界，如同他之前作为自然的人所拥有的那样，他现在仅仅是先验的旁观者，他观察着这个拥有世界（Welthaben）本身，观察着一个世界如何通过意识显现其意义及有效性，并在经验与经验分析中去揭示它。"②

其次，从内容上来说，先验现象学和现象学心理学的对象都是我们的心灵生活，都是在体验的意向性中被把握的纯粹心理之物。作为意识生活的主体，我们具有双重身份，"就心理学而言，

---

① Edmund Husserl, *Phänomenologische Psychologie, Husserliana* IX, S. 293. 中译文参见胡塞尔:《现象学的心理学》，第308页，译文有所改动。

② Ibid., S. 340–341. 中译文参见同上书，第352—353页，译文有所改动。

我们是人，一个在实在世界中的心灵生活的心理－物理主体；而另一方面却同时是先验地，作为一个先验的、构造世界的生命之主体"①。由于现象学心理学和先验现象学的区别主要是自然态度和先验态度的区别，所以从纯粹心理自我的经验向先验自我的经验之转变"只是一个单纯的态度之转变，一个经由先验悬搁之中介的态度之转变"②。只要经过态度的转变，作为"自我－人"（Ich-Mensch）与"我们－人"（Wir-Menschen）的心理内容也就同时变成了先验自我和先验的我们之心理内容，而"一切本有的心灵内容，也就是通过心理学－现象学还原所获得的并由心理学的现象学所描述的那些内容，将经由更高阶和彻底化的悬搁而作为先验的内容被保留，只不过其曾经具有的心理学的－实在的含义现在重又变成了现象"③。

胡塞尔指出，现象学心理学是现象学还原不彻底的产物。如果我们从一开始就进行先验还原（作为自我学的还原和主体间性的还原），那么就根本不会产生作为中间环节的纯粹心理学，而是立即产生先验现象学。④然而，作为还原之不彻底性的产物，现象学心理学或纯粹心理学也有其积极的意义，它构成了通向先验现象学的预备或前导阶段，"对于提升到先验现象学有着入门引导的有益作

---

① Edmund Husserl, *Phänomenologische Psychologie*, *Husserliana* IX, S. 338. 中译文参见胡塞尔：《现象学的心理学》，第 350 页，译文有所改动。

② Ibid., S. 342. 中译文参见同上书，第 354 页，译文有所改动。

③ Ibid., S. 341–342. 中译文参见同上书，第 353—354 页，译文有所改动。

④ Ibid., S. 276. 中译文参见同上书，第 292 页。

用"①。为什么这么说呢？因为"先验的观点意味着一种对整个生活形式的改变，它完全超出迄今为止的一切生活经验，因此，先验的观点由于其绝对的陌生性而必定难以被人理解。先验科学也面临同样的情况"②。然而，现象学的心理学则并非如此，它尽管是一门新的科学，有着新的意向分析方法，但却仍与经验世界关联在一起，具有所有实证科学所具有的那种日常的可接受性。一旦我们理解了现象学的心理学，那么我们便只需弄清楚先验哲学的问题以及先验还原的真正意义，就可以理解"先验现象学只是对现象学心理学的先验改造而已"③。因此，通向先验现象学的道路应当是："从必然首先被给予的外在经验世界的经验领域出发，向上提升到普遍地构成它们的绝对存在——先验主体。为了让这个提升变得简易，我们不直接执行先验还原，而是先提升到心理学还原，以作为进一步实行还原的前阶段。"④

四、心理学与精神科学的奠基

由于现象学心理学本质上不是现象学而是心理学，所以通过现象学心理学为精神科学奠基，实质上就是通过心理学为精神科学奠基。而就这种奠基的方式而言，胡塞尔并非始作俑者，他的前辈哲学家狄尔泰和弗朗兹·C. 布伦塔诺（Franz C.Brentano）早就萌生

---

① Edmund Husserl, *Phänomenologische Psychologie*, *Husserliana* IX, S. 295. 中译文参见胡塞尔：《现象学的心理学》，第 310 页。

② Ibid. 同上书，第 310 页。

③ Ibid., S. 296. 同上书，第 310 页。

④ Ibid., S. 340. 中译文参见同上书，第 352 页，译文有所改动。

了这样的想法，并且进行了艰难的尝试。

狄尔泰认为，人既是心理和生理的统一体，同时也是构成社会和历史现实性的首要因素。因此，我们对社会和历史的分析，首先应该是对每一个作为个体的人的分析。在他看来，人类学和心理学把人当作自己的研究对象，"是关于历史生活的一切知识的基础，同时也是引导和持续构造社会的一切规则的基础"[1]。

狄尔泰在早期受诺瓦利斯的影响，把从经验角度对人性和人的内心活动进行探讨的学科称作"实在心理学"（Realpsychologie）或"人类学"（Anthropologie）。在1865年发表的《哲学科学的逻辑与体系纲要》中，他提出可以用心理学或人类学来统一精神科学。后来在布雷斯劳时期（1871—1882年），当狄尔泰真正构想精神科学的体系时，他认识到并非任何一种心理学——特指威廉·M. 冯特（Wilhelm M. Wundt，1832—1920）的"实验心理学"和穆勒的"个体心理学"——都可以作为精神科学的基础，而只有"描述心理学"才能担此重任，因为描述心理学"产生于我们心灵体验的本性，产生于对心灵生活没有成见、原原本本的把握，产生于诸精神科学之间的关联和心理学在精神科学中的作用"[2]，它"通过描述和分析精神生活的过程及其内容在本质上的差异性，去研究精神生活的各种形式，从而达到认识精神生活之实在性的目的"[3]。

狄尔泰反对实验心理学和个体心理学，其根本理由在于，心理

---

[1] Wilhelm Dilthey, *Einleitung in die Geisteswissenschaften*, S. 32.

[2] Wilhelm Dilthey, *Die geistige Welt, Gesammelte Schriften*, Bd. V, Göttingen: Vandenhoeck & Ruprecht, 1957, S. 168.

[3] 参见谢地坤：《走向精神科学之路》，第29页。

学作为一门精神科学，不能照搬自然科学的方法，而必须建立自己独特的方法，用他的话说就是，"我们解释（erklären）自然，我们理解（verstehen）心灵生活"①，"我们不能通过将那些伟大的自然科学思想家所发明的方法借用到我们的领域来证明我们是他们真正的学生，而是让我们的认识符合我们的客体的本质，我们这种对待客体的态度与自然科学家对待他们的客体的态度完全一样"②。而他认为只有描述心理学才能为包括心理学在内的一切精神科学奠基，其根据在于他对人的本质、人与社会之关系的理解。

狄尔泰认为，人类社会是由各种各样的文化领域和组织机构联结而成的整体，这些不同的领域和组织表面上看来各自独立，但实际上却内在地结合在一起，因为它们建立在一个共同的基础之上，即"同样广博的心理关联或心理生活的同一体"③。只有通过对这些心理关联的分析，我们才能理解这些不同的领域和组织。为此，狄尔泰明确指出："文化体系，如经济、法律、宗教、艺术和科学，和社会的外部组织，如家庭、团体、教会、国家，都产生于人类心灵的活生生的关联。我们只有从这种关联中才能理解它们。心理事实构成社会的文化体系和外部组织的最重要组成部分。没有心理分析，就不可能洞察它们。它们在自身中包含着关联，因为心灵生活就是一种关联。所以，关于我们内在关联的理解在任何地方都制约着对社会的文化体系和外在组织的认识。"④ 正因为心理学构成了社

---

① Wilhelm Dilthey, *Die geistige Welt*, S. 144. 为表示强调，着重号由我所加。

② Ibid., S. 143.

③ 参见谢地坤:《走向精神科学之路》，第 34 页。

④ Wilhelm Dilthey, *Die geistige Welt*, S. 147–148.

会的文化体系和外部组织的深层基础，所以它同时也构成了对社会的文化体系和外部组织进行专门研究的各门精神科学的基础，用狄尔泰的话说，"精神科学之间的关系是以心理关联为基础的。如果缺少与心理关联的联系，那么诸精神科学就只是一个集合、一种捆绑，而非一个体系"①。

1894 年，狄尔泰在柏林科学院发表了一篇代表其思想纲领的论文"描述的和分析的心理学之观念"（Ideen über eine beschreibende und zergliedernde Psychologie），该论文一经发表便遭到了他昔日的学生和朋友、当时著名的实验心理学家赫尔曼·艾宾豪斯（Hermann Ebbinghaus，1850—1909）的严厉批评，后者在《心理学与感官生理学杂志》上发表了一篇长达四十页的具有毁灭性的评论，这篇评论直接影响了狄尔泰的描述心理学被学术界接受的程度。②1895 年，狄尔泰对该论文做了修改，题目改为《论个体性的研究》。即便如此，艾宾豪斯还是批评他的研究"不够专业"③，充满了误导④。由于艾宾豪斯的批评，狄尔泰决定放弃精神科学的研究计划，转向对哲学史的研究。⑤

虽然狄尔泰通过描述心理学为精神科学奠基的尝试遭遇了重大挫折，但他的理想却影响和启发了胡塞尔。1900 年，胡塞尔发表了《逻辑研究》，他声称这本书的研究同样也可以叫作"描述心理

---

① Wilhelm Dilthey, *Die geistige Welt*, S. S. 147.

② 参见约斯·德·穆尔：《有限性的悲剧：狄尔泰的生命释义学》，吕和应译，上海：上海三联书店，2016 年，第 199 页。

③ 参见谢地坤：《走向精神科学之路》，第 46 页。

④ 参见胡塞尔：《现象学的心理学》，第 34 页。

⑤ 参见谢地坤：《走向精神科学之路》，附录，第 204—205 页。

学"，因为它是"对于思想者来说隐藏的思想体验之揭示性的内在直观的产生，以及一个在内在直观中进行的并与纯粹体验被给予性相关的本质描述"①。同时，为了表明这一方法的新颖性，他也把这门描述心理学叫作"现象学"。

胡塞尔一方面高度评价了狄尔泰在心理学研究上的开创性工作，认为其"描述的和分析的心理学之观念"这篇论文是针对自然主义心理学的首次抨击，虽然它还不够成熟，但在心理学的历史上产生了不可磨灭的影响。他认为狄尔泰"无疑是19世纪的一位伟大的精神科学家，与其说他是一位具有分析和抽象理论思维能力的人，不如说他是一位具有整体直观能力的天才"②。然而，另一方面，胡塞尔也对狄尔泰进行了严厉的批评。他指出："无论狄尔泰的论述带有多么深刻的启发，在其中包含多少天才的直观，依然令人感到有极大的缺失。它对自然主义式的外在取向的心理学以及描述式的内在取向的心理学的对比，并没有获得最终的明晰性，也未回到原则性的源头。"③为什么胡塞尔会这么说呢？因为在他看来，狄尔泰所提出的描述心理学依然是一门经验科学，而非先天的本质科学，它所描述和分析的是人的经验的、实在的意识体验及其内容，是在人的心灵生命中被把握到的心理事实间的关联。而现象学意义上的描述心理学本质上既非普通心理学，亦非传统的认识论，而是运用本质直观和描述的方法，对意识的意向性结构、意识与意

---

①　Edmund Husserl, *Phänomenologische Psychologie, Husserliana* IX, S. 27–28. 中译文参见胡塞尔:《现象学的心理学》，第42页，译文有所改动。

②　Ibid., S. 6. 中译文参见同上书，第22页，译文有所改动。

③　Ibid., S. 16–17. 中译文参见同上书，第30、31页，译文有所改动。

义的本质关联的考察。因此，"取代经验心理学的，必定是一门新型的、纯粹先天而却同时对于心理之物进行描述的科学"①。

布伦塔诺与狄尔泰持有类似的观点，也主张心理学应当是一门纯粹描述的心理学，这门描述心理学应当成为所有解释性的理论之基础，他后来也把该心理学称作"心理认识论"（Psychognosie）。②作为布伦塔诺学派的成员，胡塞尔首先对自己老师的成就给予充分肯定。他认为，布伦塔诺作为有关内在经验研究的开拓者，其最大贡献就是发现了心理之物的本质特征——意向性："探寻区分物理之物与心理之物的描述性原则，并为此首度确定，意向性乃是特定心理之物的可被描述地把握的本质特性。表面上看来，这不过是对经院哲学的意向性学说的小小转变。但这表面上的小小转变却创造了历史，并决定了科学的命运。"③然而，虽然自19世纪70年代以来，不论是德国，还是德国以外其他国家的一些知名心理学家都把意向性和描述性概念纳入其理论思考之中，并且部分地认可了描述心理学的普遍要求，但"狄尔泰似乎并未被布伦塔诺所影响"④，"意向性的核心意义在他身上完全不起任何作用"⑤。

与此相反，胡塞尔却受到了布伦塔诺的巨大启发，《逻辑研究》便是这一启发的产物。但胡塞尔并未全盘接受老师的思想，而是对描述心理学的理念做了根本的转变，即将经验描述的心理学转变为

---

① Edmund Husserl, *Phänomenologische Psychologie, Husserliana* IX, S. 40. 中译文参见胡塞尔：《现象学的心理学》，第53页，译文有所改动。

② Ibid., S. 31. 同上书，第45页。

③ Ibid., S. 32. 中译文参见同上书，第46页，译文有所改动。

④ Ibid., S. 33. 中译文参见同上书，第47页。

⑤ Ibid. 中译文参见同上书，第47页。

先天的、本质直观的心理学。① 遗憾的是，布伦塔诺拒绝承认这一转变是对其哲学理念的一种深化，因而也不愿跟随这一新的转变前进。为此，胡塞尔对他提出了这样的批评："布伦塔诺未曾超越对意向体验或意识种类从外部进行分类－描述的考察。他从未认识到这项伟大的任务，也未曾着手进行如下这项工作，即从对象的基本范畴这一意识的可能对象出发，回头追问一切可能的意识方式——正是通过各种各样的意识方式，如此这般的对象才被我们所意识到，而且在原则上能够被意识到——以便让理性之综合的真理成就由此出发，进一步通过研究去澄清这些意识方式的目的论功能。"②

吊诡的是，不愿接受布伦塔诺意向性理论的狄尔泰却满怀喜悦地接受了胡塞尔的《逻辑研究》，认为他自己的"关于描述及分析的心理学的观念"首度在《逻辑研究》中得到了具体体现。狄尔泰一厢情愿地将胡塞尔引为知己，并在《逻辑研究》的鼓舞下，重新开始了搁置多年的精神科学研究。

从胡塞尔这方面来说，由于艾宾豪斯当年对狄尔泰的批评太过严厉，以至于他完全忽视了狄尔泰与自己思想的契合性。为此，胡塞尔不无愧疚地表达了对狄尔泰迟到的钦佩之情："我起初不免感到惊讶，当我亲耳听到狄尔泰说，现象学，特别是《逻辑研究》第二部分的描述分析与他自己的《描述的和分析的心理学之观念》在本质上相一致，并且可被视为在方法成熟时把从观念上向他呈现的心理学从实际上建构出来的首要基础。狄尔泰总是把重点放在我们

---

① Cf. Edmund Husserl, *Phänomenologische Psychologie, Husserliana* IX, S. 35. 参见胡塞尔:《现象学的心理学》，第49页。

② Ibid., S. 36. 中译文参见同上书，第49页，译文有所改动。

的研究如何基于完全不同的出发点，而最终却殊途同归上面，并在其晚年带着年轻人的热忱再度捡起他曾经放弃的精神科学理论研究。其结果便是那份与此研究相关的最后且最优异的文稿：在《柏林科学院论文集》中出版的《历史世界的建构》（1910 年）。我本身越是在对现象学方法的完善中，在对精神生活的现象学分析中前进，我就越发认识到，狄尔泰的判断有其道理在，也就是那项起初让我感到吃惊的论断，现象学与描述的－分析的心理学之间存在着内在的统一性。他的文稿包含一种对现象学的天才的预见和初步入门阶段。它们一点也不过时，至今仍然对于在方法上不断进步、在问题域上截然不同的现象学工作具有极高价值的具体启迪。"①

如果说胡塞尔在《逻辑研究》中所理解的现象学与纯粹描述的本质心理学具有同一性的话，那么他在《现象学的心理学》中所理解的现象学与现象学的心理学则是两门既相联系，又相区别的学科。前者特指先验现象学，它是对后者进行先验纯化的产物，而后者是通向前者的中间阶段和方便法门。因此，现象学的心理学既不同于描述心理学（本质现象学），也不同于先验现象学。

胡塞尔认为，正是现象学的心理学这门特殊的心理学使得精神科学之奠基真正成了可能。因为现象学的心理学家一方面掌握了本质直观的方法，另一方面又生活在现实的经验世界之中，所以他们可以对经验世界中的一切事物进行本质考察，探寻事物间的本质关联。胡塞尔指出："作为心理学家的我们不想成为哲学家，也就是说，至少我们首先不想成为哲学家，犹如数学家、物理学家、语言

---

① Edmund Husserl, *Phänomenologische Psychologie, Husserliana* IX, S. 35. 中译文参见胡塞尔：《现象学的心理学》，第 48 页，译文有所改动。

学家等也不想成为哲学家那样。"① 相反，"我们想停留在自然态度中，我们真的只想保持心理学家的身份，以自然的、人的方式朝向作为现实性的客观世界，并致力于研究这个客观世界，而这个客观世界本质上就是精神世界"②。而现象学的心理学"这个关于精神、个体心理、共同体及共同体成就之心理的纯粹本质学说，当然同时也是一种对世界的认识，因为精神性实际上贯穿于这个世界之中"③。

在胡塞尔看来，就算是那些在历史中形成的先天科学，例如几何学以及其他纯粹数学的科学，实际上都未曾脱离自然态度，尽管它们在其特殊的主题及奠基中丝毫不包含世界的事实，也不预设这些事实，而"只要这些先天科学是以获得对世界的认识为目的，并作为该认识的手段而被建立的，那么它们便是与世界相关的"④。因此，从这个意义上来说，现象学心理学有其理论的合法性，因为正是它保留了经验世界的存在，从而使得精神科学的存在也成了可能。为此，胡塞尔明确指出，"现象学的心理学乃是统一的解释基础，无论对于精神的自然研究，还是对于精神科学的人格研究都是如此"⑤，"这门心理学无非就是精神科学的基础科学，也就是那门以普遍的方式提出一切解释的原理与理论的科学"⑥。

---

① Edmund Husserl, *Phänomenologische Psychologie*, *Husserliana* IX, S. 47. 中译文参见胡塞尔：《现象学的心理学》，第60页，译文有所改动。

② Ibid., S. 48. 中译文参见同上书，第60—61页，译文有所改动。

③ Ibid., S. 49. 中译文参见同上书，第61—62页，译文有所改动。

④ Ibid., S. 48. 中译文参见同上书，第61页，译文有所改动。

⑤ Ibid., S. 222. 中译文参见同上书，第239页，译文有所改动。

⑥ Ibid., S. 221. 中译文参见同上书，第238页，译文有所改动。

五、现象学心理学是一个自相矛盾的概念吗?

胡塞尔自从提出现象学心理学这一概念以后,就一直以各种方式对之进行阐释,为它辩护。然而,无论他如何努力让人们接受这一概念,这一概念本身所隐含的矛盾是无法回避的。诚如《现象学的心理学》的中译者游淙祺所正确地指出的:"现象学心理学在胡塞尔的整体现象学中定位是暧昧不明的。它被呈现为现象学,但却立足于自然态度。它与先验现象学有所不同,但却接近先验现象学;它连接着经验科学,因为它与经验科学分享自然态度的共同基础,但作为本质科学它有别于经验研究。从不同角度看,它既不是先验的,也不是经验的,但分别连接了先验现象学和经验研究。"①

如果现象学心理学是如此矛盾的一个概念,那么它是否可以为精神科学奠基呢?游淙祺认为,现象学心理学所呈现的这种矛盾性只是"表面上的",如果没有了这种矛盾性,反倒失去了其存在的价值和意义。为什么这么说呢?因为,"心理学现象学针对在世界中的个人或社群进行研究。这些种类的主体深入地参与世界,以至于若没有世界的相关部分,主体的心理现象可能是难以解释的。在这个意义上,研究必须预设世界。而这导致关于世界状态的矛盾,也就是说,一方面世界是通过还原的操作而被悬搁起来,另一方面它却又为了研究的缘故而被保留下来,只要他们所研究的对象是深入参与世界的。这种矛盾在先验论现象学中被克服,因为整个世界已经变成现象。因此,与哲学家相比较,由心理学家所实行的还原可说是不

---

① 游淙祺:《现象学心理学与经验的世界》,载于《现代哲学》第 3 期,2016 年,第 70 页。

完整及矛盾的，从而在其中所获得的纯粹性也只有相对的纯粹性"①。

我认为，游淙祺的观点是基于胡塞尔的立场为胡塞尔所作的同情的辩护，这一辩护的根据在于胡塞尔对自己极端哲学立场的反思和妥协。在《第一哲学》和《危机》中，胡塞尔总结了三条通向先验现象学的道路，即笛卡尔式的道路、现象学心理学的道路和生活世界的道路。②《观念 I》中提出的先验还原的道路，即笛卡尔

① 游淙祺:《现象学心理学与经验的世界》，载于《现代哲学》第 3 期，2016 年，第 72—73 页。

② 《胡塞尔全集》第 7/8 卷《第一哲学》的编者鲁道夫·博姆（Rudolf Boehm）认为，如果细致地进行区分，在胡塞尔那里至少可以找到八条通向先验现象学的可能道路（胡塞尔:《第一哲学》下卷，王炳文译，北京：商务印书馆，2013 年，"编者导言"，第 25 页）。但在胡塞尔生前乃至去世之后发表的著作中，所谓的"八条道路"中的大部分都没有被正面论述或确认，因此很难给这些道路标注相应的名称。在这些复杂的道路中，博姆认为可以清晰地区分出来四条，分别是：笛卡尔式的道路、意向心理学的道路、对实证科学进行批判的道路和实证本体论或存在论的道路（同上书，第 24—38 页）。耿宁（Iso Kern）在博姆的基础上将对实证科学进行批判的道路与实证本体论或存在论的道路并称为本体论或存在论的道路，从而将博姆总结的四条导论简化为三条道路，即笛卡尔式的道路、意向心理学的道路和本体论或存在论的道路（耿宁:《胡塞尔与康德向超越论主体性的回返》，《心的现象》，倪梁康编，北京：商务印书馆，2012 年，第 5—29 页）。耿宁的划分方法很具代表性，西方学界对先验还原道路的讨论不管是赞成还是反对，基本都以耿宁的观点为主要参照。约翰·J. 德拉蒙德（John J. Drummond）与耿宁的划分方法完全一致，他区分的三条道路分别是：笛卡尔式的道路、意向心理学的道路和本体论或存在论的道路［John J. Drummond: "Husserl on the Ways to the Performance of the Reduction," *Man and World*, Vol. 8, No. 1 (1975): 48 ］；爱德华·马尔巴赫（Eduard Marbach）同意耿宁的划分，但认为本体论或存在论的道路"或许也可以叫作'康德式的道路'"［鲁道夫·贝尔奈特、耿宁和艾杜德·马尔巴赫:《胡塞尔思想概论》，李幼蒸译，北京：中国人民（转下页）

式的道路，因其普遍的悬搁，既杜绝了生活世界和实证科学存在的可能性，也没有为自然态度向现象学态度的转变提供缓冲的区间。① 为了让现象学重回经验世界，也让人们更容易掌握现象学的操作方法，胡塞尔提出现象学的心理学作为进入先验现象学的一条折中路线。从现象学心理学与先验现象学的关系来看，现象学心理学的道路并非对笛卡尔式道路的否定，而是对这条道路的修正，或者更确切地说，这是两条不同的、独立地通向先验现象学的道路。

――――――

（接上页）大学出版社，2011 年，第 61 页］；可以说，塞巴斯蒂安·卢夫特（Sebastian Luft）最忠实于胡塞尔的文本，他把第三条道路称为生活世界的道路，而非本体论或存在论的道路。我认为，塞巴斯蒂安的做法更可取，我们应该忠实于胡塞尔的文本，以其生前已出版的主要著作为依据，按照时间顺序来进行道路的划分。由此，胡塞尔通向先验现象学的道路可以划分为如下三条。（1）笛卡尔式的道路。这条道路在《现象学的观念》中已初见端倪，后来在《观念 I》中得到完整表述。在《第一哲学》中，胡塞尔把它看作是从对世间经验的批判发展而来的道路。在《笛卡尔式的沉思》中，胡塞尔重回这条道路并进行了完善。（2）现象学心理学的道路。这条道路在《观念 I》的写作中就为胡塞尔所虑及，在《第一哲学》中第一次得到较为完整的表述，并在 1925 年的《现象学的心理学》讲座和 1927 年的《大英百科全书》"现象学"词条中得到确认。在 1936 年的《危机》中，它与生活世界的道路并列为两条进入先验现象学的道路（参见《危机》第三部分标题 B）。（3）生活世界的道路（参见《危机》第三部分标题 A）。由于这条道路不再强调先验现象学与生活世界的割裂，而且是在胡塞尔临终前的最后一部著作中提出来的，所以，一般认为，应该把它看作是通向先验现象学最为重要的道路。

① 胡塞尔在《危机》中明确放弃了笛卡尔式的道路并指出了它的缺陷，按照耿宁的总结，笛卡尔式的道路有三个严重的缺陷：（1）它具有一种完全排除的性质，整个世界被排除了，而意识以某种"剩余物"的方式留存下来；（2）它不能引向完全的主体性，不论是心理学的主体性，还是先验的主体性；（3）它寻求一种内在的、绝对的哲学开端。（参见耿宁：《胡塞尔与康德向超越论主体性的回返》，第 13—20 页）

胡塞尔明确指出:"一方面,人们可以在根本不涉及心理学(更不必涉及其他科学)的情况下便可以思考所有客观性的意识相关性,阐述先验问题,朝着先验还原迈进,进而达到先验的经验及本质研究,因而直接完成先验现象学的工作。实际上,这正是我在《观念I》中所试图依循的道路。另一方面,人们也可以先不理会先验–哲学的兴趣,而从一个作为实证科学的严格科学的心理学的要求之提问出发,指明一门有关于心理之物的本己本质以及一个纯粹心理关联之普遍性的学科之必要性,而此学科既在方法论上得到奠基,更是纯粹理性的(本质的)学科,也就是说,在交互主体现象学的完整普遍性之上系统地构造一个本质的现象学心理学的理念,且为它说明理由。"①

　　胡塞尔把现象学心理学当作精神科学的基础,而现象学心理学在本质上不是现象学而仍旧是一门心理学,所以,为精神科学奠基的任务最终就落在了心理学上,只不过这门心理学不是狄尔泰和布伦塔诺意义上的经验的描述心理学,而是先天的、本质的意向心理学。由此,我们也就可以刻画出一条胡塞尔的奠基路线:(本质的而非先验的)现象学为心理学奠基,心理学为精神科学奠基。②如果我们的这种刻画符合胡塞尔的思想原貌的话,那么这是否意味着,他孜孜以求的理想——通过先验现象学为哲学和一切科学奠基——偷偷地发生了转变,或者说,改弦更张了?

　　众所周知,在胡塞尔的思想发生先验转向之后,他始终致力

---

① Edmund Husserl, *Phänomenologische Psychologie*, S. 347. 中译文参见胡塞尔:《现象学的心理学》,第358—359页,译文有所改动。

② 着重号为我所加。

于阐明先验现象学的方法和理论。在他看来，只有通过先验现象学，才能为一切科学奠定基础，也只有通过先验现象学，才能使我们生活于其中的这个世界真正变得可理解。用他在《形式逻辑和先验逻辑》导言中的话说就是：“只有在现象学的意义上，一门先验地被澄清的和被证成的科学才能够成为一门最终的科学；只有一个先验地－现象学地被澄清的世界才能够成为一个最终被理解的世界；只有一门先验的逻辑才能够成为一门最终的科学学，即一门关于所有科学的最终的、最深刻的并且是最普遍的原理和规范的理论。”[1] 事实上，即便在《现象学的心理学》中，胡塞尔也明确表达了这样的观点：“先验兴趣当然是最高与最终的科学兴趣，而且先验现象学不仅在一种特定的意义上是哲学学科与哲学的基础科学，而且也是普遍而绝对的科学，它是使得所有可能的科学成为最终科学的科学。在其系统性的展开过程中，它导致所有本质科学之形成。通过这些本质科学，一切事实科学都被理性化，但同时也被先验地奠基，且自我扩展，以至于它不再对有意义的问题置之不理，就如那些被视为过时的哲学问题。据此，在一个科学的系统中，正确的事在于自主地在其先验理论中建立先验现象学，而且通过指明自然态度相对于先验态度的本质方式，在心理学的实证性当中揭示转向先验现象学学说之可能性。”[2] 如果胡塞尔始终是这样理解先验现象学与科学和世界的关系的话，那么通过自然态度的现象学心理学为

[1] Edmund Husserl, *Formale und transzendentale Logik, Husserliana* XVII, Den Haag: Martinus Nijhoff, 1974, S. 20.

[2] Edmund Husserl, *Phänomenologische Psychologie*, S. 349. 中译文参见胡塞尔：《现象学的心理学》，第361页，译文有所改动。

包括社会学在内的一切精神科学的奠基，就不是最终的和彻底的。

六、从现象学心理学到生活世界：新的奠基与新的道路

在《第一哲学》第二卷中，胡塞尔讨论了通向先验主体性的两条道路，一条是笛卡尔式的道路，一条是现象学心理学的道路，他说现象学心理学的道路是"新开辟"的道路。[①] 而在《危机》中，胡塞尔对通向先验主体性的道路再次进行了修正，这一次他彻底否弃了笛卡尔式的道路，而把生活世界的道路看作是"走向还原的新途径"[②]，从而向我们呈现两条最终的道路：现象学心理学的道路和生活世界的道路。随着胡塞尔对先验还原道路的修正，现象学为科学奠基的思路也再次发生了转变。如果说现象学心理学的道路只是为精神科学奠基的话，那么生活世界的道路则是要为包括自然科学和精神科学在内的一切科学奠基。

据耿宁的考察，在《观念 I》出版之前，尤其在《观念 II》中，胡塞尔主要受 D. 狄尔泰、威廉·文德尔班和 R. 李凯尔特的启发，试图在对自然和精神、自然科学和精神科学的关系之理解中澄清科学的概念，但直到 1920 年代胡塞尔才认识到，在对杂多的经验事实科学的解释中，首先要解决的是科学的统一性与世界的统一性之间的关系问题。[③] 在《自然与精神》中，他说，尽管科学必然会划

---

① 胡塞尔:《第一哲学》下卷，第 134 页，第三篇标题。

② 胡塞尔:《欧洲科学的危机与先验现象学》，王炳文译，北京：商务印书馆，2017 年，第 194 页，第 43 节标题。

③ 参见耿宁:《生活世界：作为客观科学的基础以及作为普遍真理问题与存在问题》，《心的现象》，倪梁康编，北京：商务印书馆，2012 年，第 60 页。

分为众多特殊科学，但这种划分不是任意和偶然的，而是奠基于经验世界的本质的总体结构：自然和精神。[1] 在《现象学的心理学》中，他指出，一方面，近代自然科学虽然打着"自然"的旗号，但并不是从原初经验、从直接被证实的经验的给予性中产生的，而是人为地通过抽象的概念被建构的。自然科学虽然也研究人，但其兴趣不在人的精神层面，而在其物理的或身体层面。另一方面，精神科学尤其是本该关注精神之物之根本特征的心理学，既没有把精神性当作其普遍主题，也没有阐明精神之物在具体世界中的整体关联及其不同的原初形态和派生形态。相反，它也使用了自然科学的方法，割裂了与精神性的本质关联。[2] 如此一来，"精神世界和自然统统都变得不可理解了"[3]。

通过对近代自然科学和精神科学研究方法的批评，胡塞尔指出，自然和精神作为科学的主题并不是预先就被规定好的，而是在一种理论兴趣和受这种兴趣所引导的理论工作中逐渐被塑造的。而这项工作的基础是自然的、前理论的经验。为此，他认为，对自然（科学）和精神（科学）的关系之澄清，有赖于从事实科学向原初经验世界的回溯。因为，在原初的经验世界中，自然和精神是"在

---

[1]　Edmund Husserl, *Natur und Geist: Vorlesungen Sommersemester 1927*, *Husserliana* XVI, hrsg. von Michael Weiler, Dordrecht: Kluwer Academic Publishers, 2001, S. 17–18. 转引自耿宁：《生活世界：作为客观科学的基础以及作为普遍真理问题与存在问题》，第60—61页。

[2]　Cf. Edmund Husserl, *Phänomenologische Psychologie*, S. 54–55. 中译文参见胡塞尔：《现象学的心理学》，第66—67页。

[3]　Ibid., S. 55. 中译文参见同上书，第67页。

一种原初直观的相互交织和包含中"① 出现的。为此，胡塞尔指出："如果人们回溯到随时在素朴的原初性中被经验的世界的完全原初的具体性上，并且，如果人们在进行方法上的抽象时永远不会遗忘这个作为原初领域的具体直观的世界，那么，自然主义的心理学和精神科学的这种荒谬性就不可能产生；人们就永远不可能想到把精神仅仅解释为一种物质躯体的因果性附属物，或一种与物体的物质性平行的因果序列；人们就永远不可能把人和动物看作是心理-物理的机器，或甚而看作是平行的双重机器。"② 胡塞尔向原初的世界概念的回溯，其目的是为一切有关世界的科学奠定基础："如果这里便是一切与世界相关的科学之原初的起源，那么……对科学的任何明确的起源上的区分就必须要通过向经验世界的回溯来完成，……任何特殊的科学领域都必然会回溯到原初的经验世界的一个领域。在这里我们看到了一种经过彻底奠基的对可能的世界科学的区别和划分。"③

胡塞尔对作为科学基础的世界的概念有一个变化的过程，即从早期的"经验世界"（Erfahrungswelt）转变为后来的"生活世界"（Lebenswelt）。在 1925 年的《现象学的心理学》讲座中，胡塞尔说："我们从作为科学的区域概念的自然和精神这两个对我们来说有问题的概念，回溯到先于一切科学及其理论意向而存在的世界，即作为前理论的直观世界，也就是现实生活的、其中包含经验

① Edmund Husserl, *Phänomenologische Psychologie*, 中译文参见胡塞尔：《现象学的心理学》，第 67 页。
② Ibid., S. 55—56. 中译文参见同上书，第 67—68 页，译文有所改动。
③ Ibid., S. 64. 中译文参见同上书，第 77 页，译文有所改动。

着世界并对世界进行理论研究的生活的世界。一般而言，一切事实科学都是关于世界的科学。假如世界不是通过经验原初地被预先给予的，那么任何一门有关世界的科学都将可能无法开启，它们也将不具有其思维活动的基底。"① 这里所谓的"前理论的直观世界"是指纯粹意识体验的"前概念的"、"前语言的"、"前逻辑的"和"前述谓的"世界。在 1926—1927 年的《现象学导论》中，胡塞尔指出："对我们这些欧洲的文明人来说，科学是此在的，是我们多种多样的文明世界的组成部分，例如我们的艺术、我们的科学技术等。尽管我们不去确认它们的有效性，尽管我们对它们提出疑问，它们对我们来说仍然是我们生活于其中的经验世界中的事实。无论是明确的科学还是不明确的科学，无论是完全有效的科学，还是无效的科学，它们和人类所有好的或坏的事业一样，都属于世界，即纯粹经验的世界的组成部分。"② 从这段话中我们可以看出，"最终支撑科学的经验就不再是一种缄默的、前概念的直观，而是现实的、具体的历史世界和它的文化构成，也就是它的概念和科学的经验"③。

由此，胡塞尔在《现象学的心理学》中没有明确表露的思想在《危机》中得到了清楚的表达，"客观科学的基础在生活世界中，它

---

① Edmund Husserl, *Phänomenologische Psychologie*, S. 56. 中译文参见胡塞尔：《现象学的心理学》，第 68 页，译文有所改动。

② Edmund Husserl, *Zur Phänomenologie der Intersubjektivität. Texte aus dem Nachlass. Zweiter Teil:* 1921–1928, *Husserliana* XIV, hrsg. von Iso Kern, Den Haag: Martinus Nijhoff, 1973, S. 396–397. 转引自耿宁：《生活世界：作为客观科学的基础以及作为普遍真理问题与存在问题》，第 64 页。

③ 耿宁：《生活世界：作为客观科学的基础以及作为普遍真理问题与存在问题》，第 64 页。

作为人类成就与其他所有人类成就一样，同处于具体的生活世界之中"。[①] 为此，耿宁正确地指出："如果说起初胡塞尔的客观科学奠基问题被表述为科学的概念和前科学的直观之间的奠基关系问题，那么在他现在的思考中，这个问题则变成客观理论的抽象世界和主观生活的具体历史世界之间的根本关系问题。"[②]

综上，通过对胡塞尔通向先验现象学还原的两条道路，即现象学心理学道路和生活世界道路的考察，我们发现，这两条道路的目的都是为了澄清科学的基础问题，区别在于，现象学心理学道路因其主题的限制只关注精神科学的奠基，而生活世界的道路则因其普全性而涉及一切科学的奠基。在《危机》中，虽然这两条道路看似具有平行性质，但从为科学奠基的角度来看，生活世界的道路已经超越了现象学心理学的道路，因为只有这条道路才能为一切科学提供最终的基础。

结　语

依照狄尔泰的观点，一切人文科学和社会科学都属于精神科学的范畴。既然现象学心理学是精神科学的基础科学，那么它必然也

---

① Edmund Husserl, *Die Krisis der europäischen Wissenschaften und die transzendentale Phänomenologie. Eine Einleitung in die phänomenologische Philosophie, Husserliana* VI, hrsg. von Walter Biemel, Den Haag: Martinus Nijhoff, 1976, S. 132.

② 耿宁：《生活世界：作为客观科学的基础以及作为普遍真理问题与存在问题》，第 64 页。

是社会科学的基础科学了。由此看来，舒茨援引胡塞尔的现象学心理学为理解社会学奠基，确有其合理之处。

然而，我们必须注意到，对于胡塞尔来说，现象学心理学只是通向先验现象学的一个中间环节，或者说，是一个预备阶段，而只有先验现象学才是真正科学的哲学，也只有先验现象学才能真正担负起为一切科学奠基的使命。此外，从胡塞尔的思想发展历程来看，现象学为科学的奠基有三条不同的道路，分别是：（1）描述心理学的道路；（2）现象学心理学的道路；（3）生活世界的道路。①从《第一哲学》和《欧洲科学的危机与先验现象学》来看，现象学心理学的道路始终是胡塞尔所坚持的一条道路。但问题在于，胡塞尔认为现象学心理学的道路和生活世界的道路是通向先验现象学的两条平行的道路，而且在为科学奠基的问题上，二者所承担的任务不同，前者是为精神科学奠基，而后者则是为包括自然科学和精神科学在内的一切科学奠基。②然而，我们通过对舒茨思想的考察发现，他一方面坚持认为只有现象学心理学才能为社会（科）学奠基，但另一方面，他又主张生活世界才是社会（科）学研究的基础，并且，他是通过现象学心理学的不彻底的还原来揭示和保留生活世界的。这样一来，在胡塞尔那里相互分离和平行的东西，在舒茨这里则变成了合二为一的东西。而且，就胡塞尔而言，真正的生活世界是先验的经验世界，是纯粹意识体验的前逻辑、前述谓的世界，是通过先验还原所获得的、由先验自我所构造的世界，而非日

---

① 参见张浩军：《精神科学的奠基之路——从描述心理学到生活世界现象学》，载于《哲学动态》第7期，2018年，第69页。
② 参见同上书，第73—74页。

常意义上的世俗生活世界，所以，舒茨把先验现象学意义上的生活世界和自然态度下的生活世界等同起来的做法也犯了偷换概念的错误。从严格意义上来说，"生活世界"在胡塞尔和舒茨那里实际上是一个"同名异义"词。

第七章
列维纳斯论他人与伦理*

当我们论及他人问题时，列维纳斯（又译勒维纳斯、莱维纳斯）是一个难以回避的思想家。在他的哲学中，同感是一个要被否定的概念，而道德也不再是传统意义上的道德，自我与他人之间的伦理关系变成了最紧要、最核心的问题。

毋庸讳言，20世纪是一个充满战争和苦难的世纪，是一个人类自相残杀、生灵涂炭的世纪，是一个排除异己、消除他者的世纪。战争之惨烈、苦难之深重、人性之绝灭、道德之沦丧超过历史上任何一个时代。不论是从列维纳斯个人，还是从整个犹太民族甚至整个人类在20世纪的悲惨命运来看，同一对他者的迫害，存在对存在者的暴政，战争对伦理、道德的践踏，自由对责任和正义的漠视，都达到了无以复加的地步。他人到底犯了什么错，竟要遭受如此严重的惩罚？我们有什么权利对他人进行侵扰、压制、掳掠，甚至杀戮？人与人之间的关系究竟是一种统治和被统治、奴役和被奴役的阶级关系，还是一种相互承认、相互尊重、彼此负责的伦理关系？不同的民族、种族、国家之间，不同的宗教、派别之间，不同的政治、社会制度之间，不同的文化、文明之间，真的存在着高低、贵贱之分，好坏、优劣之别吗？

---

* 本章部分内容曾以《论勒维纳斯的他者理论》为题发表于《世界哲学》2015年第3期。

正是带着对这些问题的思考，带着自己和犹太民族，甚至整个人类的创伤记忆，列维纳斯在西方哲学、现象学、犹太教、基督教之间来回穿梭，最终以绝对而无限地为他人负责的伦理学给自己的思想之旅画上了一个句号。

第一节　西方哲学与存在论

列维纳斯认为，整个西方哲学到处都充满一种总体性的乡愁（Nostalgia）。[①] 自苏格拉底以来的西方哲学就被理论理性、概念思维所主导，认为只有从主体、自我出发得来的认识才是真实可信的，才是合理而可接受的。因此，认识的任务就是将他者中性化（neutralization），即将他者变成自我的一个论题或对象[②]，通过范畴判断、普遍综合的方式将其化约为同一（le même/the same），而成为自我的要素或部分。也就是说，在同一面前，所有的他者都将被论题化（thematization）、被概念化（conceptualization），因而都将失去其他异性、独立性，而与同一形成为一个总体。由此，世界就被意识包含在这个总体之中，因而最终变成了绝对的思想。[③] 正是在这个意义上，列维纳斯说："哲学就是自我学。"（Philosophy is

---

① Cf. E. Levinas, *Ethics and Infinity*, Pittsburgh: Duquesne University Press, 1985, p. 76.

② Cf. E. Levinas, *Totality and Infinity*, Pittsburgh: Duquesne University Press, 1969, p. 43.

③ Cf. Ibid., p. 75.

an egology.）^①在列维纳斯看来，西方哲学的这种总体化趋向在黑格尔哲学中达到了巅峰，而黑格尔哲学也意味着西方哲学本身达到了巅峰。^②但是，哲学史中鲜有人对总体化哲学提出质疑和批评，而弗兰茨·罗森茨维格（Franz Rosenzweig）在对黑格尔哲学的讨论中，成了第一个对这种总体化哲学进行彻底批判的哲学家。^③罗森茨维格对黑格尔的批判是从死亡体验开始的，他认为被包含在总体中的个体既未克服对死亡的恐惧，也未向其命运投降，因而这种总体性尚未将自身总体化，总体性发生了爆炸，这一炸便炸开了通向一种新的合理性的通道。^④在列维纳斯看来，这种新的合理性不在综合性的知识中，而在人与人的面对面中，在社会性当中，在其道德含义当中。而这里所谓的道德不是建立在对总体性及其危险的抽象反思基础之上的第二性的层次，而是一个独立的、初始的道德领域。^⑤

列维纳斯早期深受胡塞尔现象学的影响，其博士论文《胡塞尔现象学中的直观理论》（1930年）就是其悉心钻研的理论成果，但也正是胡塞尔的意向性理论成了列维纳斯后来批判的主要对象。胡塞尔继承和改造了布伦塔诺的意向性理论，提出了"意识总是关于某物的意识"这个著名的口号。这个口号的实质是说，每一个意识行为（Noesis）都有一个意向相关项（Noema），而这个意向相关项则是由意识所构造的对象，它是意识的产物。列维纳斯认为，现

---

① E. Levinas, *Totality and Infinity*, p. 44.

② Cf. E. Levinas, *Ethics and Infinity*, p. 76.

③ Cf. Ibid., pp. 75−76.

④ Cf. Ibid., p. 76.

⑤ Cf. Ibid., p. 77.

象学所谓"意识总是关于某物的意识"这一论断是总体化哲学的当代表现形式，是同一化约他者的典型做法。意识通过客体化行为或表象行为，将世界中的所有事物都纳入意识的范围之中，将所有他者都变成了由意识构造且赋予意义的意向相关项，于是所有的东西都以论题化的形式、以判断的形式变成了可理解的，他者的他异性完全消失在了意识的目光中，正如列维纳斯所说："表象的对象可以还原成意向相关项。可被理解的东西正是完全可以被还原为意向相关项的东西，而所有其与理解的关系都可以还原成由意识之光所建构的关系。在表象的可理解性中，我与他者、内在与外在之间的关系都被抹消了。"① 在列维纳斯看来，可理解性与表象是等价的，因此，一切可被表象的东西都是可被理解的。而表象也就意味着，他者被同一所规定和同化了，但他者却并未规定同一，而始终都是同　在规定他者。②

无疑，海德格尔对列维纳斯的思想影响是巨大的，这从他1929 年在达沃斯辩论（Davos Debate）中的表现就可见一斑③，而且

---

① E. Levinas, *Totality and Infinity*, p. 124.

② Cf. Ibid.

③ 列维纳斯作为年轻的研究生助教应海德格尔之邀参加了这次辩论，他还参加了一出由学生表演的嘲弄辩论的滑稽剧，所有与会者，包括海德格尔、卡西尔和卡西尔的夫人，都出席观看了这出滑稽剧。在剧中，列维纳斯把自己的头发粉饰成白色，扮演卡西尔，为了表达卡西尔的非战的和多少有些忧心忡忡的态度，列维纳斯不断地重复说，"我是一个和平主义者"。就在达沃斯辩论四年之后，曾被任命为马堡大学第一任犹太人校长的卡西尔在纳粹迫害的压力下不得不携带妻儿逃离德国，后来漂泊到英国、瑞典，最后辗转到了美国。而此时的海德格尔作为纳粹党的一员接受了弗莱堡大学的校长之职，发表了他那声名狼藉的认可纳粹纲领的就职演说。很快，列维纳斯（转下页）

列维纳斯也一再表示，海德格尔的哲学天才是无可否认的，尤其是以《存在与时间》为代表的早期哲学是所有研究哲学的后来人都无法回避也不可逾越的，"谁要是从事哲学研究，但居然不了解海德格尔哲学，那么在胡塞尔使用'素朴性'这个词的意义上来说，他的哲学研究就同样是素朴的"[①]。虽然海德格尔也反对胡塞尔的观念论（idealism）和理智主义（intellectualism），拒绝把他者放在意向性和知识论的语境中来讨论，但他所谓的"基础存在论"仍然难逃列维纳斯所着力批判的总体性哲学的窠臼，成了以存在的名义化约他者的暴力哲学。

在海德格尔那里，此在的存在被赋予优先地位，而对此在之存在的研究则构成了"基础存在论"，意即其他各种以非此在式的存在者为研究课题的存在论都要以对此在这种存在者的存在的研究为"基础"。[②] 此在之存在即生存，生存是此在的唯一目的，为了维系

（接上页）就为他曾在思想上站在海德格尔一边，而在行动中对卡西尔进行嘲弄的做法感到后悔，这种后悔甚至伴其终生。据理查德·苏格曼（Richard Sugarman）教授证实，列维纳斯于1973年作为访问教授造访美国时，四处打听卡西尔夫人的下落，为的是或许能，用他本人的话说，"请求她的原谅"。在他1986年与弗朗索瓦·普瓦耶（François Poirié）的访谈中，列维纳斯这样总结了他对达沃斯辩论的回忆："后来当希特勒掌权时，我不能原谅自己在达沃斯偏向海德格尔。"参见理查德·A.柯亨（Richard A. Cohen）在《他人的人道主义》中的导言部分；也见 E. Levinas, *Humanism of the Other*（Urbana/Chicago: University of Illinois Press, 2003, p. xiv–xvi）。在1981年与菲利普·尼摩（Philippe Nemo）的访谈中，列维纳斯也表示："在我看来，海德格尔永远都无法为其参与国家社会主义而开脱责任。"（E. Levinas, *Ethics and Infinity*, p. 41.）

① E. Levinas, *Ethics and Infinity*, p. 42.

② Cf. Martin Heidegger, *Being and Time*, Oxford: Blackwell, 1962, p. 34.

和展开自己的存在，此在操劳于世，与世内的各种存在者打交道，通过用具，通过劳作，通过各种技术手段和制度安排，甚至通过战争，对其进行理解、把握、占有和统治。此在（同一）与他者的关系变成了认识与被认识的关系，化约与被化约的关系，统治与被统治的关系。而这种关系是由作为"第三项"（the third term）、"中项"（the middle term）或"中性项"（the neutral term）的"存在"（Being）所中介的。[1] 由于存在先于存在者，对一切存在者的认识，皆有赖于对存在意义之理解，因而，存在在权力意志的驱使下最终变成了一个非人格的、匿名的、中性的、吞噬一切存在者的恶魔，存在的暴力使此在的生存变成了没有伦理的征伐和斗争。为此，列维纳斯指出，"确认存在相对于存在者的优先地位就已经是在决定哲学的本质了；哲学的本质就是让与存在者的关系（伦理关系）隶属于与存在者的存在的关系——存在者的存在是非人格的，它允许对存在者的理解和统治（认识关系），让正义隶属于自由"[2]，而"让所有与存在者的关系都隶属于与存在的关系，也就使海德格尔的存在论确认了自由相对于伦理的优先地位"[3]。

正义隶属于自由，自由优先于伦理，这便是列维纳斯从海德格尔的基础存在论里得出的可怕结论。在列维纳斯看来，自由的优先地位在本质上标志着同一的优先地位，恰恰是同一享有无限的自由，所以所有的他者都逃脱不了被同一所理解、占有、同化和宰制的命运。就此而言，海德格尔哲学最集中地体现了同一哲学的特征：

---

① Cf. E. Levinas, *Totality and Infinity*, pp. 42–45.

② Ibid., p. 45.

③ Ibid.

在我们时代最有声望的海德格尔哲学中似乎有机地保持着这种同一对他者的霸权。当海德格尔探寻经由存在……来到达通向每一个真实的独特性时，……当他看到人被自由拥有而非拥有自由时，便将一个照亮自由而非质疑自由的中立者加于人之上。于是，他并不是在摧毁而是在总结整个西方哲学的传统。①

在列维纳斯那里，西方哲学和存在论是画等号的。②因为，存在问题始终是西方哲学的核心问题。从巴门尼德以来，"存在"就被看作哲学所追求的第一因、本原、开端或根据，而对"存在"进行研究的存在论就被称作第一哲学。③在他看来，存在论哲学经历了两千多年的发展，最终在海德格尔这里走向了极端，而其造成的后果也最为严重。列维纳斯之所以很少用"基础存在论"，而在大部分时候则只用"存在论"来称谓海德格尔哲学，一方面是因为，他认为海德格尔的存在论还不够"基础"，或者说，存在问题本就不是基础问题，这从他的"存在论是基本的吗？"（L'ontologie est-elle fondamentale？）一文的标题提出的质疑即可看出；另一方面是因为，海德格尔的存在论不过是存在论的当代表现形式而已，所以列维纳斯有时也用"当代存在论"称之。虽然列维纳斯认同海

① E. Levinas, *En Découvrant l'Existence avec Husserl et Heidegger*, Paris: Vrin, 1967, p. 169.

② Cf. Ibid., p. 43.

③ 参见朱刚:《伦理学作为第一哲学如何可能？——试析勒维纳斯的伦理思想及其对存在暴力的批判》，载于《南京大学学报》（哲学·人文科学·社会科学版）第 6 期，2006 年，第 25 页。

德格尔对理智主义的批判，但由于存在论把此在与他者的关系置于与存在一般的关系之下，因而使得匿名的、中性的存在破坏了他者的和平，造成了对他者的压制或占有，所以在他看来，"作为第一哲学的存在论是一门权力哲学"[①]。而由于这门权力哲学并未对同一提出质疑，所以它又沦为一门不正义的哲学，并不可避免地导向帝国主义的统治，导向专制暴政。[②]

第二节　他人与面孔

何谓"他者"？在列维纳斯那里，他者至少有两层含义，一是指他物，二是指他人，而他者（autre）与他人（autrui）之间又是什么关系？列维纳斯回答说："绝对的他者，即是他人。"[③]在传统西方哲学中，绝对他者的角色通常是由神、善的理念、上帝、存在来

---

① E. Levinas, *Totality and Infinity*, p. 46. 德里达说："现象学的中性化过程赋予了历史、政治及警察式的中性化过程一种最微妙和最现代的形式。"（德里达：《暴力与形而上学：论埃马纽埃尔·勒维纳斯的思想》，《书写与差异》上册，张宁译，北京：生活·读书·新知三联书店，2001年，第164页。）在列维纳斯看来，海德格尔哲学虽然要成为前技术的、前客体性的，但它并不缺少压制性和占有性。这门中性的哲学与"某种场所哲学，植根哲学，异教暴力哲学，劫持哲学，狂热主义，供奉神灵即供奉无名神、供奉无上帝之神的哲学相通。它是一种'羞于自己承认的唯物主义'，因为本质上，唯物主义并非首先是感觉论的，而是一种公认的中性至上"（德里达：《书写与差异》上册，第165页）。

② Cf. Ibid., p. 120.

③ Ibid., p. 159.

担当的，但是在列维纳斯这里，他人却被放在了这个至高无上的位置上，这是为何？因为，在列维纳斯看来，他人不是由我们的意识构造的产物（胡塞尔），^①也不是借由此在的存在而被揭示的、与此在处在一共在结构中的另一此在（海德格尔）。^②他人是不可还原、

---

① 胡塞尔的先验转向最终导致唯我论的困境。在《观念 Ⅱ》和《笛卡尔式的沉思》中，胡塞尔试图借用利普斯的发生心理学中的"同感"概念来解决他人的构造问题，但却招致舍勒和海德格尔等人的强烈批评。列维纳斯也认为："胡塞尔的孤独的自我与作为他者的他人没有任何关系，对他来说，他人只是另一个我，是一个通过同感可以认识的他我（alter ego），即通过回到他自己而认识他我。"（Cf. E. Levinas, *Existence and Existents*, The Hague: Martinus Nijhoff Publishers, 1978, p. 85.）在德里达看来，胡塞尔与列维纳斯的根本分歧即在他人问题上。在《暴力与形而上学》中，他指出："根据列维纳斯的看法，胡塞尔在将他人，尤其是在《笛卡尔式的沉思》中当作由基于自我本身之所属领域的那种统现（apprésentation）所构成的自我现象的同时，恐怕是遗漏了他人的那种无限他异性并将之还原为同一。列维纳斯常说，将他人当作另一个自我（alter ego）就等于将他的绝对他异性中立化。"（德里达：《书写与差异》上册，第 181 页，译文有所改动。）

② 正如我在本书第二章指出的那样，海德格尔批评胡塞尔的先验转向，也反对其用"同感"概念来解决他人问题的方案，因为"同感"只不过意味着"他人就是自我的一个副本"而已。海德格尔提出了"共在"（Mitsein）的概念，用以刻画"自我－他人"的关系。在他看来，此在"在世界之中存在"并非孤身一人存在，也不是先有此在，而后再由此在"构造"出一个他人，毋宁说，此在与他人先天地就处在一种"共在"的结构中。"在世界之中存在"就是与他人共同存在，而且只有在共在的基础上，同感才得以可能。列维纳斯认为："与他人的关系缺失被海德格尔说成是此在的一种存在论结构，但实际上，它并未在存在的戏剧或生存论的分析中扮演任何角色。"（E. Levinas, *Time and the Other*, Pittsburgh: Duquesne University Press, 1987, p. 40.）也就是说，虽然海德格尔通过"共在"肯定了他人的存在地位，但由于"共在"只是此在在世的基本结构，而此在也并未与他人在经验层面上实实在在（转下页）

不可表象、不可认知、不可同化的，他人地地道道是超越，是无限。正因为他人是超越的，是无限的，所以同一与他人的关系就不能是认识与被认识、同一与被同一的关系，而只能是面对面（face-à-face／face to face）的伦理关系。"面对面"这个词揭示了我与他人遭遇的方式，同时也揭示了"面孔或脸"（visage／face）在这种关系中的地位。

　　每个人都有一张脸，脸是不可复制、不可替代、不可同化的，它是我们作为一个独一无二的个体最形象也最明显的标识，它代表着我们的绝对"外在性"（exteriority）①和"他异性"（alterity）。我们常常用照片来识别人的身份，我们也常常说"这件事让我很丢脸""张三毁容了""人活脸，树活皮"，这些都说明了"脸"的重要性。从一方面来说，脸是可见的（visible），既可以是一个视

　　（接上页）地"相遇"，而只是"被孤单地封闭在他的孤独、畏和作为终结的死亡中"（E. Levinas, *Existence and Existents*, p. 85），因而缺失了伦理的维度。德里达对此评论道："列维纳斯瞄准的已是先于'共在'关系的那种面对面及与面孔相遇的关系，在他看来，这种共在关系也许只是与他者的那种原初关系的一种衍生与修订形式而已。'面对面既无中介'，也无'融通'。它既无中介也无融通，既无间接性亦无直接性，这就是我们与他者的那种关系的真理，而对于这个真理，传统的逻各斯是永远不会接受的。"（德里达：《书写与差异》上册，第 151 页。）

① 列维纳斯对"外在性"的理解有一个转变的过程。在《时间与他者》（1948年）中，列维纳斯把外在性理解为一种空间关系。他说："与他者的关系是一种与大写神秘的关系。是他者的外在性，或者毋宁说是其他异性，因为外在性乃是一种空间属性。"而在《整体与无限》（1961 年）中，列维纳斯指出，真正的外在性不是空间性的，因为空间是同一的场所。有一种绝对的、无限的外在性，即大写的他者的外在性，也即他人的外在性。参见德里达：《书写与差异》上册，第 193 页。

觉对象，也可以是一个触觉对象，"让我看看你的脸"，"让我亲亲你的脸"这样的句子充分证实了这一点。也正因如此，他人与我面对面的遭遇才成为可能。但是从另一方面来看，脸又是不可见的（invisible）。"脸不可被还原为鼻子、眼睛、额头、下巴等"[1]。因为当我们把他人的脸当作一个客观的知觉对象时，他人的绝对外在性和他异性就被否定了，他人又变成了被同一所化约的对象。"脸的呈现就在于拒绝被包含。在这个意义上，它不能被理解，被捕获。它既不被看见，也不被触摸——因为在视觉或触觉中，我的同一性封闭了对象的他异性，而对象则变成了我的一个内含物。"[2] 也就是说，"脸抵抗占有，抵抗我的权力。在它的临显中，在表情中，可感者，仍可被把握者，变成了对把握的完全的抵抗"[3]。而脸上的这种表情所抵抗的"并非我的权力的虚弱，而是我行使权力的能力"[4]。

　　一方面，脸是他人的见证，是他人的踪迹，他人通过脸向我们显现自身，"我们把他人显现自身的方式叫作脸"[5]。另一方面，他人又拒绝被我们所认知，每当我们接近他人，想要一睹他人之真面目时，他人总已逃离。而正是这种显现又隐匿、接近（proximity）

---

[1]　E. Levinas, *Ethics and Infinity*, p. 85.

[2]　E. Levinas, *Totality and Infinity*, p. 194.

[3]　Ibid., p. 198.

[4]　Ibid., p. 199.

[5]　Ibid., p. 50. 费尔巴哈也在与此类似的意义上提到了我们的头："在空间中位置最高者也就是在人的最高质量中那种离人最近、那种人不能再与之分离的东西，即头颅。如果我看到一个人的头，我看到的就是他的人本身；但倘若我只看到躯干，我看到的就只是他的躯干。"（德里达：《书写与差异》上册，第171—172页。）

又逃离（evasion）的矛盾态度，揭示了他人与我的紧张关系。"面对面"中"对"（à/to）不仅意味着我们对他人的注视，同时也意味着他人对我们的注视，而他人对我们的注视，即是他人对同一之权威地位的质疑，对同一之权力意志的反抗，对同一之道德良心的拷问。从字面上看"面对面"应该是一种平等的关系，但实际上我与他人并不平等，他人并非"在我面前"（en face de moi），而是凌驾于我之上。[①] 他人以反抗、质疑、命令的姿态向我发出道德命令。[②] 正是在这个意义上，列维纳斯把他人向同一的显现称作"epiphany"（临显或显圣）。"epiphany"本意为神灵、耶稣或主的显现[③]，在这里用在他人向同一的显现上，显然是要抬高他人的地位，突显其绝对性、无限性。因此，他人与同一的面对面关系也被看作是一种宗教关系。伦理学不仅是第一哲学，还是第一神学

---

① Cf. E. Levinas, *Ethics and Infinity*, p. 88. 正如德里达所说："对于列维纳斯来说，面对面原本并非指的是两个平等直立的人面对面（vis-à-vis），后者假定的是仰着脖子、抬着眼与高处的上帝的面对面。"（德里达:《书写与差异》上册，第184页。）

② Cf. E. Levinas and Richard Kearney, "Dialogue with Emmanuel Levinas," in *Face to Face with Levinas*, ed. by Richard A. Cohen, New York: State University of New York Press, 1986, pp. 23–24.

③ 德里达认为，列维纳斯的《整体与无限》中隐藏着"神学与形而上学的暧昧共谋"。我与他人的面对面关系类似于人与上帝的面对面关系："耶和华的面孔是'与摩西面对面说话的那个上帝'的完整的人格及其完整的显现，但它也对摩西说：'你不能看到我的脸，因为人不能看到我并同时生活。你将立在那岩石上。当我的光轮经过，我会把你安置在岩洞里，在我离开之前我会用我的手遮住你。当我收手的时候你会看到我的背面，但我的脸不会让你看到。'"（德里达:《书写与差异》上册，第186—187页。）

（first theology）。[1] 针对"他人如何能比上帝更是绝对的他者"这个问题，列维纳斯表示，他并不反对上帝，但当他要谈论上帝时，必须从与他人的关系出发，反之则不然；也就是说，不能通过上帝来界定人，而只能通过人来界定上帝。"上帝"一词的意义就在于对他人的责任。[2]

为什么说，他人通过脸或面孔向我们的"显灵"就是在向我们发出道德命令，就是在吁求我们为他人负责呢？这要从语言或交谈（discourse）说起。在列维纳斯看来，"脸与交谈是捆绑在一起的。脸说话。正因为脸说话，所以才使得所有的交谈成为可能并使交谈得以开始。……交谈，更确切地说，回应或责任才是同一与他者间的本真关系"[3]。当他人以其最裸露、最贫困、最无遮掩和防护的脸面对我时，当他人试图通过某个动作或某种表情来掩饰其最本质的贫困和饥饿时，当他人以其柔弱而无助的眼神凝视我时[4]，他人就

---

[1]　Cf. E. Levinas, *Is it Righteous to Be? Interviews with Emmanuel Levinas*, Stanford: Stanford University Press, 2002, pp. 182−183.

[2]　Cf. Ibid., p. 59. 列维纳斯说："我不想通过上帝规定任何什么，因为，我所知道的是人。我能够通过人的关系，而不是相反，通过上帝规定上帝。上帝的概念——上帝知道，我并不反对。但是，当我要说有关上帝的某些事情时，我总是从人的关系出发。难以认可的抽象化，就是上帝。我是以和他者的关系的术语谈论上帝的。"

[3]　E. Levinas, *Ethics and Infinity*, p. 88.

[4]　人们常常说"眼睛是心灵的窗户"，而黑格尔则很好地诠释了这句话的含义："如果我们问自己在所有这些器官中，作为灵魂的灵魂会在哪一个当中全面地显现，我们立即会想到的是眼睛，因为正是在眼睛中灵魂全神贯注；它不只通过眼睛去看，而且反过来也通过眼睛显示自己。"（德里达：《书写与差异》上册，第168页。）

是在对我说话了，而他对我说的第一句话便是："你不可杀人。"① 这是一个命令，不容反抗，也不容拒绝。"在他人向我们的显现中，有一条戒律，这条戒律就像是主对我说的。"② 正如列维纳斯所说，"在他人的脸上，在他裸露的、毫无防护的双眼中，在超越者的绝对的开放性的裸呈中所闪现的对谋杀的无限抵抗使我的权力瘫痪了。在此建立的不是一种与顽强抵抗的关系，而是一种与绝对他者的关系，一种与没有抵抗的抵抗的关系，一种与伦理上抵抗的关系"③。

列维纳斯认为，当他人向我说话时，已经与我处在一种交谈（discourse）关系中，因为"无限的临显就是表达和交谈"④。在交谈中，我与他人成了对话者（interlocutor），我对他说话（saying），而说话是对他人的一种问候（greeting）、一种欢迎（welcoming）、一种好客（hospitality），⑤ 且问候或欢迎已然是在对他作答（answer

---

① Ibid., p. 89. 对于他物，我们可以通过各种技术手段、通过劳动对之进行制作、占有、享用，消灭其他异性。但对于他人，消灭其他异性的唯一途径，即是将其杀死。因此列维纳斯说"他人是我唯一想要杀死的存在"，但也唯有他人命令我"你不可杀人"。舍勒说，由于唯有人是有位格（人格）的，所以对人的一切杀戮都是谋杀（murder）。而动物没有位格，因此，对动物只是杀死（kill）。

② Ibid.

③ E. Levinas, *Totality and Infinity*, p. 199.

④ Ibid., p. 200.

⑤ 列维纳斯说："在交谈中接近他人就是欢迎他的表达。在表达的每一个瞬间，他都流溢出一种思想由之而来的观念。因此在交谈中接近他人就是从那个超出我的能力之外的他人那里接收一种东西，而这正就意味着：接收无限的观念。"（E. Levinas, *Totality and Infinity*, p. 51.）德里达发挥了列维纳斯的"欢迎"和"好客"概念，发展出了自己的"好客政治学"（转下页）

for him）。作答即是一种"回应"（response, respond to），而回应便意味着"责任"（responsibility, responsible for）。① 回应的主体变成了责任的主体。

在列维纳斯看来，为他人负责，这是同一应尽的义务，是无法逃避的责任，是"主体性（subjectivity）的本质的、首要的和根本的结构"②。在胡塞尔那里，"主体"（subject）、"主体性"（subjectivity）与"自我"（ego）、"意识"（consciousness）基本上是同义的。③ 但在列维纳斯这里，二者有巨大的差别，甚至是截然对立的。如果说"自我""意识"意味着"同一"，那么"主体""主体性"就意味着"同一中的他者"（the other in the same）④，"同一中的他者"是对同一的责难和背叛，是对同一的质疑和否定。而就在这种责难和背叛中，在质疑和否定中，主体诞生了，这个主体已经不再是传统西方哲学中的认知主体，而是一个责任主体、伦理主体了。当我面对他人时，当他人以其裸露的、无助的、毫无防护的双眼对我进行质疑、控诉时，当他人以其苍老的、垂死的、布满了皱纹的脸对我进行哀求、呼告时，当那些无家可归者、流浪

（接上页）（politics of hospitality）（Cf. Jacques Derrida, *Adieu to Emmauel Levinas*, trans. by Pascale-Anne Brault and Michael Naas, Stanford: Stanford University Press, 1999.）

① Cf. E. Levinas, *Ethics and Infinity*, p. 88.

② Ibid., p. 95.

③ 对此，列维纳斯指出："把主体性还原为意识支配了哲学思想，自黑格尔以来，哲学思想就一直在试图通过将实体与主体同一化的方式来克服存在与思想之间的二元性。" Cf. E. Levinas, *Otherwise than Being or Beyond Essence*, Pittsburgh: Duquesne University Press, p. 103.

④ Cf. E. Levinas, *Otherwise than Being or Beyond Essence*, p. 111.

者、乞讨者、寡妇、孤儿命令我对其回应、负责时，我的主体性被唤醒了。"无限责任的呼求确认了处在歉疚立场上的主体性。"[1] 而事实上，为他人负责，已经预先设定"我"是一个可以负责也有能力负责的主体，只不过我的这种主体性只有在真正负责的过程中才能得以确立和持存。

如果说同一意味着完全的主动性，那么同一中的他者即主体就是完全的被动性[2]，而且是最被动的被动性[3]。这种被动性意味着同一在交谈中作为对话者对他人的回应本质上是一种顺从、一种隶属、一种臣服（subject to）。主体之为主体，总是预设了他者的优先地位和对他者的臣服，主体是他人的臣民。在他人面前，主体永远是被动的，而这种被动性同时也意味着主体必须完全放弃自己的主权、灭绝权力意志，顺服于他人、听命于他人，为他人负责。

第三节　临近与烦扰

通常情况下，我们认为自由先于责任。也就是说，我们只对出自我们自由选择的行为造成的后果负责，对于那些并非出自我们的自由意志，而是受他人胁迫或不可抗力影响的行为造成的后果，我们无法也不必为之负责。从这个意义上来说，如果我并未劫掠、杀

---

① E. Levinas, *Totality and Infinity*, p. 245.

② 在胡塞尔的先验逻辑中，主体或先验自我既有被动性，又有主动性，列维纳斯为了强调主体为他人负责的绝对无条件性，把主体变成了毫无主动性的被动主体。

③ Cf. E. Levinas, *Totality and Infinity*, p. 55.

人，并未对他人犯罪，也未对他人进行侵扰、盘剥，未对他人造成任何伤害，我还需要为他人负责吗？如果我与他人素昧平生、毫无干系，我对所有人都无所亏欠，也无所谓的利他之心（altruism），我为何要为他人负责？列维纳斯敏锐地揭示了这些疑问的实质："我们习惯了以自我之自由的名义进行推论——就好像我见证了世界的创造一样，就好像我只能对一个出自我的自由意志的世界负责一样。这些都是哲学家的假定！都是唯心论者的假定！或不负责任者的逃避！《圣经》即因此而责备约伯。……他那些假朋友想的也跟他一样：在一个合乎情理的世界上，当一个人什么错都没犯下的时候，他也就没必要负责。"①

在列维纳斯看来，这样的"无罪"辩护是不成立的，我们对他人的责任也并不是一种"无罪的责任"，我们早已对他人有所亏欠、有所负疚。因为只要我们存在，只要我们栖身于这个世界之中，我们就已经不可避免地对他人犯罪。正如他所说："我在世界之中的存在，或者我'在阳光下的处所'，我的家园，这些难道不已经是对那些属于另一个人（我对这另一个人已经施以压迫或使之饥馑，将之驱赶到第三个世界中了）的位置的侵占吗？它们难道不已经是一种排斥、驱逐、流放、剥夺、杀戮吗？"② 的确，虽

---

① E. Levinas, *Otherwise than Being or Beyond Essence*, p. 122. 列维纳斯这里所谓的哲学家指的是自苏格拉底以来的所有主体性哲学家，笛卡尔、康德、黑格尔都是其中的典型代表。关于约伯与其三个朋友的故事，参见旧约《圣经·诗篇·智慧书》中的《约伯记》。

② E. Levinas, *Ethique comme philosophie première*, Editions Payot & Rivages, 1998, p. 93. 转引自朱刚：《伦理学作为第一哲学如何可能？——试析列维纳斯的伦理思想及其对存在暴力的批判》，第 27 页。

然我们"在意向上和意识上是无辜的"①，但我们的"此－在"（Dasein）毕竟占据了一个"此"（Da），因而已经是对他人之立足之地，对他人之处所、家园的占据与剥夺。于是"对我的此在之此占据了某人的处所的害怕"，"对于我的实存所可能完成的暴力与谋杀的害怕"②，就"从我的'自我意识'背后重新升起了，而不管在存在中的纯粹坚持多少地回到心安理得（la bonne conscience）"③。正是出于这种害怕，出于这种良心上的不安，所以我总是对他人充满歉意，充满愧疚，我必须以为他人负责的态度偿还这永远也偿还不清的债务。

为了更好地刻画主体与他人之间的这种责任关系，列维纳斯给他人取了另一个名字，"邻人"（neighbour）。"邻人"与我的关系是一种"临近"（proximity）关系。④ "临近"意味着什么？临近意味着他人在无限地、永不止息地向我靠近，向我显现，但却拒绝被我所认知、同化⑤；临近意味着他人对我的指派、命令、烦扰

---

① E. Levinas, *Ethique comme philosophie première*, p. 93.

② Ibid.

③ Ibid.

④ Cf. E. Levinas, *Otherwise than Being or Beyond Essence*, p. 100.

⑤ 列维纳斯认为，我们不可在物理学或几何学的空间意义上理解"临近"。因为物理学或几何学的空间是均质的（homogeneous）、各向同性的（isotropy），处在物理空间或几何空间中的物体是一种同质性（homogeneity）的共在（co-existence）关系，是一种整体关系。而空间上的共在性与时间上的共时性（synchrony; simultaneity）恰恰是同一的基本存在方式。毋宁说，他人之相距于我，是一种历时性（diachrony）的时间关系，是他人为了不被同一所认知、表象、同化或整合所保持的一种持续的抵抗、拒绝的姿态。Cf. E. Levinas, *Otherwise than Being or Beyond Essence*, pp. 81, 85.

或纠缠（obsession）。① 正如列维纳斯所说："临近关系不可被还原为任何距离或几何学的接近的模态，也不可被还原为对邻人的简单的'表象'；临近已经是一种指派，一种极端紧迫的指派了——无端地先于所有委托的义务。这种在先性比先天性（a priori）还要'更老'……我们已经把这种不可还原为意识的关系称作烦扰。烦扰与外在性的关系'先于'实行烦扰的行为。因为烦扰不是一个行为，不是一种主题化，不是费希特意义上的一个设定。"② 烦扰不是意识，不是一种主题化的行为，也不是一种自我设定，那它是什么呢？它是他人在不断临近同一的运动中的自我时间化，是纯粹的被动性，是不可被复原的、不可被当前化的历时性（diachrony）。

在胡塞尔那里，时间是可被复原的，而复原时间的方式即是回忆或当前化。回忆在胡塞尔的内时间意识现象学中具有十分重要的地位，他常常将其称作"再生产性的联想"。正是通过回忆这种特殊的再生产性的时间行为，对象的同一性和历史性才得到了保证。因为一个对象并不能仅仅在瞬间的现在中被构造，而只有当我能够一再地返回到"同一个"（identisch）"它"时，即在我的回忆和再回忆（Wiedererinnerung）中一再地获得对"它"的认同（identifizieren）时，"它"才能是一个真正的对象。③ 在列维纳斯看来，胡塞尔的内时间意识现象学是典型的同一哲学，过去时间的可回忆性、可复原性使得历史变成了自我、同一的历史，也使得自

---

① "obsession"有"着魔""神灵附身"之意，这个词生动地刻画了"同一中的他者"在向我的无限临近中对我造成的无端烦扰、纠缠和迫害。

② E. Levinas, *Otherwise than Being or Beyond Essence*, pp. 100–101.

③ 参见胡塞尔的《内时间意识现象学》《经验与判断》《被动综合分析》等相关著作。

我、同一变成了历史的自我、同一。同一不仅是历史的创造者，同时也是历史的书写者、编纂者、最后评判者，而他人也就不可避免地成了同一的历史意识所化约、评判、整合的对象，成了历史总体或总体历史的殉葬品。①

可以说，时间与他者的关系是列维纳斯哲学思考的一个主题，而其对胡塞尔时间观的讨论就是为了把他人从同一的绝对的主动性、从同一的特权和暴力中解脱出来，为同一之为他人的责任寻找绝对的本原或根据，而这个绝对的本原或根据不在同一之中，它是由"临近"、由"烦扰"所体现的纯粹被动的，无端的，不可被复原、不可被回忆的，绝对过去的，历时性的时间性。为此，列维纳斯指出："邻人在击中我之前就已经击中我，就像在他说话前我已经听见他说的话。这种无端证实了一种时间性，这种时间性与扫描意识的时间性不同，它瓦解了历史和回忆的可复原的时间。……在临近中，我们听到了一个似乎从不可回忆的过去发出的命令，不可回忆的过去永远不再是现在了，它再也没有自由重新开始了。"②"临近是对可回忆的时间的一种中断。"③

临近是从不可回忆的过去开始的，这种临近对我而言总已经是一种烦扰，"烦扰逆向穿行于意识之中，作为陌生之物、作为搅扰、作为谵妄，铭刻于意识之中。它摧毁意识的主题化，并逃避任何的原则、本原、意志，逃避那产生于任何意识之光中的ἀρχή（开端）。这一运动，从这个词的本来意义上来说，是无端的（an-

---

①　Cf. E. Levinas, *Totality and Infinity*, pp. 18, 40, 243–245.

②　Ibid., p. 88.

③　E. Levinas, *Otherwise than Being or Beyond Essence*, p. 89.

archical)"①。意向性活动是一种主题化的活动，是从意识到对象的"正向"运动（由内而外），而烦扰则是某个不知为何物的东西"逆向"穿行于意识、侵扰意识（由外而内），目的是为了"摧毁"意识的权能，摧毁同一的"开端"（άρχή）。

烦扰是无端的，而"无端即是迫害"。②在自我的任何意向性活动之前，在"老的"根本就无法回忆的过去，在自我的"前史"中，我就已经"收到一个似乎从不可回忆的过去发出的命令"，我就已经被他人无端地烦扰着、迫害着对其回应、为其负责。因此，"责任中有一个悖论，那就是我被迫负责，但这种迫使我负责的义务却并没有已经在我之中开始……责任与服从是先于那被接受的命令或契约的。这就好像是，责任的第一运动不可能在于等待命令，甚至也不可能在于欢迎命令（这些都仍然会是某种准主动），而只能在于在一个命令被表述之前就服从这一命令。或者这就像是，这一命令乃是被表述于每一可能的现在之前，被表述于这样一个过去之中：此过去显现在服从的现在中，但却并不在现在中被回忆起，也不是从记忆中来到现在的"③。我还没有借贷，便已负债；我还没有应承，便已被指派；我还没有获罪，便已被控告；我还没有接到命令，便已服从；我还没有受人之托，便已在为他负责。这是一个悖论，而正是这个悖论在证成列维纳斯的责任伦理学。

---

① E. Levinas, *Otherwise than Being or Beyond Essence*, p. 101.

② Ibid.

③ Ibid., p. 13.

第四节　人质与替代

　　他人的临近对我是一种无端的烦扰，而这种无端的烦扰证成了一种无端的责任。[①] 但谁来承担责任？是"同一"（the same）还是"同一中的他者"（the other in the same），是"大写的我"（Moi/Ego）还是"小写的我"（moi/me），是"主动的我"（Je/I）还是"被动的我"（soi/self），是自我（Ego）还是自己（self）？——当然是后者。[②] 因为"自己彻头彻尾就是一个人质，它比自我更老，它先于所有的原则"[③]。在列维纳斯看来，"自我"即是"同一"，即是"大写的我"，即是"主动的我"，它完全生活在现在之中，是意识的意向性的开端，它只关心自己的存在，并为其存在而操劳忙碌，它漠视他者的存在地位和权利，始终把异于自身的他者看作自己猎取、享用、征服和统治的对象，它不对他人负责而只对自己负责。[④] "自己"则不同，它是"同一中的他者"，是"小写的我"，

---

① 关于责任的无端学，朱刚在《一种可能的责任"无端学"——与列维纳斯一道思考为他人的责任的"起源"》一文中有非常精彩的分析，见《中山大学学报》（社会科学版），2010 年第 1 期，第 112—118 页。

② 列维纳斯实际上是在用现象学还原的方法，把作为认知主体的自我（Moi/Ego）还原为作为道德主体的自己或自身（soi/self）。

③ E. Levinas, *Otherwise than Being or Beyond Essence*, p. 117.

④ 在德里达看来，"如果他人不被当作另一个先验自我来认识的话，他将会完全在世界中而不像我那样作为世界的起源而存在。拒绝承认他人身上有个这种意义的自我，甚至就是伦理意义上的所有暴力的姿态。如果他人不被当作自我来承认的话，那么他所有的他异性都可能会丧失"（德里达：《书写与差异》上册，第 217 页，译文有所改动）。

是"被动的我",是被他人无端烦扰、控告和迫害的对象,是被他人绑架来的人质,是对他者的替代。

他人为何要绑架我?因为,"为他人的责任需要一个作为不可替代的人质的主体性"①。主体性(subjectivity)即是臣属性(subjection),即是完全的被动性,即是"自己",也即是他人的人质。②他人为了有人对其负责所以对我实施了绑架。这也就意味着,本来没有人为他人负责。为什么没有人为他人负责呢?因为自我是自为的,它只关心自己,只对自己负责。它对他人漠不关心(indifference)。"自己"则相反,它是为他的,是"非–漠不关心"(non-indifference),③它必须为他人负责。但这种为他人负责是利他主义(altruism)吗?不是。是出于仁慈或爱吗?不是。因为"自己"并不是主动地为他人负责,而是在他人的无端烦扰、控告、迫害下,在面对他人质疑、责难、求助的目光时,因为感到害怕,感到愧疚,感到不安,才被动地承担责任的,因此,"自我在为他人的责任中的反复发生,一种进行迫害的烦扰反对意向性,因此,为他人的责任从来都不意味着利他的意志、'自然的仁慈'的本能或爱。正是在烦扰的被动性或具身的被动性中,一种同一性把它自身

---

① E. Levinas, *Otherwise than Being or Beyond Essence*, p. 124.
② Cf. Ibid., p. 112.
③ "non-indifference"可以从两个方面来理解。一方面我们可以把它理解为"非–无差异"。"非–无差异"可以看作是对"无差异"的否定,于是它便意味着对自我、同一化约他者的抵抗。因为在同一面前,所有的他者都丧失了其他异性,都成了被同一所化约、整合的对象。另一方面,我们也可以把它理解为"非–冷漠"或"非–漠不关心"。同一化约他者之他异性的其中一种方式就是对他者的一切质疑、责难、哀告、吁求都视而不见,充耳不闻。

个体化为一个独一而无的自己"[①]。

他人绑架我，把我扣为人质，实际上是要让我"替代"他人，为他人受过，替他人赎罪（expiation）。"自己，作为人质，总已经是在替代诸他人了。'我就是他人。'"[②]虽然我并未侵扰、谋杀他人，也未对他人施以任何伤害，我是清白无辜的，但总有人被侵扰、被伤害了，总得有人对此负责。谁来负责？人质来负。我是被他人抓来的人质，我的任务就是"替"他人受过，为他人的罪责埋单。而且我不只是替代一个他人，我是替代所有人，因而我是一切人的人质。于是，一切责任都落到了我的肩上，作为主体或臣民，我必须承担起一切罪责，我就是一个基底（sub-jectum）。正如列维纳斯所说："自己是一个基底；它承担着宇宙的重负和所有的责任。"[③]

列维纳斯把绝对的他者即他人叫作"至善"（le Bien/the Good）或"善自身"（Bien en soi），而把作为人质和替代的自己、主体性叫作"善性"（bonté/goodness）。在他看来，他人是自由的，而主体是不自由的，或者说主体的责任先于自由。而主体或自己之被扣为人质，为他人负责，本质上是一种必然的拣选，是善的拣选。"责任先于自由意味着至善之善：在我能够拣选善之前，即欢迎其拣选前，善首先拣选我的必然性。这是我的前－本原的可接受性（susceptiveness）。它是一种先于所有接受性的被动性，它是超越的。……善指派主体接近他人、邻居。"[④]善的拣选意味着主体

---

① 　E. Levinas, *Otherwise than Being or Beyond Essence*, pp. 111–112.

② 　Ibid., p. 118.

③ 　Ibid., p. 116.

④ 　Ibid., pp. 122–123.

为他人的责任是全然被动的，而且这种责任始终是单向度的、不对称的、非交互性的。也就是说，永远都是我替代他人，我为他人负责，而不是反过来，他人替代我为我负责。"我可以用我自己替代所有人，但没有一个人可以用他自己来替代我。"[1] 正是这种不对称的关系才使我能够隶属于（suject to）他人、听命于他人，但同时，隶属性也成就了我的主体性（subjectivity）。[2] 另外，如果主体与他人之间的关系是一种对等的、交互的关系的话，那么主体为他人的责任就有可能成为一种谋划和算计。好像我为他人负责是为了将来他人能够更好地为我负责。这样一来，我与他人之间的关系就又回到了列维纳斯所批判的存在论意义上的利益关系（intér-essement）。[3]

第五节 伦理学与形而上学

在列维纳斯的时代，反形而上学已经不止是一种时髦，而且已经成为一种共识。尤其是在以法国的结构主义、解构主义为代表的后现代哲学中，对总体化和同一化的传统西方形而上学进行彻底清算和批判的声音早已不绝于耳，甚嚣尘上。可就是在形而上学声名狼藉，处在历史命运的风口浪尖之时，列维纳斯却"甘冒天下之大不韪"，把自己的哲学称作形而上学，这是在以一种极端的方式哗

---

[1] E. Levinas, *Ethics and Infinity*, p. 101.

[2] Cf. Ibid., p. 98.

[3] Cf. E. Levinas, *God, Death, and Time*, Standford: Stanford University Press, 2000, p. 205.

众取宠，还是在以哲学的真诚对抗时代的愚蠢？列维纳斯所谓的形而上学究竟是一门什么样的形而上学呢，以致它一经推出，就振聋发聩，引起了世人的极大关注？

列维纳斯所谓的形而上学不是传统西方哲学，也不是存在论，而是伦理学。在他看来，传统西方哲学本质上是存在论，而存在论是一门权力哲学、暴力哲学，其最本质的特征即是"总体化"（totalization）和"同一化"（identification）。"总体化"和"同一化"意味着同一、自我、意识和存在的暴力，意味着完全的主动性，意味着包括他人在内的他者的独特性、他异性、外在性和超越性在同一的认知、占有、冒犯、掳掠、统治和杀戮中被否定、被化约、被抹消、被剥夺，因而也意味着自由、权力先于责任和正义、存在论先于伦理学、先于形而上学。

因此，在列维纳斯看来，为了捍卫他者的存在地位和权利，为了把他者从同一的暴力、从"总体化"和"同一化"的历史命运中解脱出来，我们就必须打破西方哲学的总体化思维，废黜存在论作为第一哲学的地位；必须把我们与他人之间的关系从认识与被认识、化约与被化约、奴役与被奴役的关系回归到面对面的伦理关系、友爱关系，无限地欢迎他人，无限地为他人负责；必须使正义和责任先于自由和权力，使形而上学先于存在论，让伦理学成为第一哲学。因为"从根本上来说，人与他人的伦理关系比他与他自己的存在论关系（自我学）或他与我们称之为世界万物的总体的存在论关系（宇宙论）更为重要"①。

---

① Richard A. Cohen, *Face to Face with Levinas*, New York: State University of New York Press, 1986, p. 21.

　　然而，什么是伦理学？在列维纳斯这里，伦理学即是对同一相对于他者的优先地位的质疑；即是把同一从作为对他人的认知者、占有者的地位降格到作为他人的人质、替代者的地位；即是把同一的主动性、自发性转变为一种完全的被动性、臣属性；即是对存在论的中立化、主题化进行批判，即是让形而上学先于存在论。① 正如列维纳斯所说："我们把这种通过他人的在场而对我的自发性的质疑叫作伦理学。他人的陌生性，其不可还原为我、还原为我的思想和我的占有物的不可还原性，就是通过对我的自发性的质疑、通过伦理学而被成全的。形而上学、超越、同一对他者的欢迎、我对他者的欢迎，被具体化为借由他者对同一的质疑，也即是说，具体化为对知识的本质进行批判的伦理学。批判先于独断论，形而上学先于存在论。"②

　　在列维纳斯看来，形而上学的本性是对他者的欲望。这里的他者不是诸如我们吃的面包、我们栖居的土地、我们凝视的风景这样的他物，因为这样的他者是满足我们"需求"的东西，"其他异性因此被吸收进作为思想者或占有者的我自己的同一性中"③。形而上学所欲望的他者与此不同，"形而上学欲望朝向某个完全不同的东西，朝向绝对的他者"④，"欲望是对绝对他者的欲望"⑤，而"绝

---

① 德里达说："列维纳斯把超越蔑视或忽视他者的，即超越享受、占有、包含或理解和认识他者的这种积极运动称作形而上学或伦理学。"（德里达：《书写与差异》上册，第 155 页。）

② E. Levinas, *Totality and Infinity*, p. 43.

③ Ibid., p. 33.

④ Ibid., p. 34.

⑤ Ibid.

对的他者即是他人"①。何为他人？他人即是无限，即是超越。"无限是一个超越的存在者的特性；无限者是绝对的他者。"② 由于他人是无限的、是超越的，因而我们与他人之间的关系就是一种超越的关系，一种欲望无限的关系，而这种超越的关系即是形而上学的关系、伦理的关系。

毫无疑问，伦理学是列维纳斯哲学所探讨的主题，也是其哲学的外在标志，但其对伦理学的探讨并不是要建构一门伦理学，而是要为伦理学奠基，或者说，他不是在为我们制定具体的伦理规范或学说，而是在向我们证成，具体的伦理规范或学说应该建立在什么样的原则和基础之上。正如他所说："我的任务并不在于建构伦理学；我只是在试图发现它的意义。事实上，我并不认为，所有的哲学都应该是有规划的。是胡塞尔首先提出了一种哲学规划的观念。无疑，人们可以依照我的思想建构一门伦理学，但这不是我的主题。"③

第六节　质疑与批评

当列维纳斯在《总体与无限》中以反叛西方哲学传统、逃离存在论的方式提出"伦理学作为第一哲学"的新哲学纲领时，他的学生雅克·德里达一方面欢欣鼓舞，对这本书给哲学研究提出的新问

①　E. Levinas, *Totality and Infinity*, p. 39.

②　Ibid., p. 49.

③　E. Levinas, *Ethics and Infinity*, p. 90.

题和开辟的新方向给予高度评价，但另一方面，作为解构主义的大师，他也对自己的老师展开了无情的批判。①

第一，德里达指出，列维纳斯对西方哲学或存在论的批判本质上是要让我们"出离希腊"，摆脱自巴门尼德以来就陷入"总体化"和"同一化"的希腊哲学传统，在欲望与无限的超越关系中重建形而上学，而重建形而上学的目的则是要"从形而上学中呼唤伦理关系——即无限作为他者的那种与无限性、与他人的非暴力关系——因为唯有这种伦理关系才能打开超越的空间并解放形而上学"②。虽然德里达说列维纳斯的这一思想"震撼了我们"③，但他对我们脱离希腊传统，重建形而上学的可能性表示质疑。他说："列维纳斯的思想呼吁我们从希腊逻各斯中脱位，从我们自身的一致性中脱位，也许是从一般一致性中脱位；它呼吁我们脱离希腊场域，也许是脱离一般场域，以趋向某种甚至不再是（对神过分殷勤的）源头和场所的东西，趋向某种呼吸，某种不仅先于柏拉图和前苏格拉底，甚至先于所有希腊源头就已被吐出的先知言语，趋向那个希腊的他者

---

① 德里达对列维纳斯的批判主要集中在他的评论《暴力与形而上学：论埃马纽埃尔·勒维纳斯的思想》中，该文收录在他1967年发表的著作《书写与差异》中。罗伯特·贝纳斯科尼（Robert Bernasconi）甚至认为，德里达在批评列维纳斯的同时，已经在解构列维纳斯。Cf. Robert Bernasconi, "Levinas and Derrida: The Question of the Closure of Metaphysics", in *Face to Face with Levinas*, State University of New York Press, 1986, pp. 187–188. 关于德里达对列维纳斯的批评，国内学者孙向晨在其《面对他者：莱维纳斯哲学研究》（上海：上海三联书店，2008）一书中亦有详尽论述，见该书第五章第一节"德里达的批判及莱维纳斯的转向"。

② 德里达:《书写与差异》上册，第135—136页。译文有所改动。

③ 同上书，第134页。

（但希腊的他者是否就是非希腊的呢？尤其是它能否自命为非希腊的呢？）"①

德里达认为，整个哲学的历史是从希腊开端的，而这并不意味着西方主义或历史主义。由于哲学的基本概念首先是希腊的，而离开这些基本概念进行表述和谈论哲学便是不可能的②，因此，"任何哲学想要动摇它们恐怕都不能不以臣服于它们开始，或者说，都不能不以摧毁自身作为哲学语言的身份而告终"③。如果德里达的说法可以成立，那么列维纳斯试图重建的形而上学只有一种选择，即要么臣服于被"同"和"一"所统治的希腊哲学传统，要么宣告自身为非哲学。

在德里达看来，列维纳斯对希腊哲学传统的逃离和反叛，本质上是对"希腊"语言的逃离和反叛。但他认为，这种"杀父弑君"行为就连柏拉图这个希腊人都做不到④，列维纳斯这个"非希腊人"就更做不到了，"除非他通过说希腊话假扮成希腊人，为接近那个国王而假装说希腊话。然而，既然问题涉及的是谋杀一种语言，我们怎么能知道谁会是这个假装动作的最后牺牲者呢？难道我们可以

---

① 德里达：《书写与差异》上册，第 134—135 页。

② 参见同上。德里达指出："对于胡塞尔和海德格尔来说，'哲学'（philosophia）这个希腊词意味着，哲学首先而且尤其是规定了希腊世界之实存的某种东西。而且，哲学从它的本质来说也决定了我们欧洲历史的那种最内在的过程。'欧洲哲学'这个词组的反复锤炼其实是一种同语反复。为何？因为'哲学'本质上就是希腊的——海德格尔说：'当我说希腊的这个词时我要说的是哲学存在的原初特性是它首先并且只选择了希腊世界作为自身发展的场所。'"（德里达：《书写与差异》上册，第 132 页脚注。）

③ 德里达：《书写与差异》上册，第 134—135 页。

④ 德里达的意思是让柏拉图反叛自巴门尼德以来的存在论传统。

假装说一种语言吗？"①。如果我们只能用"希腊"语言来言说哲学、探讨哲学，那么"他者"就永远逃不出"同一"的暴力，因为语言本身就是一种暴力，而"他者"也只能在这种暴力的语言中现身。德里达说道："如果正如列维纳斯所言，唯有话语（discourse）（而非直观的联系）才是正义的，而且，如果任何话语本质上都在自身中保留了空间和同一的话，那么这不就意味着话语原本就是暴力吗？不就意味着哲学的逻各斯这个人们可以宣布和平的唯一场所已被战争占据了吗？如果这样的话，话语与暴力的区分恐怕永远将是一个无法通达的视域。非暴力恐怕就是那种终极目的，而不是话语的本质。"②

第二，德里达认为，列维纳斯一方面批评现象学是一种暴力哲学、权力哲学，但另一方面又在运用现象学的方法、概念和理论来建构自己的形而上学，因而陷入自相矛盾。③ 在德里达看来，虽然列维纳斯本人也承认哲学的研究方法、概念与哲学思想、理论本身是分不开的，并且在早期也曾追随海德格尔对胡塞尔进行过类似的批判，但他在构建自己的形而上学时却未能自觉地避免这一做法。为此，德里达进行了严厉的批评：

> 列维纳斯的形而上学只是将这个现象学预设为某种严格意义上的方法和技巧吗？诚然，列维纳斯虽然抛弃了胡

---

① 德里达:《书写与差异》上册，第 149 页。
② 同上书，第 201 页。
③ 德里达说："形而上学，逃脱不了光的影响，它总是在其对现象学的批判中以某种现象学为前提条件，尤其是如果它像列维纳斯的形而上学那样想要成为话语和知识传授的话。"（同上书，第 203 页。）

塞尔研究中所做出的绝大多数字面结论，却保留了他的方法论遗产。"我所使用的这些观念的引进和展开全部归功于现象学方法"（《总体与无限》《困难的自由》）。可是这些概念的引进和展开只是思想的一件外套吗？而方法是可以被当成某种工具借用的吗？三十年前，列维纳斯不是效仿海德格尔支持过方法不能被孤立开来的说法吗？因为方法总是隐藏着"人们对所研究的那种存在的意义的某种预设"（《胡塞尔现象学中的直观理论》），尤其是在胡塞尔的个案中。列维纳斯那时写道："因此，在我们的阐释中，我们不能把作为一种哲学方法的直观理论与可以称作胡塞尔的存在论的那种东西分离开来。"（《胡塞尔现象学中的直观理论》）①

　　列维纳斯批评胡塞尔的现象学本质上也是一种存在论，因为意识的意向性把所有的意向对象都中性化了，而中性化即意味着他者之他异性被消除了。②但是在德里达看来，列维纳斯在批评意向性理论的同时却接受了意向性理论，"列维纳斯想要从'胡塞尔的根本学说'中保留的东西，并非只有表述的灵活性、严肃性、对经验意义的忠实性：还有就是那个意向性概念"③。德里达认为，如果说在胡塞尔那里，意识的意向性是由"意向活动–意向相关项"（Noesis-Noema）这一结构来表征的话，那么在列维纳斯这里，意

---

① 德里达:《书写与差异》上册，第204页。

② 参见同上。

③ 同上。

识的意向性则被转换成了"欲望－无限"的关系。① 德里达引入了黑格尔的"假无限"的概念来分析列维纳斯的意向性结构。他认为列维纳斯的"欲望－无限"的关系，本质上是"同一－他者"的关系，由于"同一"是对"他者"的否定，而"假无限"是对"（真）无限"的否定，所以，"同一－他者"的关系又可以还原为"假无限－（真）无限"之间的关系。② 德里达认为，如果他者是同一的他者，那么同一就是他者的他者，因此，"同一－他者"的关系也就变成了"他者的他者－他者"的关系。他者的他者仍然是一个他者，"如果像列维纳斯所言，同一就是暴力性的总体，而这意味的应是同一即是有限的、抽象的总体"③，那么他者（实即同一或假无限）就是不可被还原的原初有限性，而"这实际上可能就是胡塞尔在指出意向性未完成的那种不可还原性，即他异性之不可还原性时所做的，而对不可还原的存在者的那种意识，本质上永远不会变成作为自我的意识（conscience-soi）"④。

因此，在德里达看来，现象学的意向性关系并不是对他者的否定、同化和整合，恰恰相反，意向性本身意味着对他者之尊重，伦理学就意味着现象学。为此，德里达说，"意向性不就是尊重本身吗？不就是他者对同一的永不可能还原的特性，不就是他者看起来就是同一的他者的那种不可还原性吗？因为缺少了这种他者作为他者的现象，恐怕就不会有尊重的可能。尊重现象意味着对现象性的

---

① 参见德里达：《书写与差异》上册，第156页。
② 参见同上书，第206—207页。
③ 同上书，第206页。
④ 同上书，第207页。

尊重。而伦理学就意味着现象学"①，"伦理学既不会在现象学中解体，也不会屈从于它；伦理学在现象学中发现它自己的意义，它自己的自由和它自己的根基性"②。

　　第三，德里达认为，列维纳斯与胡塞尔之间的根本分歧并不在于意向性问题，而是他人问题，"正是他人问题，这种分歧才至关重要"③。在列维纳斯看来，胡塞尔在《笛卡尔式的沉思》中，把他人当作由先验自我所构造的另一个单子自我时，本质上"遗漏了他人的那种无限他异性并将之还原为了同一"④，"将他人当作另一个自我（alter ego）就等于将他的绝对他异性中立化了"⑤。德里达反对列维纳斯的这种理解。在他看来，列维纳斯完全误解了胡塞尔。胡塞尔之所以把他人看作另一个自我（alter ego），并不是要否定他人的他异性，而恰恰是对他人之他异性的尊重和保障：

　　　　胡塞尔只想将他人当作在其自我形式中、在其有别于世间事物的他异性形式中的他人来承认。假如他人不被当作另一个先验自我来认识的话，他将完全在世界之中，而

---

① 德里达：《书写与差异》上册，第209页。

② 同上。德里达进一步指出："事实上，在胡塞尔眼中，伦理学在实际生活和历史中不可能依赖于那种先验中立化的过程，也不可能以任何方式屈从于它。无论是伦理学还是世间的其他东西都是如此。先验中立化过程是原则上的，它在意义上与一切事实性（facticité）及一般的事实存在不相干。它事实上既不在伦理学之前也不在伦理学之后。也不在别的任何东西之前或之后。"（同上书，第211页。）

③ 同上书，第212页。

④ 同上。

⑤ 同上。

> 不像我那样作为世界的起源而存在。拒绝承认他人身上有
> 个这种意义的自我，甚至就是伦理意义上的所有暴力的姿
> 态。倘若他人不被当作自我来承认的话，那么他所有的他
> 异性都可能会塌陷。……他人作为另一个自我也就意味着
> 他人作为他人，不能还原成我的自我，而那正因为它是一
> 个自我并具有自我的形式。①

就此而言，他人只有作为一个自我，即某种形式上与我一样的同
一，才能是绝对的他者。②

不容否认，德里达的批评是合理的。不论是在《纯粹现象学与
现象学哲学的观念》第二卷中，还是在《笛卡尔式的沉思》中，胡
塞尔对他人的所谓"构造"始终是以强调他人的绝对他异性为前提
的。因为，在胡塞尔看来，他人这一特殊的存在者，只能通过"同
感"（Einfühlung/empathy）的方式来把握，而同感始终只是对陌生
主体及其体验行为的经验。他人的体验永远是内在的、原本的，而
我们对这种体验的经验则永远是外在的、非原本的。③

在德里达看来，在先验的、前伦理的暴力中，我与他人的关系
是一种普遍不对称的关系，我是同一的化身，而他人则是被同一所
化约的对象，但正是这种认识关系中的不对称使得伦理关系中的那
种颠倒过来的不对称——即我作为他人的人质和替代、无限地为他

---

① 德里达：《书写与差异》上册，第217页。
② 参见同上书，第216页。
③ 参见《纯粹现象学与现象学哲学的观念》第二卷《构造现象学研究》的第二
　　部分第四章和第三部分第二章、《笛卡尔式的沉思》的"第五沉思"。

人负责的不对称——成为可能，使伦理的非暴力成为可能。在我的自性（ipséité）中我是同一，但在他者的眼里我则是他者，只有把我同时看作他者之他者，我才可能"在伦理的不对称中对他者产生尊重的欲望或尊重"[1]。一方面，德里达认为，列维纳斯站在现象学内部批评现象学是不对的，但另一方面，德里达却又认为，"列维纳斯的形而上学在某种意义上必须以它要质疑的先验现象学为前提。而与此同时这种质疑的合法性在我们看来又是完全合法的"[2]。就这样，德里达以一种批评的方式完成了对列维纳斯的一种辩护。

第四，列维纳斯批评海德格尔的存在论不是建立在自明之理上的，"要想认识存在者就须预先领会存在者的存在"这种说法肯定了存在相对于存在者的优先地位，从而使得我们与他人之间的伦理关系变成了我们与他人之存在的认识关系，使自由超越了正义[3]，也使得存在最终变成了一种无人称的、匿名的、中性的、化约一切存在者的权力意志。一方面，德里达承认"列维纳斯颠覆了'存在论'"[4]，但另一方面，德里达认为列维纳斯对海德格尔的批评是不合法的。在德里达看来，只有两个物体、两个存在者之间才可能存在某种优先的秩序。既然存在脱离了存在者便什么都不是，那么它就不可能以任何方式在先于存在者，不论是时间意义上的在先，还

---

① 德里达:《书写与差异》上册，第 222 页。

② 同上书，第 232 页。

③ Cf. E. Levinas, *Totality and Infinity*, p. 45.

④ 德里达:《书写与差异》上册，第 236 页。德里达说:"列维纳斯颠覆了'存在论':（依照列维纳斯）关于存在者之存在的思想不仅有那种显而易见的逻辑上的贫乏，而且它还试图使他人就范并谋杀他人。而正是这个尽人皆知的犯罪道理将伦理学置于存在论之下。"

是尊严意义上的在先。

在海德格尔的思想中没有什么比这一点更清楚的了。这样的话，谈论存在者对存在的"服从"，比如说伦理关系对存在关系的"服从"就是不合法的。前理解（précomprendre）或阐明与存在者之存在的那种隐含关系，并非是粗暴地令存在者（比如，某人）屈从于存在。存在不过是这个存在者之存在，而非像某种奇特的潜能、某种无人称的、有敌意的或中性的元素外在于这个存在者。被列维纳斯如此经常地谴责的中立性只能是某种未规定的存在者、某种无名的存在者层次上的（ontique）强权、某种概念普遍性或某种原则之特征。然而，存在并非某种原则，并非某种原理性的存在者、某种允许列维纳斯在其名下塞入一个无面孔的暴君之面孔的本原或开端。关于（存在者）的存在的思想与寻找某种原则，甚至寻找某种根源或寻找某种"认识之树"是完全不相干的。①

在德里达看来，如果每一种"哲学"、每一种"形而上学"都是要追求最初的、第一性的、绝对确实的存在者并对之进行规定，那么关于存在者之存在的思想就不是这种意义上的第一形而上学或第一哲学。而如果存在论是第一哲学的别名，那么它也不是存在论。因此，"既然关于存在的思想不是有关能下命令的源初存在者（l'archi-étant）、第一事物和第一原因的哲学，那么他就既不牵

---

① 德里达:《书写与差异》上册，第 238 页。

扯也不实施任何强权（puissance）。因为强权是存在者之间的一种关系”①。从这个意义来说，“关于存在的思想既非一种存在论，亦非一种第一哲学，也非一种强权哲学。它与任何一种第一哲学都不相干，它不反对任何一种第一哲学。甚至不反对伦理学，如果正如列维纳斯所说的那样，‘伦理学并非哲学的一支，而就是第一哲学’的话”②。

与列维纳斯对胡塞尔的先验现象学的批评一样，德里达认为，列维纳斯对海德格尔存在论的批评不仅是不合法的，反而应该把海德格尔关于存在的思想作为自己的形而上学或伦理学的理论基础。“关于存在的思想不仅不是伦理学暴力，而且任何列维纳斯意义上的伦理学如果离开了它则无法建立。关于存在的思想，或至少是对存在的前理解设定了（以它的方式，即排除了一切存在者的条件性：原则、原因、前提等）对存在者之本质的承认（比如某人、作为他者和作为另一个自己的存在者等）。关于存在的思想也是尊重如其所是的他者（即他人）的条件。没有这种并非认识的承认，也可以说没有对于作为外在于我却以其所以是的本质（首先以其他异性）实存着的存在者（他人）的这种‘任由存在’（laisser-être），那么任何伦理学都将是不可能的。”③

不得不承认，德里达对列维纳斯的批评是极为深刻的，甚至可以说是列维纳斯的《总体与无限》发表后众多批评之中最为严厉也最具启发意义的批评。尽管有论者认为，列维纳斯在受到德里达批

---

① 德里达：《书写与差异》上册，第239页。

② 同上。

③ 同上书，第241页。

评之前自觉地意识到了自己思想中的矛盾和困境，并尝试在新的方向上寻求突破。① 但是，正如列维纳斯本人所坦承的那样，德里达的批评依然在很大程度上构成了其思想及表述方式发生某种"转变"的主要动因，这种转变主要体现在其后期思想的代表作《异于存在，或超越本质》②（1974 年；以下简称《异于存在》）中。由于德里达批评列维纳斯在《总体与无限》中使用的仍然是传统形而上学和存在论的语言，所以"《异于存在》采用了大量新的概念，如，言说、亲近、困扰、人质、赎罪、替代、历史性、感受性等，这在《总体与无限》中是没有使用过，或是很少使用的；另一方面，《总体与无限》常用的同一、形而上学、欲望、脸、总体、爱欲、繁衍等词在后一著作中也很少使用，或者根本不再使用"③。然而，不论列维纳斯后期的思想和写作方式发生了怎样的转变，但其哲学主题即"伦理学作为第一哲学"的地位始终如一，"我们甚至可以说，列维纳斯后期哲学努力从更为基本的层面来重塑'伦理学作为第一哲学'的地位"④。

---

① 参见孙向晨：《面对他者：莱维纳斯哲学研究》，上海：上海三联书店，2008年，第176—177页脚注。

② 该书的法语名称是 *Autrement qu'être ou au-delà de l'essence*，中文译者伍晓明将其译为《另外于是，或在超过是其所是之处》。参见列维纳斯：《另外于是，或在超过是其所是之处》，伍晓明译，北京：北京大学出版社，2019年。

③ 孙向晨：《面对他者：莱维纳斯哲学研究》，第177页。

④ 同上。我同意德里达对列维纳斯的批评及其对后者思想和写作方式"转变"的描述，但鉴于列维纳斯的思想主旨在所谓的"前后期"并无根本变化，所以我在论述的过程中也没有刻意对德里达所列举的这些概念进行"前后期"的区分。

结　语

他人是无限超越的，是不可被认知、同化和占有的，他人通过其面孔、通过脸向我们临显，脸是他人显现自身的方式，是他人的踪迹，因而本身也是无限的、超越的。脸是独一无二、不可还原的，因而他人也是独一无二、不可还原的。他人是绝对的他者。正是在这绝对的他者面前，在这至高的善面前，显出了我的卑微、我的有限。我与他人是一种面对面的关系，但这种面对面本质上是一种俯视和仰视的关系。他人高高在上，以其裸露而贫困、坦诚且无助的面容对我提出质疑、审问、哀求和呼告，命令我对其负责。他人是陌生人、是流浪者、是无家可归之人、是残疾人、是寡妇、是孤儿，是我早已有所亏欠、有所负疚之人。在他人向我的无限临近中，在他人对我的无端烦扰中，我被他人控告和迫害，我早已在自我的前史中被他人绑为人质，成为他人的替代并为一切他人负责。我被他人拣选，我被至善拣选，我是唯一的、不可替代的，我可以替代一切人，但没有一个人可以替代我。我是孤独的，我是有罪的，我要承担起（sub-jectum）对所有人的责任、对全世界的责任。我生来即是为他人负责的，我无法拒绝、无处逃避、无法推卸。我是完全的被动性，我是无罪而有罪之人，我是替他人赎罪之人！

这便是列维纳斯的伦理学。

也许有人会问：我的存在地位和存在的权利在哪里？我的自由在哪里？难道仅仅因为我是一个此 – 在（Da-sein），占据了一个"此"（Da），我就犯了不可饶恕、不可宽宥、永远也无法解脱的

"原罪"？ [①] 我也是人、与他人一样的人，为什么我就不能有一个属于自己的"此"、自己的处所、自己的家园？为什么我的"此在"就必然意味着侵占、剥夺了他人的生存空间呢？为什么只能是我为他人负责，别人就不能为我负责呢？固然列维纳斯的逻辑不是"我为人人，人人为我"的功利主义、实用主义的逻辑，但我与他人之间的这种非交互的、不对称的、单向度的责任关系，不也意味着他人对我的奴役和暴政吗？我岂不同时也成了一个无辜的、被迫害的对象，成了他人实现其目的的一个手段？我是他人的人质，我被用来替代他人为他人负责，这岂不意味着他人是不负责任的吗？为什么我与他人就不可以在权利和责任对等的前提下相互承认、相互尊重、相互负责？如果我之对他人负责并非出自我的自由意志，而是因为害怕他人、受他人之强迫，那我的负责的行为就没有任何道德性可言，而道德本身在一个只有义务、只有责任的世界中也就根本没有任何意义。

诚然，所有这些质疑都不无道理，都"貌似"有理，但任何一种对列维纳斯的批评如果站在列维纳斯的思想之外就都有可能弱化或丧失批评的效力。因为，列维纳斯对他人之相对于我的绝对至高无上性和优先地位的强调，使他的伦理学在根本上有别于苏格拉底和康德的伦理学。对于苏格拉底来说，"在行善之前，我们必须知道什么是善——即依照不矛盾律和普遍的法则决定行为的准则" [②]。

[①] 参见朱刚：《伦理学作为第一哲学如何可能？——试析列维纳斯的伦理思想及其对存在暴力的批判》，载于《南京大学学报》，2006 年第 6 期，第 31 页。

[②] Richard A. Cohen, *Levinasian Meditations: Ethics, Philosophy, and Religion*, Pittsburgh / Pennsylvania: Duquesne University Press, 2010, p. 6.

对于康德来说，尽管他试图确立伦理学或"实践理性"的优先地位，但他"在对道德和正义的阐释中仍然赋予科学、知识和真理以优先性"①。因此，苏格拉底和康德的伦理学从本质上来说是"理性伦理学"，是理性或科学的伦理学。

然而，列维纳斯却认为，我们不能从理性的角度理解伦理学，而只能从伦理的角度理解伦理学。换言之，他人与我既非存在论的关系，亦非认识论的关系，而是伦理关系，而这种伦理关系从根本上来说则是责任关系。但这种责任关系不是相互的、对等的，而是不对等的，也就是说，不是他人为我负责，而是我为他人负责。因为，如果我对他人的责任不是出于道德动机而是出于利益算计，也就是说，我之所以愿意为他人负责不是因为我尊重他人的他性（otherness）或相异性（alterity），因而不论这个他人是谁我都要听从他的召唤或命令，而认为我应该为他人负责②，而

① Richard A. Cohen, *Levinasian Meditations: Ethics, Philosophy, and Religion*, p. 6.

② 理查德·科恩（Richard Cohen）认为，"康德是依照对普遍法则的遵守来理解伦理学的，但这种依照不是出于对他人的敬重，而是出于对作为一个守法主体的他人的理性的敬重"。在他看来，"一个道德主体所敬重的不是他人心中的道德律，而恰恰是他人之他人性，是他人的道德性，也即，他人的死亡、他人的苦难。他人性不像道德律那样抽象，而是具体的，它就在他人的肉体、死亡、衰老、退化和苦难中"。科恩紧接着指出，列维纳斯反对康德关于"自律"和"他律"的二分法，因为他律"可能代表的是非常不道德的东西：剥夺主体自由的、因此剥夺人类活动的道德性的外在的强制"。实际上，"道德选择依赖于一个比康德认为的内在自由与外在强制之间的对立更为复杂和紧密的结构。人既不是完全自由的，也不是完全被规定的。纯粹的自由和纯粹的必然性是心智的构造，是理智抽象的产物，与道德的结构不同"（参见 Richard A. Cohen, *Ethics, Exegesis, and Philosophy: Interpretation after Levinas*, Cambridge: Cambridge University Press, 2001, pp. 6-7）。

是因为，我认为如果我为他人负责的话，那么他人也应该为我负责，这样一来，所谓的"为他人的责任"就变成了完全非道德的（unmoral）——而非不道德的 immoral)——变成了"我为人人，人人为我"的功利主义或实用主义。

此外，在列维纳斯看来，道德像自由一样困难，因为"无人自愿为善"。[①] 只有通过强调他人的绝对的至高无上性和紧要性，通过"迫害"（persecuting）和"绑架"（kidnapping）自我，也就是说，只有自我被至善"拣选"（chosen），一个真正的道德主体、责任主体才会出现，自我与他人之间的本真的伦理关系才会最终得以可能。

然而，在承认和践行列维纳斯的伦理学的同时，我们也必须始终谨记保罗·利科的警告，"我们既不能逃避责任，也不能无限地夸大责任。我们必须和 Spämann 一起重复希腊人的那句格言'适可而止'（nothing in excess）"[②]，因为，"为全部后果负责

---

① E. Levinas, *Otherwise than Being or Beyond Essence*, trans. by Alphonso Lingis, Pittsburgh: Duquesne University Press, 1998, p. 11.

② Paul Ricoeur, *The Just*, trans. by David Pellauer, Chicago/London: The University of Chicago Press, 2000, p. 34. 保罗·利科在《责任的概念：语义学的分析》一文中就"责任"概念在法学、伦理和道德语境中的用法进行了详尽的语义学分析。在他看来，司法归罪意义上的义务与责任的关系已经在很大程度上被过度道德化，而列维纳斯的为他人无限负责的伦理学就是责任道德化的一个典型的例子。然而，我们必须注意列维纳斯哲学中"责任"一词的用法。对于列维纳斯来说，法律责任是实在的、具体的责任，但他所谓的"伦理责任"在某种意义上是抽象的、形而上学的责任。此外，伦理责任也不同于道德责任。事实上，在列维纳斯的伦理学中不存在所谓的道德责任，因为，为他人的责任并不源于自我的主动的自由意志，而是源于他人的被动的侵扰（obsession）、控告（accusation）和迫害（persecution）。换言之，（转下页）

就是把责任转化成一种悲剧意义上的宿命论，甚至转化成一种恐怖主义的谴责：'你们对一切都负有责任！你们所有人都是罪人！'"①。

（接上页）伦理责任与道德无涉。如果我们从列维纳斯的视角反观利科的分析，或许列维纳斯会认为利科的思维方式依然是传统西方哲学的或同一（the same）哲学的思维方式。因为利科预先设定了，自由或自由意志先于责任。相反，对于列维纳斯来说，责任先于自由，因此，伦理责任先于所有实在的、具体的责任关系，或者说，前者是后者的基础（Cf Ibid. , pp. 11-35）。

① 　Ibid., p. 32.

第八章
同感与道德 *

在上文各章，我虽然已经在不同程度上论及同感与道德的关系问题，但并未对其做专题讨论。在本书的最后，我将集中对该问题做重点阐述。

如前所论，同感与道德的关系自近代以来逐渐变成了伦理学（特别是道德心理学）的一个核心问题。一些道德哲学家、道德心理学家和社会心理学家在一系列实证研究的基础上发现，同感与道德感知、道德动机、利他主义感受和道德行为等有密切关系。为此，本章将主要结合道德心理学和社会心理学的研究成果，从以下四个方面来进一步考察同感与道德的关系：（1）同感与道德动机；（2）同感与利他主义；（3）同感与道德感知；（4）同感与道德教育。

第一节　同感与道德动机

道德哲学或道德心理学认为，同感能够从动机上引发道德行为。这种观念早在 18 世纪英国的道德哲学家们那里就出现了。

作为道德感哲学的创始人，沙夫茨伯里（Shaftesbury）认为，情感是善恶的根据。一种理智生物，只有通过情感才能被认为是善

---

* 本章部分内容曾以《同感与道德》为题发表于《哲学动态》2016 年第 6 期。

的或恶的、自然或不自然的。[1] 作为一种理智生物，人具有自然情感（natural Affections），自然情感建立在"爱、满足、善良意志，以及对种或类的同情"的基础上。[2] 自然情感是灵魂的激情，是崇高的情感，能给人带来精神上的愉悦与快乐。当我们对他人的快乐或痛苦、幸福或不幸、恐惧或忧伤、满足或失望抱以同情时，我们不仅展现了自己的美德，而且能够从中获得快乐，这种快乐是一种同情之乐（Pleasures of Sympathy）。[3] 在他看来，一方面，同情是"与他人一起参与"（participation with others）[4] 的一种能力，是维护和促进公共利益的一种能力；但另一方面，它也具有消极作用，因为它也可能成为一个共同体中具有破坏性的狂热情绪发酵和扩展的原因。[5] 例如，在《关于宗教狂热的通信》中，他说："人们有充分的理由把每一种激情都叫作'恐慌'（Panick），它在人群中产生，通过神态或者通过接触或同情来表达。"[6] 在《论智慧和幽默的自由》中，他也说："亲密的同情和合谋的美德，在如此广阔的领域里，由于缺乏指引，很容易迷失自我。"[7]

---

[1]　Shaftesbury, *An Inquiry Concerning Vitue and Merit*, in *Characteristics of Men, Manners, Opinions, Times*, volume II, published by Liberty Fund, 2001, p. 12.

[2]　Ibid., p. 57.

[3]　Cf. Ibid., pp. 61–62.

[4]　Ibid., p. 65.

[5]　Cf. Joachim Ritter und Karlfried Gründer, hrsg., *Historisches Wörterbuch der Philosophie*, Band 10, Basel: Schwabe & Co. AG., 1998, S. 756–757.

[6]　Shaftesbury, *A Letter Concerning Enthusiasm*, in *Characteristics of Men, Manners, Opinions, Times*, volume I, published by Liberty Fund, 2001, p. 10.

[7]　Shaftesbury, *Sensus Communis, an Essay on the Freedom of Wit and Humour*, in *Characteristics of Men, Manners, Opinions, Times*, volume I, published（转下页）

哈奇森继承了沙夫茨伯里的道德感思想，进一步将这一思想系统化和理论化，有力推动了情感主义伦理学的发展。[①] 在其前期著作《论美与德性观念的根源》中，他指出，同情是人的本性，甚至将它视为德性的动机："天生的仁爱就是同情，同情使我们倾向于研究他人的利益，但却丝毫不关心私人的益处。"[②] 尽管在后期著作《道德哲学体系》中，哈奇森进一步巩固了道德感对于心灵其他能力的权威性，但是他仍然肯定了同情的重要性。他把同情看作是一种"共同感受"（fellow-feeling）和"怜悯感"，"灵魂的另外一种重要的决断或感官官能，我们可以称之为同情（sympathetic），它不同于所有外在的感官。通过这种感官，当我们了解其他人的状况的时候，我们的内心自然会对他们产生一种共同感受。当我们看见或了解任何其他人所遭受的痛苦、苦难或不幸，并将我们的牵挂转向他们的时候，我们感到一种强烈的怜悯感，以及一种巨大的给予援助的意愿，此时没有任何相反的激情抑制我们"[③]。与沙夫茨伯里一样，哈奇森也认为对他人的同情会产生一种同情之乐，而同情之乐与荣誉和德性之乐有着本质上的关联。[④]

休谟将同情概念引入其观念论哲学，旨在解释两个问题：（1）我

（接上页）by Liberty Fund, 2001, p. 71.

① 参见弗兰西斯·哈奇森：《道德哲学体系》（上），江畅、舒红跃、宋伟译，杭州：浙江大学出版社，2010年，第1、2页。

② 弗兰西斯·哈奇森：《论美与德性观念的根源》，高乐田、黄文红、杨海军译，杭州：浙江大学出版社，2009年，第169页。

③ 弗兰西斯·哈奇森：《道德哲学体系》（上），第20—21页。中译者将"fellow-feeling"译为"同伴感"，我将其改译为"共同感受"。

④ 参见弗兰西斯·哈奇森：《道德哲学体系》（上），第131页。

们如何获得对他人思想和情感的认识；（2）像人这样的造物如何可能具有道德情感。① 在《人性论》中，休谟认为，同情既不是一种内感觉，也不是一种与"同悲"同一的或可比较的情感，而毋宁是在一种普遍的人性原则基础上对情感和思想进行交流的社会实践活动。② 在他看来，同情是人的最基本的人性，或者说，是人性中最显著的一种自然倾向（propensity）。③ 我们心中的欢乐、痛苦、愤怒、悲伤、忧愁等情感，都是以"同情"的方式从他人那里获得的：

> 人性中再没有哪种性质——不论就其本身，还是就其后果而言——比我们所具有的对他人产生同情（sympathize with）并通过交流（communication）④ 接受他人的心理倾向和情感——不论这些倾向和情感与我们自己的倾向和情感有多么不同，甚或截然相反——的倾向更加引人注目的

---

① Cf. P. M. S. Hacker, *The Passions: A Study of Human Nature*, First Edition, Wiley-Blackwell, 2017, p. 359.

② Cf. Joachim Ritter und Karlfried Gründer, hrsg., *Historisches Wörterbuch der Philosophie*, Band 10, S. 757.

③ 在休谟这里，"sympathy"首先并不意味着伦理或道德意义上的"怜悯"（pity）、"同情"（compassion）、"仁慈"（benevolence）等道德情感，而是指"同感"（empathy）、"共感"（fellow-feeling/Mitgefühl）。Cf. Lou Agosta, *A Rumor of Empathy*, Palgrave Macmillan, 2014, p. 14.

④ 在《人性论》中，"同情"（sympathy）和"交流"（communication）是同义词，参见 David Hume, *A Treatise of Human Nature*, The Floating Press, 2009, pp. 490, 491, 501, 610, 653。在《道德原则研究》中，休谟也把"同情"叫作"心理传染"（contagion），参见 David Hume, *An Enquiry Concerning the Principles of Morals*, Hackett Publishing, 1983, pp.54, 59。

了。……愉快的面容将一种明显的满足和宁静注入我心中；而愤怒或悲伤的面容却投给我一种突然的沮丧。仇恨、怨毒、尊重、爱情、勇敢、欢乐、忧郁，所有这些情感，我大都是通过交流，而很少是由我自己的天性或性情而感觉到的。①

同情作为"人性中非常有力的一个原则"②，仅凭其自身便可以赋予我们以最强烈的道德赞许的情感。它不仅是获知他人感受的唯一来源③，而且也是我们道德情感的唯一来源④。不论是那些对社会有用的德性，还是那些对拥有它们的人有用的德性，其价值都建立在同情原则的基础之上，因为只有同情才会使人产生从道德上对其进行赞许的情感⑤；只有同情，才能使我们了解"公共的善"（public good）的价值，从而去关心"公共的善""人类的善""公共利益""社会利益"⑥；也只有同情，才能使我们对所有"人为的德性"（artificial virtue）心生敬重⑦。所有的"道德情感"（sentiment of moral）或"德性情感"（sentiment of virtue）都建立在同情的基础之上。⑧

---

① David Hume, *A Treatise of Human Nature*, pp. 490–491.
② Ibid., p. 925.
③ Ibid., pp. 883, 926.
④ Ibid., pp. 885, 926.
⑤ Cf. Ibid., pp. 926–927.
⑥ Ibid., pp. 869, 876, 926.
⑦ Ibid., p. 866.
⑧ Ibid., pp. 866, 869, 876, 879.

休谟关于同情的理解影响了埃德蒙德·伯克（Edmund Burke，1729—1797）。在《我们的崇高与美的观念之起源的哲学研究》（1757 年）中，伯克在对崇高感和审美体验的经验性质的分析中赋予同情以关键的作用。他写道："同情必须被看作是一种替代，通过替代，我们被置于他人的位置上，我们的感受在许多方面像他人一样受到触发和影响……正是通过这一原则（同情），诗歌、绘画和其他令人感动的艺术，将其激情从一个人的胸中传输到另一个人的胸中，它们常常能把快乐嫁接到苦难、不幸和死亡身上。"① 而在 P. M. S. 哈克（P. M. S. Hacker，1939—　）看来，审美性质的这种主观化对后来的哲学和审美心理学产生了显著影响。②

亚当·斯密（Adam Smith）一方面通过借鉴法国的伤感文学，另一方面在哈奇森和休谟研究的基础上，发展了他自己的同情概念。③ 在《道德情操论》中，斯密认为，同情是人的本性，是一种利他的基本原则：

> 无论一个人被认为如何自私，在他的本性中总是明显地存在着一些原则，这些原则使他关心别人的命运，把别人的幸福当成是自己的事情，虽然他除了看到别人幸福而感到高兴以外，一无所得。这些原则就是怜悯（pity）或同情（compassion），就是当我们看到或生动地设想到他人的

---

① 转引自 P. M. S. Hacker, *The Passions: A Study of Human Nature*, First Edition, Wiley-Blackwell, 2017, p. 362。

② Cf. P. M. S. Hacker, *The Passions: A Study of Human Nature*, p. 363.

③ Cf. Joachim Ritter und Karlfried Gründer, hrsg., *Historisches Wörterbuch der Philosophie*, Band 10, S. 758.

不幸遭遇时所产生的情感。我们常为他人的悲伤而感到悲伤，这是显而易见的事实，不需什么实例来证明。这种情感同人性中所有其他原始的激情一样，绝不只是品行高尚的人才具备，虽然他们在这方面的感受可能最敏锐。即使是一个最残暴的恶棍、一个极其冷酷无情地违反社会法律的人，也不会全然丧失同情心。①

斯密特别强调了想象在同情中的作用。在他看来，我们对他人的感受没有直接经验，所以只能通过想象"设身处地"地感受他人的感受。然而，我们的想象模拟的并不是他人的感受，而只是我们自己的感受。②斯密指出，"sympathy"原本主要是指对他人之不幸的感受，因此与"pity"和"compassion"是同义词，但他对这个词的含义做了扩展，不再局限于对他人的否定性情感的同感，而是泛指对他人的一切激情的共同感受（fellow-feeling）。③在斯密看来，人与人之间的情感，其实是一种习惯性的同情。④正是由于所有人都具有"同情"的能力，都能对他人的喜怒哀乐、爱恨情仇产生同

---

① Adam Smith, *The Theory of Moral Sentiments*, Oxford University Press, 1976, p. 9.

② Ibid.

③ Cf. Adam Smith, *The Theory of Moral Sentiments*, p. 10. 罗伯特·C. 所罗门（Robert C. Solomon）也认为，斯密用"sympathy"所标识的那些现象从本质上属于同感。他是在双重意义上使用这个概念的：一方面，他用"sympathy"来标识"共感"（Mitgefühl）。所谓"共感"是指与他人一同进行感受；另一方面，他用"sympathy"来标识一种热心照料或亲切关怀的反应（fürsorglichen Reaktion）。Cf. Andrea Plüss, *Empathie und moralische Erziehung*, LIT Verlag, 2010, S. 8.

④ Cf. Adam Smith, *The Theory of Moral Sentiments*, p. 220.

感，所以，当我们面对他人的痛苦或不幸时，都会从内心激发起我
们的道德情感。[①] 比如，当一个人谋杀他人之后，他会因为"同情"
（即同感）感知到受害者对他的怨恨，因而陷入巨大的恐惧和深深
的悔悟之中，并因此从道德上对自己的行为进行谴责和否定，而
对受害者（鬼魂）的复仇持认可或赞同（approbation）的态度[②]。同
时，由于人在本性上是自私的，总是会出于自爱而最大限度地追求
个人利益，因而就有可能为了私利而损害公益[③]，因此，为了使私
利与公益达到平衡，就需要激发人的同情心和正义感，通过利他主
义的道德情感来约束人的自私的情感和行为，控制人的利己主义倾
向，从而尽可能地实现社会和谐，促进社会福祉。[④]

第二节　同感与利他主义

20 世纪 60 年代中叶，在社会心理学中出现了一个研究分支，
其主题是"利他主义"或"亲社会行为"（Prosoziales Verhalten），
主要致力于对危难的救助、善的分配、同情和社会责任等的研究。
自 20 世纪 80 年代以来，"同感"逐渐变成了社会心理学研究的核
心课题，社会心理学家们通过实验方法来考察同感与亲社会行为之

---

① Cf. *The Theory of Moral Sentiments*, pp. 321, 327.

② Ibid., p. 71.

③ 参见亚当·斯密:《道德情操论》，蒋自强、钦北愚等译，胡企林校，北京：
　　商务印书馆，2011 年，"译者序言"，第 13 页。

④ Cf. Adam Smith, *The Theory of Moral Sentiments*, Oxford University Press, 1976,
　　pp. 321, 243.

间的关联。① 在社会心理学中，同感概念也在双重意义上被使用：一方面，"同感"被用来刻画情感共鸣（emotionale Resonanz）的现象；另一方面，"同感"被用来刻画通过想象转换视角的行为。②

社会心理学家比绍夫 – 科勒（Bischof-Köhler）认为，同感是"亲社会动机的自然源泉"，它"可以引起利他主义的行为，而为此并不特别需要社会化的努力"③。这种观点的根据在于，同感使人认识到"自己和他人是同类，因此属于一个命运共同体"。④ 借由同感，我们并不把他人仅仅感受为一个肉体，而是把他感知为一个具有灵魂的生物，一个和我们一样可以进行感觉的生物。对科勒而言，同感是情感联结和相互理解的一种机制，它有助于引起道德行动。⑤

社会心理学家约翰·皮里亚文（John Piliavin）和他的团队成员将同感看作是一种情感共鸣现象，并且在同感中看到了道德行为或亲社会行为的核心动机。在他们看来，人们会在危难之中帮助别人，并不是因为洞见了道德原则的效力，而是因为对他人的苦难产生了情感上的共鸣。⑥ 皮里亚文等人在 1981 年的实验表明，当我们看到他人正在遭受痛苦时，我们会陷入心理焦虑。比如，当我们看到一个人从椅子上或梯子上摔下来时，我们会在自己身上感到某种疼痛和恐惧。这种疼痛感会直接从一个人身上转移到另一个人身

---

① Cf. D. Frey & S. Greif, *Sozialpsychologie*, München; Weinheim, 1987, S. 187.

② Cf. Andrea Plüss, *Empathie und moralische Erziehung*, LIT Verlag, 2010, S. 8.

③ D. Bischof-Köhler, *Spiegelbild und Empathie*, Bern, 1989, S. 168.

④ Ibid., S. 60.

⑤ Cf. Andrea Plüss, *Empathie und moralische Erziehung*, LIT Verlag, 2010, S. 39.

⑥ Ibid., S. 8.

上。因此，同感刻画的是某种不舒服的感受从一个人身上向另一个人身上转移的机制。这种类型的同感是道德行为的推动力。[①]

然而，在皮里亚文看来，这种道德动机本质上是利己的。比如，当我们看见一个孩子哭泣时，我们都会走过去哄这个孩子。但是，我们帮助这个孩子的动机并非完全出于关心孩子的利益，而是出于关心我们自己的利益。因为当旁人看到哭泣的孩子时，他或她会在自己身上产生某种不舒服的感觉，而他或她之所以帮助这个孩子，就是为了让自己摆脱这种感觉。从表面上来看，这样的行为是利他的，但从本质上来看，则是利己的。[②]

当然，为了让自己摆脱这种不舒服的感觉，我们还有另外一个选择：逃避。面对他人的痛苦或不幸，我们究竟是施以援手，还是逃之夭夭，这或许取决于我们对自身利益的算计和考量。如果"成本"不大，我们可能会选择帮助，如果"成本"过高，我们可能会选择放弃。因此，皮里亚文认为，从利己主义的视角来看，同感并不必然从动机上引发道德行为。[③]

与皮里亚文的观点不同，美国的社会心理学家 C. 丹尼尔·巴特森（C. Daniel Batson）从另一个角度对同感现象进行了研究。他发展了"同感－利他主义假设"（The Empathy-Altruism Hypothesis），并从经验上证明，同感可以从动机上引发利他的道德行为。[④] 在《利

---

① J. A. Piliavin et al., *Emergency Intervention*, New York, 1981. Cf. Andrea Plüss, *Empathie und moralische Erziehung*, S. 8–9.

② Ibid., S. 9.

③ Ibid.

④ Cf. C. D. Batson, *Altruism in Humans*, New York: Oxford University Press, 2011; C. D. Batson & Laura L. Shaw, "Evidence for Altruism: Toward a（ 转下页 ）

他主义问题》中，他指出，各种研究和实验表明，"同感"在针对他人的无私关怀中发挥了至关重要的作用。[①]巴特森像亚当·斯密一样认为，同感融合了两种能力，一是把自己投射进他人的处境中并从他人的视角来看待事物的能力；二是感受他人的痛苦并对这种痛苦产生忧虑、关心的感受，进而帮助他人的能力。他把这种关心他人的反应叫作"同感关切"（empathic concern）。同感关切建立在"想象的视角接受"之上，而且可以引起人的利他行为。我们帮助他人完全是因为他人的缘故，而没有任何利益算计。如果一个人产生了对他人的"同感关切"，那么，当他人处于不幸的境地时，即使他可以选择逃避，他也仍然会选择留下来帮助他人。而且，对他人的关心、理解和帮助，恰恰使他消除了因为看到别人的不幸而给自己带来的不舒服的感觉。[②]

与巴特森相似，哲学家肖恩·尼克尔斯（Shaun Nichols）也在"利他主义"的论题下证明了这一观点。尼克尔斯断言，利他主义行为首先并不建立在特定的认知过程上，而是一种"关切机制"（Concern-Mechanism）运作的结果：

> 利他主义动机依赖于一种机制。这种机制，作为输入，

（接上页）Pluralism of Prosocial Motives", *Psychological Inquiry*, Vol. 2, No. 2 (1991): 107–122; C. D. Batson, et al., "Is Empathy Emotion a Source of Altruistic Motivation?" *Journal of Personality and Social Psychology*, Vol. 40 (1981): 290–302.

① C. D. Batson, *The Altruism Question: Toward a Social-Psychological Answer*, Hillsdale, NJ: Lawrence Erlbaum Associates, 1991.

② Cf. Andrea Plüss, *Empathie und moralische Erziehung*, LIT Verlag, 2010, S. 10.

接收对痛苦进行归因的表征——比如，约翰因疼痛休克了；作为输出，产生引起道德行为的情感。[1]

R. 布莱尔（R. Blair）通过实验发现，即使是自闭症儿童，当他们在看到悲伤的面孔时也会呈现悲伤的表情。[2] 在尼克尔斯看来，这是人的一种天生的倾向，也是利他行为的自然根源。在人的成长过程中，这种倾向既可以得到培养和提升，也有可能枯竭和衰亡。[3] 对此，科勒也指出，对我们而言，虽然同感的能力是天生的，但这种能力也会很快"萎缩或者被引向错误的道路"。因而情况也可能是，同感并未实现其亲社会的潜能，反而成了反社会行为的根源。[4]

不论是皮里亚文、巴特森，还是尼克尔斯、科勒，他们的研究都有　个共同的出发点，即同感的缺失与反社会的或违法行为之间存在着特定的关联。通过大量的实验研究，他们发现，年轻的暴力犯罪者缺乏同感、缺乏社会责任感和社会介入（soziale Engagement）。这样的年轻人既无法将自身投射到受害者的处境中，也无法将受害者感知为一个受到伤害的生物。他们在伤害他人时，没有情感上的参与，或者处在一种淡漠状态；他们也不会对施于受

---

[1]　Shaun Nichols, "Mindreading and the Cognitive Architecture underlying Altruistic Motivation," *Mind & Language*, Vol. 16 (2002): 430.

[2]　Cf. R. Blair, "Psychophysiological Responsiveness to the Distress of Others in Children with Autism," *Personality and Individual Differences*, Vol. 26 (1999): 477−485.

[3]　Cf. Andrea Plüss, *Empathie und moralische Erziehung*, S. 42.

[4]　Cf. D. Bischof Köhler, *Spiegelbild und Empathie*, Bern, 1989, S. 60.

害者身上的痛苦产生同感。①

一些新的研究成果，比如 D. 霍瑟（D. Hosser）和 D. 贝库尔茨（D. Beckurts）在 2005 年的一篇研究报告中指出，同感与违法行为之间的这种关联已经得到证实。他们的研究结论表明，不具有同感能力的人，不愿意也没有能力控制他们的攻击行为。这些人几乎很难将自己投射进他人的处境，也没有心思去关心他人的感受，这就使得他们可以从情感上与受害者保持距离，因而，也就不会产生罪恶感和羞耻感。情感共鸣和关怀感的缺失，使那些本身就有暴力倾向的年轻人更容易走上犯罪的道路。②

社会心理学家 N. D. 费什巴赫（N. D. Feschbach）早在 1978 年就已经指出，通过想象将自己投射进他人处境的能力与攻击意识的弱化之间存在一种正相关关系。她认为，如果人们能够设身处地地理解他人之所以这样或那样做的原因，那么他们就更有可能放弃暴力。与霍瑟和贝库尔茨的观点类似，她也指出，不能与他人的感受产生共鸣的人更有可能危害他人，或者做出过激行为。③

针对这些结论，安德里亚·普吕斯（Andrea Plüss）提出了反对意见。首先，同感有可能引起一个人的攻击行为。也就是说，正是由于同感，由于具有与他人一同进行感受的能力，才使他的反应具有攻击性。比如，一个性无能者，他如果从妓女的表情和言行中感受到对

---

① Cf. Andrea Plüss, *Empathie und moralische Erziehung*, S. 11.

② Cf. D. Hosser and D. Beckurts, *Empathie und Delinquenz*, Forschungsbericht Nr. 96 des Kriminologischen Froschungsinstituts Niedersachen, 2005, S. 15.

③ Cf. N. D. Feshbach, "Studies of Empathic Behavior in Children," In *Progress in Experimental Personality Research*, ed. by B. A. Maher, Vol. 8, New York, 1978, pp. 1–47.

他的嘲讽或不满，他很有可能恼羞成怒，对这个妓女进行打骂，甚至虐杀。其次，同感也有可能使一个人强化其攻击行为。如果我很享受借由同感感知到的他人的痛苦，那么我就有可能不仅不会因此停止或收敛我的伤害行为，反而会变本加厉地伤害他人。比如，我们常常在文学或影视作品中看到，一个强奸犯或施虐狂，他如果不能将自己投射到他人的处境中去，或者说，他如果不能对他人的感受产生共鸣，那么他就可能并不"享受"他的施虐行为。因此，同感不仅是亲社会行为的前提，而且也可能被用来折磨或者控制他人。[①]

鉴于同感既有可能从动机上引发道德行为，也有可能引发不道德的甚至违法犯罪的行为，普吕斯认为，我们应该把同感理解为一种"中立的"现象。[②] 也就是说，同感本身与道德无涉。

第三节　同感与道德感知

在一些道德哲学和道德心理学理论中，同感这个概念常常也被

---

① Cf. Andrea Plüss, *Empathie und moralische Erziehung*, S. 12. 玛丽莲·弗里德曼（Marilyn Friedman）持有与普吕斯相似的观点。在她看来，施暴者为了能够真正对他人造成伤害，需要理解受害者的感受和反应。同理，那些心理变态者可以非常准确地理解人们最在意什么，这正是可以使他们利用或虐待那些毫无戒备心的受害者的东西。然而，斯洛特持相反的观点，在他看来，一种冷酷的、施虐的或控制性的理解与同感不是一回事，心理变态之人缺乏对任何人的同感，同样，那些折磨自己憎恨或谴责之人的人也并不会对受害者充分地进行同感。Cf. Michael Slote, *The Ethics of Care and Empathy*, London and New York: Routledge, 2007, p. 84, note 9.

② Ibid.

用作"道德感知"的代名词。但在普吕斯看来,"道德感知"这个词会引起误解,因为人们可能无法准确地看到其道德的重要性。这个词也不是用来指"道德的看"(Sehen der Moral),而是指人类通达道德领域的能力。比如,能被他人的痛苦所触动、能关心他人的利益、能注意感知他人并将自己投射进他人的处境等。[①] 正是由于这些能力,道德领域才向我们展现,或者说,我们因此而找到了通向道德领域的入口。道德感知是获得他人痛苦经验的通道,是对他人担负伦理或道德责任的必要前提。

依照发展心理学的研究,人的道德感知能力是在特定的年龄阶段出现的:(1)在婴儿阶段,我们把他人感知为具有注意力、行为策略和目标的意向主体(intentional agents);(2)在儿童阶段,我们把他人感知为具有信念、欲望和计划的心理主体(mental agents)。[②] 在让-皮亚杰(Jean-Piaget)和迈克尔·托马塞洛(Michael Tomasello)看来,当儿童把他人感知为心理主体的时候,道德感知就发生了。儿童的道德感知并非源于成人强加于行为的规范,而是源于对作为心理主体的他人的同感作用,以及从他们自己的观点看待和感受事物的能力。[③]

在西方道德哲学中,以康德为代表的理性主义伦理学认为,理性高于情感。换言之,基于实践理性的道德法则所采取的行动比基于情感或感受的行动更具道德价值。然而,在德瓦尔看来,"如

---

① *The Ethics of Care and Empathy*, S. 13.

② Cf. Evan Thompson, *Mind in Life: Biology, Phenomenology, and the Sciences of Mind*, Cambridge, MA: Harvard University Press, 2007, p. 401.

③ Cf. Michael. Tomasello, *The Cultural Origins of Human Cognition*, Cambridge, MA: Harvard University Press, 1999, pp. 179–181.

果没有同感促使人们彼此关心，那么扶危济困就根本不会内化为一种义务。道德情感先于道德原则"[1]。伦理学家 M. 约翰逊（M. Johnson）也对康德所谓的"以人为目的"的义务论持批评态度。他说：

> 康德的道德命令总是把他人（和自己）看作是目的本身，但如果不能通过想象将自己置于他人的立场上，那么这样的道德命令就没有任何实际意义。与康德的主张相反，除非我们能够想象他人的体验、感受、计划、目标和希望，否则不论以何种具体的方式把他人看作是自在的目的，我们都无法知道这究竟是什么意思。除非我们通过想象参与到他人的世界体验之中，否则我们也无法知道我们该如何尊重他人。[2]

美国的道德哲学家劳伦斯·布鲁姆（Lawrence Blum）长期致力于对道德感知、道德动机、利他主义感受和道德行为的研究，他也不认同康德主义的道德哲学。布鲁姆与 18 世纪英国的道德哲学家们持有相同的立场，即认为，同情（Sympathie）、同悲（Mitleid）和关切（Fürsorge）是道德的核心组成部分。在他看来，同感是同情、同悲和关切的基础，因而在道德生活中发挥着核心作

---

[1] F. B. M. De Waal, *Good Natured: The Origins of Right and Wrong in Humans and Other Animals*, Cambridge, MA: Harvard University Press, 1996, p. 87.

[2] M. Johnson, *Moral Imagination: Implications of Cognitive Science for Ethics*, Chicago: University of Chicago Press, 1993, p. 200.

用。同感为人打开了进入道德领域的通道，同感的缺失则导致人们对他人的痛苦视而不见①：

> 由于缺乏同感的能力，人们常常无法感知到他人正在遭受痛苦的煎熬……一个在道德上不敏感的人或许不会把某个特定的情境看作是道德问题，因而也就无法找到适当的原则来指导他的行动。②

布鲁姆指出，我们虽然有时知道相关的道德原则，比如，我们应该扶危济困，但是由于缺乏同感的能力，所以我们根本无法意识到，他人正处于危难或困境之中。只有首先意识到他人处于危难或困境之中，我们才会对他们担负道德责任。布鲁姆举了很多例子来说明这一问题，其中一个是这样的：约翰（John）和琼（Joan）正在搭乘地铁，他们坐着。由于没有空位，所以有些人只好站着。虽然车厢里多少有些拥挤，但也不是每个人都觉得不舒服。其中有一位乘客也站着，她是一个看似 30 多岁的女人，手里拎着两个满满的购物袋。虽然约翰也意识到这个女人，但他并未特别地注意她。

---

① 伊文·汤普森（Evan Thompson）也正确地看到了这一点。他认为同感是同情、爱或怜悯的基础，它是产生指向他人（other-directed）、关注他人的（other-regarding）关怀感的根本能力。道德意义上的同感是为所有道德情感奠基的一种基本的认知和情感能力，它是一切道德体验的源泉和入口。离开了同感，也就根本谈不上对作为道德人格、作为本身就是目的的他人的关切和尊重。Cf. Evan Thompson, *Mind in Life: Biology, Phenomenology, and the Sciences of Mind*, p. 401.

② L. A. Blum, *Friendship, Altruism and Morality*, London, 1980, p. 18.

相反，琼却明显感觉到，这个女人不太舒服。①

　　为此，布鲁姆认为，在这一情境下，约翰的感知和琼的感知之间存在着一个根本的差别，即道德内涵（moral signification）。前者只是看到，这里站着一个女人，手里拎着两个包；而后者不仅看到了前者看到的东西，而且还看到了前者没有看到的东西，即这个女人的不适（discomfort）。也就是说，后者感知到与道德相关的价值，而前者则没有。②正因为二者的感知不同，所以他们所采取的行动也有可能不同。约翰的感知没有为他提供任何应该帮助这个女人的理由，而琼的感知则为她提供了这样的理由，这一理由既非基于自利，亦非基于投射，而是基于利他之心。③

　　然而，在布鲁姆看来，约翰和琼对同一情境的不同感知所隐含的道德意义实际上并不在于感知与道德行为之间的关系，而在于感知本身。约翰常常无法洞察到他人的不适，而琼的性格却使她对这样的不适十分敏感。因此，从性格上来说，使琼敏感的东西，对约翰却不。也就是说，约翰的性格使他在面对某个特定的情境时，无法洞察到这一情境的道德内涵，这是他的性格缺陷——虽然不是严重的道德缺陷，但的确是一个缺陷。④

　　与布鲁姆一样，哲学家阿恩·约翰·维特莱森（Arne Johan Vetlesen）在1994年出版的《感知、同感与判断》一书中讨论了道德感知以及道德行为的前提。在他看来，道德行为最重要的前提之

---

① Cf. L. A. Blum, *Moral Perception and Particularity,* Cambridge, 1994, pp. 31-32.
② Ibid., p. 32.
③ Ibid., pp. 32-33.
④ Ibid., p. 33.

一就是同感。同感首先是一种能力，只有借助这种能力，我们才能从情感上与他人建立联系。这种情感纽带很重要，是因为它是人们能够感知他人痛苦的基础："看见一个人正在受苦就已经在我与这个我所看见正在受苦的人之间建立起一种情感联系。"[①]

正是由于对他人处境的同感，或者说，由于与他人的情感纽带，他人的痛苦才向我们显现。也正是由于我们的同感能力，我们才会关注他人的痛苦，而不是冷漠地面对。同感在情感上把彼此联结在了一起，并使得他人的痛苦能够被我们"看见"。一个不具有同感能力的人，在道德上是麻木的，而"一个麻木的人既不能从心理上也不能从情感上与他人的处境联系起来"[②]。

第四节　同感与道德教育

教育学家瓦尔特·赫尔佐克（Walt Herzog）由此认为，借助同感，我们打开了通向道德领域的通道。他认为，孩子可以通过几种不同的途径通达道德领域。其中一条是对他人痛苦的同感经验，而另一条是对冲突的道德判断的经验。这两种经验会促使儿童思考道德的重要性，并培养其正义观念。[③] 殴打其他孩子是不对的，因为这会使他伤心和疼痛；拽猫的尾巴也是不对的，因为这会使猫感到疼痛。这种自发的道德判断——所有使他者感到痛苦的行为都是

---

① Arne Johan Vetlesen, *Perception, Empathy and Judgment,* Pennsylvania, 1994, p. 7.

② Ibid., p. 160.

③ Cf. Andrea Plüss, *Empathie und moralische Erziehung*, S. 16.

错的，所有不会使他者感到痛苦的行为都是对的——表明，当儿童从道德上对各种行为进行判断时，他们遵循的是痛苦的标准。他们以痛苦为标准是同感的结果，由此，他们就发现了通达道德领域的通道①："这样的经验——一个社会行为伤害或者杀害了另一个人——直接导致这个行为被看作坏的或恶的行为。（……）如果一个孩子打了另一个孩子，从而使另一个孩子哭了的话，那么他根本不需要成人的教导，而直接就能意识到，他做了错事。"②

赫尔佐克的观点得到了教育学家艾略特·图里尔（Elliott Turiel）的研究成果的支持。图里尔认为，如果儿童发现父母的命令有可能使他人遭受痛苦的话，他们可能会违背父母的命令。如果一个行为使他人受到了伤害，而父母却从道德上判定这个行为是正确的，那么儿童就有可能从道德上对这一行为进行谴责。对于儿童来说，使另一个人受到伤害，这是绝对错误的，即使他们的父母并未从道德上对这样的行为进行谴责。③

"关怀伦理学"（The Ethics of Care）被认为属于道德情感主义的伦理传统④，因此，在持有"关怀伦理学"立场的教育学家、心理学家和道德哲学家们那里⑤，我们也会发现这样一种观念，即同

---

① Cf. Ibid., S. 16–17.

② Walter Herzog, „Die Banalität des Guten," in *Zeitschrift für Pädagogik*, 1991, S. 55.

③ Cf. Andrea Plüss, *Empathie und moralische Erziehung*, S. 17.

④ Cf. Michael Slote, *The Ethics of Care and Empathy*, London and New York: Routledge, 2007, p. 4.

⑤ 斯洛特指出，关怀伦理学的研究者大多是教育学家、心理学家，而非哲学家。Cf. Michael Slote, *The Ethics of Care and Empathy*, p. 3.

感为人们打开了道德领域的通道。关怀伦理学家把关怀看作是一种能力，即能够感知他人的需要，并以关怀的姿态对他人的需要做出反应。哲学家安德里亚斯·格雷瑟认为，对他人的关怀是从道德上对其进行同情的基础。与格雷瑟一样，哲学家哈里·G.法兰克福（Harry G. Frankfurt）也把关怀看作是社会介入（Engagement）的一种形式。我会关心他人、关心我们的孩子、关心我们的事业，是因为我们可以由此赋予生活以意义。我们会为了我们的信念和理想而有所担当，是因为我们能由此赋予我们的生活以某种特定的形态。从伦理学的层面来看，主动的关心会塑造一种基本的品质，这种品质就在于，人们会对事物去负责，并将这种责任融入自己的生活。因此，关怀不仅在我们的道德生活中，而且在我们的人格和社会生活中也扮演着重要的角色。①

那么，同感在关怀中又扮演着什么样的角色呢？要回答这个问题就要提及道德哲学家、关怀伦理学家内尔·诺丁斯（Nel Noddings）。依照斯洛特的说法，"诺丁斯是试图将关怀伦理学讲清楚的第一人"②，《关怀：伦理与道德教育的一种女性进路》③是其最早试图阐明关怀伦理学的著作。④诺丁斯关怀伦理学的核心是要求或建议个体出于关怀而行动：如果一个行为主体展现出对他人的关怀，那么他的行为就是在道德上被许可的，甚至可以说是善的。⑤

① Cf. Andrea Plüss, *Empathie und moralische Erziehung*, S. 17–18.
② Cf. Michael Slote, *The Ethics of Care and Empathy*, p. 10.
③ Nel Noddings, *Caring: A Feminine Approach to Ethics and Moral Education*, Berkeley, CA: University of California Press, 1984.
④ Cf. Michael Slote, *The Ethics of Care and Empathy*, p. 1.
⑤ Ibid. , p. 10.

在她看来，我们不应该只关心那些与我们亲熟的人的福利，而应该把关心的范围扩大到包括陌生人。同时，对他人的关怀不应是一般的自利，而应该是完全无私的关切。① 诺丁斯将关怀伦理运用于道德教育，并取得了丰富的成果。在《培养道德的人》一书中，她区分了关怀的两个方面："首先，有一种特殊的注意（attentiveness）形式，我把它叫作专注（engrossment）；这种注意形式是接受性的，并且指向被关怀的东西；其次，有一种动机的转换；关怀者的动机能量开始流向被关怀者的需求。"② 也就是说，"关怀"意味着：我们是通过"注意"或"专注"于我们的同类的遭遇；我们感知到他人的需要，并对这种需要做出积极的回应。如果我们以这种方式定义关怀的话，那么关怀也属于同感的范畴，它所刻画的是一种特殊的道德感知：③

> 从关怀者的角度来看，理解他人的现实情况，尽可能切近地感受他人的感受，是关怀的本质内容。因为，如果我把他人的现实情况看作是可能的，并开始感受之，那么我也会感到，我必须采取相应的行动。也就是说，我被驱使着去行动，好像不是为了我，而是为了他人。④

---

① *The Ethics of Care and Empathy*, pp. 11–12.

② Nel Noddings, *Educating Moral People*, New York: Teachers College Press, 2002, p. 29.

③ Cf. Andrea Plüss, *Empathie und moralische Erziehung*, S. 18–19.

④ Nel Noddings, *Caring: A Feminine Approach to Ethics and Moral Education*, Berkeley, CA: University of California Press, 1984, p. 16.

因此，"专注"不仅是设身处地地理解他人的思想和感受的能力，而且也是借由这些感受同情他人的能力。

心理学家马丁·L.霍夫曼（Martin L. Hoffman）也属于关怀伦理学的阵营。他认为，同感是道德教育和道德发展的核心。[1] 在《同感与道德发展》中，他指出，个体的同感能力的发展会经历不同阶段。在同感发展的早期阶段，个体的同感与"亲社会的"、利他的或道德的动机之间的关系是模糊的，或者说，还没有完全建立起来。一个小孩甚至是婴儿也会通过模仿或情绪"传染"而感受到其他孩子的悲痛，并与之一同哭泣。但是，随着儿童概念能力或语言能力的提升、人格体验的丰富、对他人之实在感的充盈，在面对那些并非当下的和只是听闻的、记忆中的或在书本中读到的情形时，会产生一种更加"间接的"同感，慎重对待别人的观点并站在对方的立场思考问题成为可能。[2] 当青少年开始意识到集体、阶级以及共同目标或共同利益的存在时，他们就会团结起来，对那些无家可归的、残疾的、受压迫的民族或国家或族群产生同感。[3]

霍夫曼认为，儿童的道德动机和行为需要父母和他人的引导，他把父母和他人的这种引导活动叫作"诱导训练"（inductive discipline）或"诱导"（induction）。与"诱导训练"相对的道德教育方法是"权威主张"（power-asserting），即通过单纯的威胁来规训儿童，通过援引明确的道德规则或戒律，强行向儿童灌输道德观

---

① Cf. Michael Slote, *The Ethics of Care and Empathy*, p. 4.

② Ibid. , p. 14. 同时参见 Martin L. Hoffman, *Empathy and Moral Development: Implications for Caring and Justice*, Cambridge: Cambridge University Press, 2000, pp. 276ff.。

③ Cf. Michael Slote, *The Ethics of Care and Empathy*, p. 15.

念、道德动机和道德行为。[1] 尽管霍夫曼也认为，权威主张和劝诫在对儿童的规训中发挥着重要作用[2]，但由于这种机械训练的方法完全忽视了儿童的自主性和同感能力，所以规训的效果往往差强人意。相反，诱导训练则充分尊重了儿童的自主性和同感能力。当你发现孩子伤害他人时，你要让他充分意识到已经对他人造成的伤害，尤其要让他想象当自己遭遇类似的伤害时会有怎样的感受。通过这种诱导，会使孩子对其所作所为感到懊悔和羞愧。如果持续进行这样的训练，那么儿童就会把那些坏的感受（内疚）与那些他可以实施但却并未付诸行动的伤害别人的情形关联起来，这种关联（联想）在功能上独立于父母或他人的实际干预，并且构成或支持了一种利他的动机和道德原则：伤害他人是错误的。[3]

斯洛特也坚信关怀伦理，并试图表明"一条关怀伦理的进路可以被用来理解所有个体的和政治的道德"[4]。在他看来，同感是关怀、仁慈、同情等品质的首要机制（mechanism）[5]，依照同感，可以理解关怀的发展和各种直观的道德区别。[6] 他认为霍夫曼所谓的"诱导训练"，不仅可以帮助我们解释青春期的孩子对遥远的陌生人的同感是如何发展的，而且可以为我们提供进一步增强同感的路径和方法。他认为，在儿童的早期阶段，"诱导"可以使儿童认识到他对亲熟之人（例如兄弟姐妹或同学）造成的伤害，并且让他学会

---

[1]　*The Ethics of Care and Empathy*, p. 15.

[2]　Ibid. , p. 20, note 11.

[3]　Ibid. , p. 15.

[4]　Ibid. , p. 2.

[5]　Ibid. , p. 4.

[6]　Ibid. , p. 14.

换位思考行为的后果。由此，斯洛特和霍夫曼一样认为，同感为道德教育提供了可能："家长和学校可以借助文学作品、电影或电视节目，将遥远的陌生人的麻烦和悲剧生动地展现给孩子们；他们可以鼓励孩子们想象——并使他们养成想象的习惯，如果这些事情发生在他们自己身上，他们或其家人的感受将是怎样的，由此可以培养孩子们对他人的敏感度。此外，家庭、学校和国家也可以为国际学生提供更多与那些和当地家庭生活在一起并且在当地上学的访问学生交流的机会。如此一来，访问者与被访问者就可以切身地了解现实和真正的人性，而不是只停留在它们的名称和对它们的描述上。……家长和学校应该让孩子养成一种习惯，即思考和关心他们（以及他们的家人、邻居和政府）的作为或不作为对其他国家人民生活的影响。"[1] 玛莎·纳斯鲍姆（Martha Nussbaum）持有与斯洛特类似的观点，她也认为文学作品有助于培养儿童对他人痛苦的想象性的理解，因此可以将文学作品作为进行道德教育的有效手段。[2]

鉴于同感与道德感知和道德判断之间的这种密切联系，赫尔佐克、图里尔、劳伦斯·科尔伯格（Lawrence Kohlberg）、霍夫曼、诺丁斯、约翰·威尔逊（John Wilsons）、彼得·麦克菲尔（Peter McPhail）、斯洛特等心理学家、教育学家和伦理学家都认为，同感教育、关怀教育应当成为家庭和学校道德教育的核心。因为只有这样，才能培养学生健全和成熟的道德人格。由于儿童的教育总是离不开父母和老师，所以在培养和提升儿童的同感能力的同时，也应

---

[1] *The Ethics of Care and Empathy*, pp. 29-30.

[2] Ibid. , p.39, note 20.

注重培养和提升父母和老师的同感能力。[①]

结 语

自利普斯提出系统的同感理论以来，关于同感的本质、同感的发生机制、同感与审美体验、同感与同情、同感与社会认知、同感与道德教育之间的关系就成了众多学科的研究主题。不论是美学、伦理学、现象学，还是心理学、神经科学、认知科学，都对这一问题进行了长期深入的理论或实验研究，取得丰富的研究成果。在这诸多研究中，现象学、神经科学和道德心理学所取得的成果尤为显著，也在理论和实践上对彼此产生了十分重要的影响。

道德心理学用来理解同感现象的主要思想资源是利普斯的内在模仿理论、现象学的同感理论和神经科学的具身模仿理论（Embodied Simulation Theory）。如果说现象学的同感理论尤其是胡塞尔和施泰因的同感理论本质上属于先验哲学的范畴，那么神经科学和道德心理学的同感理论则完全是经验（实验）性质的。一方面，胡塞尔和施泰因坚决反对利普斯的内在模仿理论；另一方面，神经科学却又通过镜像神经元（mirror neurons）的发现和人际研究证实了利普斯的这一理论，并因此而为道德心理学奠定了生理学的基础。由此，现象学的同感理论就与神经科学和道德心理学的同感理论处于一种紧张关系中。如何将现象学的同感理论与神经科学和道德心理学的同感理论协调起来，或者说，

---

① Cf. Andrea Plüss, *Empathie und moralische Erziehung*, S. 91–126.

现象学如何从神经科学那里获得有益的借鉴，并为道德心理学的同感理论找到合理的根据，这是一个有待进一步研究和解答的理论难题。①

---

① 关于这方面的研究，目前的主要趋势是现象学的自然化（或自然化的现象学）、神经现象学、现象学与认知科学的交叉研究。代表性的研究成果，国内的有陈巍《神经现象学——整合脑与意识经验的认知科学哲学进路》，北京：中国社会科学出版社，2016 年；国外的有 Jean Petitot, Francisco J. Varela, Bernard Pachoud, and Jean-Michel Roy, eds. *Naturalizing Phenomenology: Issues in Contemporary Phenomenology and Cognitive Science*, Standford University Press, 1999. Alvin I. Goldman, *Simulating Minds: The Philosophy, Psychology, and Neuroscience of Mindreading*, Oxford University Press, 2006; Dieter Lohmar, "Mirror Neurons and the Phenomenology of Intersubjectivity", in *Phenomenology and the Cognitive Sciences* 5(2006): 5−16; Evan Thompson, *Mind in Life: Biology, Phenomenology, and the Sciences of Mind*, The Belknap Press of Harvard University Press, 2007; Karsten R. Stueber, *Rediscovering Empathy: Agency, Folk Psychology, and the Human Sciences*, The MIT Press, 2010; Shaun Gallagher, *Phenomenology*, Palgrave Macmillan, 2012; Shaun Gallagher, *How the Body Shapes the Mind*, Oxford University Press, 2013; Dan Zahavi, *Self and Other: Exploring Subjectivity, Empathy, and Shame*, Oxford University Press, 2014; Shaun Gallagher and Dan Zahavi, *The Phenomenological Mind*, Third Edition, Routledge, 2021 等。作为神经现象学的主要代表人物，Francisco J. Varela、Vittorio Gallese 和 Giacomo Rizzolatti 等有一系列研究成果，且多是学术论文，在此不再一一列出。

余　论
同情的边界 *

　　德国学人汉宁·里德（Henning Ritter）在 2004 年发表了一部畅销一时的哲学随笔集《无处安放的同情——关于全球化的道德思想实验》，其中文译者周雨霏这样概括原作者的问题意识和思考起点："同情和共感，原本是人们对身边的、近旁的同胞所抱有的情感。当全球化使世界变得看似越来越小，当传媒技术足以将灾难的现场在视觉和听觉上带到我们身边，当世界各地发生的不幸都能够迅速进入人们的视野时，人们是否会对不相识的他者产生一种'四海之内皆兄弟'式的同情呢？而这种看似普世的同情心，将指引人们走向无边界的人类命运共同体，还是一种抽象的伪道德？不指向任何具体的道德行为，最终会不会让人们在伦理方面成为言语上的巨人、行动上的矮子呢？"[①] 虽然里德的这本书出版已经过去十多年的时间，但他提出的问题在今天非但没有过时，反而显得更加真

---

* 本部分内容曾以《同情的边界》为题发表于《书城》2023 年第 1 期。

① 汉宁·里德：《无处安放的同情——关于全球化的道德思想实验》，周雨霏译，广州：广东人民出版社，2020 年，"译者序"，第 2—3 页。本书的德文书名是 *Nahes und Fernes Unglück: Versuch über das Mitleid*。直译应该是"近与远的不幸：对同情的研究"。德国人表达"同情"，一般用"Mitleid"而很少用"Sympathie"。"Mitleid"的本义是"同悲"。对他人的"悲伤"表示"同悲"即是同情。就此而言，我们不会说对他人的快乐表示同情。说"我同情你的快乐"，有违"同情"这个词的规范用法。

实。新冠疫情、俄乌冲突，广西空难、韩国踩踏事件……这些正在进行或刚刚发生的不幸，不断冲击着我们的精神世界，使我们变得越来越麻木、怯懦和不安。

对于同情和共感，在我看来，至少有两种理解方式，一种是道德现实主义，一种是道德普遍（理想）主义。

在道德现实主义者看来，同情和共感具有时空性、亲熟性等特征。越是在时空上和亲熟程度上离我们更近的人，我们对他们的同情和共感程度就越强；反之则越弱。亲眼看见一场车祸和从电视新闻上看到一场车祸的消息，带给我们的情感冲击是不一样的。看到至亲的人遭遇不幸和看到一个陌生人遭遇不幸所感受到的痛苦程度也是不一样的。因此，我们不可能对所有人产生同等程度的同情和共感。

道德普遍主义者却不同。在他们看来，即便灾难的发生在时空上离自己无限遥远，受难者与我们非亲非故，我们也应该像对待自己的亲朋故交那样对待他们。无论何时何地，对待何人，我们的同情和共感程度应该是完全一样的。所谓"四海之内皆兄弟"，不能厚此薄彼。

里德认为，让－雅克·卢梭（Jean-Jacques Rousseau，1712—1778）和 D. 狄德罗（D. Diderot，1713—1784）恰恰代表了这两种不同的态度，前者可看作道德现实主义的，后者可看作道德普遍主义的。狄德罗正是发现时间与空间的距离会使一切直觉和一切形式的良知变得迟钝，传统的道德无法应对活动空间的拓展所带来的挑战，所以他要寻找一种超越时空限制的普遍的道德原则。[①] 在里德看来，《百科全书》对"人性"或"人道主义"（humanité）这个词

---

① 参见汉宁·里德：《无处安放的同情》，第28—29页。

条的定义就明显地代表了狄德罗的普遍道德观念。《百科全书》说，人道主义是"一种对一切人的仁慈的情感，……由于为别人的痛苦而担忧并急于去解救他们，才会引起这种崇高的热情"①。里德认为，狄德罗所谓的人性或人道主义是一种狂热的情感，一种超人类的激情，它随时会被无论在什么地方发生的不幸所激活，但却绝不会直接促发任何实质上的援助行为。② 与狄德罗一样，霍尔巴赫男爵（Baron d'Holbach，1723—1789）把人性看作一条纽带，它可以将分处世界两极的人连接起来。③ 阿诺德·盖伦（Arnold Gehlen，1904—1976）将百科全书派的这种人性观看作是"家庭道德的扩展版"，因为他们把个人对邻人的道德观套用在个人对整个人类的关系上，而且他们相信人性的情感只有通过延展至整个世界才会变得更坚固、更有力。当等级制度和狭隘的道德观念被克服之后，整个世界将笼罩在和睦温暖的邻人之爱中。他认为，对于霍尔巴赫及其同道者来说，人性不会被任何情感递减法则所击败。④

卢梭不同意狄德罗及其学派的观点。他说："人类的感情在向全世界扩展的过程中将日趋淡化。我们对鞑靼海峡或日本遭受的灾害的感受，就不像我们对一个欧洲国家的人民遭受的灾害的感受那么深。"⑤ 在卢梭看来，对象的延伸必然导致情感的递减，我们并不

---

① 狄德罗主编：《狄德罗的〈百科全书〉》，梁从诫译，广州：花城出版社，2007年，第257页。转引自《无处安放的同情》，第36页。

② 参见汉宁·里德：《无处安放的同情》，第36页。

③ 同上书，第37页。

④ 参见同上。

⑤ 卢梭：《政治经济学》，《卢梭全集》第5卷，李平沤译，北京：商务印书馆，2018年，第226页。

能对陌生人的不幸感同身受。百科全书派哲学家认为，只要不断扩展博爱与人性，就可以促成道德的进步，最终实现覆盖全人类的普世之爱。但卢梭认为，无限扩展道德的对象既不现实，亦无必要，一种覆盖整个人类的普世同情过于模糊，无法诉诸表达。因此，我们"必须用某种方法使人们的爱心和怜悯心局限于一定的范围，才能使之活跃起来"①。那么，这个"一定的范围"是什么呢？他说，就是那些能够从我们的同情和怜悯中获益的人，也即那些每天与我们共同生活在一起的人。为此，卢梭说道："由于我们的这种倾向只对我们必须与之共同生活在一起的人有用，因此，我们应当在同胞之间努力培养这种人道主义精神，使它通过同胞们的朝夕相处和经常往来以及把他们联系在一起的共同利益而更加发扬。"②用通俗一些的话来说就是，"我们要对身边的人好"③，而只有我们对身边的人好，他们才会对他们身边的人好，如此，同情和怜悯才能得到传递和扩展。

里德指出，卢梭在早期也是一个博爱主义者、世界主义者，但后来告别了这种思想立场，因为他意识到，那些孕育了世界主义精神的社会反而是最不尊重人的大社会，在这样的社会中没有爱的教育，只有恨的教育。他说："不要相信那些世界主义者了，因为在他们的著作中，他们到遥远的地方去探求他们不屑在周围履行的义务。这样的哲学家之所以爱鞑靼人，为的是免得去爱他们的邻居。"④

----

① 卢梭：《政治经济学》，第 226—227 页。
② 同上书，第 227 页。
③ 汉宁·里德：《无处安放的同情》，第 42 页。
④ 卢梭：《爱弥尔》（上），《卢梭全集》第 6 卷，李平沤译，北京：商务印书馆，2016 年，第 24 页。

在卢梭看来，人性之爱或同情只有在小社会，在私密、封闭的小圈子中才能得以实现，因为对于超出这个圈子之外的人的痛苦，我们没有任何经验，只有想象。在《爱弥儿》中，卢梭指出，我们对他人痛苦的同情程度，不取决于痛苦的数量，而取决于我们为那个遭受痛苦的人所设想的感觉。[①] 换言之，我们对陌生人的同情往往建立在想象的基础之上。我们想象他有多痛苦，我们对他就有多同情。想象的程度与同情的程度成正比。卢梭的这种观点在后来的亚当·斯密那里得到了呼应。可以说，在同情问题上，斯密是卢梭的思想盟友。

在《道德情操论》中，斯密向我们讲述了这样一个故事。他说："让我们假定，中国这个伟大帝国连同她的全部亿万居民突然被一场地震吞没，并且让我们来考虑，一个同中国没有任何关系的富有人性的欧洲人在获悉中国发生这个可怕的灾难时会受到什么影响。我认为，他首先会对这些不幸的人遇难表示深切的悲伤，他会怀着深沉的犹豫想到人类生活的不安定以及人们全部劳动的化为乌有，它们在顷刻之间就这样毁灭掉了。如果他是一个投机商人的话，或许还会推而广之地想到这种灾祸对欧洲的商业和全世界平时的贸易往来所能产生的影响。而一旦做完所有这些精细的推理，一旦充分表达完所有这些高尚的情感，他就会同样悠闲和平静地从事他的生意或追求他的享受，寻求休息和消遣，好像不曾发生这种不幸的事件。"[②] 在里德看来，斯密虚拟的这个故事有几个特点：（1）地

---

① 汉宁·里德：《无处安放的同情》，第 41 页。
② 亚当·斯密：《道德情操论》，蒋自强、钦北愚等译，胡企林校，北京：商务印书馆，2011 年，第 164—165 页。

震发生在遥远的中国，而中国是世界上人口最多的国家；（2）这个伟大帝国的亿万居民全部在地震中罹难；（3）这个富有人性的欧洲人与中国毫无瓜葛，他对遇难者的同情完全出于无私的关爱。然而，即令是这样一个人，在面对如此巨大的灾难时，他那善良的同情心也只会保留片刻，继而便随着时间的推移很快消失殆尽。

而且，一旦这个富有人性的欧洲人知道自己有可能遭受某种不幸，而其不幸虽然与遥远中国的大地震相比完全算不上什么，他仍有可能惴惴不安，彻夜难眠。恰如斯密所言："那种可能落到他头上的最小的灾难会引起他某种更为现实的不安。如果明天要失去一个小指，他今晚就会睡不着觉；但是，倘若他从来没有见到过中国的亿万同胞，他就会在知道了他们毁灭的消息后怀着绝对的安全感呼呼大睡，亿万人的毁灭同他自己微不足道的不幸相比，显然是更加无足轻重的事情。"①

斯密继而问道："为了不让他的这种微不足道的不幸发生，一个有人性的人如果从来没有见到过亿万同胞，就情愿牺牲他们的生命吗？"②虽然斯密用"理性、道义、良心、心中的那个居民、内心的那个人、判断我们行为的伟大的法官和仲裁人"否定了这样邪恶的想法，但人类历史却告诉我们，一个善于做"精细推理"的人完全有可能为了满足一己之私而不惜损害他人的利益，甚至生命。休谟在《人性论》中就曾这样来刻画人类理性的逻辑："宁愿毁了全世界，也不想让我的手指受伤，这对理性来说并

---

① 亚当·斯密：《道德情操论》，第 165 页。
② 同上。

不矛盾"。①

因此，斯密像卢梭一样告诫我们，不要过高地估计人性。同情是有限度的，在爱自己与爱他人之间保持"中道"最为合宜。换言之，当别人的幸福和不幸与我们毫不相关时，我们没必要抑制对自己事务的挂虑，也没必要抑制对他人的冷漠，因为"最普通的教育教导我们，在所有重大的场合要按照介于自己和他人之间的某种公正的原则行事"②。

既然有中道，那就有极端。斯密批评了两类哲学家的道德教诲："一类哲学家试图增强我们对别人利益的感受，另一类哲学家试图减少我们对自己利益的感受。前者使我们如同天生同情自己的利益一样同情别人的利益，后者使我们如同天生同情别人的利益一样同情自己的利益。或许，两者都使自己的教义远远超过了自然和合宜的正确标准。"③

斯密说，前者是那些啜啜泣泣和意气消沉的道德学家，他们无休止地指责我们说，无视同胞甚至人类的苦难，在愉快地生活的同时还对自己的幸运满怀喜悦之情，是可耻和邪恶的。这个世界上仍然有许多不幸的人，"他们无时不在各种灾难之中挣扎，无时不在贫困之中煎熬，无时不在受疾病的折磨，无时不在担心死亡的到来，无时不在遭受敌人的欺侮和压迫"④。在这些道德学家看来，即使我们与那些不幸的人素昧平生，远隔万里，我们仍应该对他们时

---

①　David Hume, *A Treatise of Human Nature*, Auckland: The Floating Press, 2009, p. 637.

②　亚当·斯密:《道德情操论》，第 167 页。

③　同上书，第 168 页。

④　同上。

刻保持怜悯，抑制自己的快乐，保持一种惯常的忧郁沮丧之情。

针对这类道德学家的观点，斯密进行了严厉的批驳。他说，首先，对自己一无所知的人的不幸表示过分的同情，似乎完全是荒唐和不合常理的。其次，这种装腔作势的怜悯不仅是荒唐的，而且似乎也是全然做不到的。那些矫揉造作、故作多情的悲痛，非但不能感动人心，反而会招来别人的反感和厌恶。最后，这种心愿虽然可以实现，但却完全无用，而且只能使具有这种心愿的人感到痛苦。我们对那些与自己毫无干系的陌生人的命运无论怎样关心，都只能给自己带来沉重的道德负担，而不能给他们带来任何好处。①

里德认同斯密的反驳。他认为斯密这样说是想给我们的道德松绑，从而维持和加强人的行动能力。② 同时，他也认为，对遥远处的不幸所产生的怜悯，实际上来自于一种"道德洁癖"③。对于超出自己影响能力范围之外的不幸，不必过于在意，相反，我们更应该关心自己的得失和身边人的命运，这种关心越是真诚和强烈，我们就越是能够在心中培育出人性的热情，因为人们只有通过对某个具体对象产生同情，并通过实际行动去"安放"这种同情，我们"才能够以这种完全自然的方式、毫不夹杂道德上的娴熟油滑，来达到自我控制的最高境界"④。里德的这个观点实际来自斯密，在后者看来，"对别人的高兴和悲痛最为同情的人，是最宜于获得对自己的高兴和悲痛的非常充分的控制力的人。具有最强烈人性的人，自然

---

① 参见亚当·斯密:《道德情操论》，第168—169页。
② 汉宁·里德:《无处安放的同情》，第122页。
③ 参见同上书，第121页。
④ 参见同上书，第122页。

是最有可能获得最高度的自我控制力的人"①。就此而言，同情泛滥而没有节制，悲天悯人而毫无作为，也是缺乏自我控制力的一种表现。

与这类过度强调对他人施以同情心的道德学家相比，另一类道德哲学家则极力奉劝我们对自己的情感和利益毫不挂虑甚至保持冷漠。古代的斯多亚学派便是这类道德哲学家的典型代表。他们持一种世界主义的观念，认为"人不应把自己看作是某一离群索居的、孤立的人，而应该把自己看作世界中的一个公民，看作自然界巨大的国民总体的一个成员。他应当时刻为了这个大团体的利益而心甘情愿地牺牲自己的微小利益。他应该做到为同自己有关的事情所动的程度，不超过为同这个巨大体系的其他任何同等重要部分有关的事情所动的程度"②。这一派的代表人物爱比克泰德（Epictetus，约55—约135）曾说："当我们的邻人失去了他的妻子或儿子时，没有人不认为这是一种人世间的灾难，没有人不认为这是一种完全按照事物的日常进程发生的自然事件；但是，当同一件事发生在我们身上时，我们就会恸哭出声，似乎遭到最可怕的不幸。然而，我们应当记住，如果这个偶然事故发生在他人身上我们会受到什么样的影响，他人之情况对我们的影响也就是我们自己的情况应对我们产生的影响。"③

斯密指出，个人有两种不幸，我们对其所具有的感受力很容易超过合宜的范围。一种是首先直接影响我们的双亲、孩子、兄弟

---

① 亚当·斯密：《道德情操论》，第184—185页。
② 同上书，第169—170页。
③ 转引自同上书，第170页。

姐妹或最亲密的朋友，然后才间接影响我们的不幸；另一种是直接影响我们的肉体、命运或名誉的不幸，例如疼痛、疾病、死亡、贫穷、耻辱等。依照斯多亚学派的观点，不论何人遭受不幸，我们都应该表示同样的冷漠，但在斯密看来，如果"一个对自己的父亲或儿子的死亡或痛苦竟然同对别人的父亲或儿子的死亡或痛苦一样不表示同情的人，显然不是一个好儿子，也不是一个好父亲。这样一种违反人性的冷漠之情，绝不会引起我们的赞许，只会招致我们极为强烈的不满"[①]，因为"合宜的感情绝不要求我们全然消除自己对最亲近的人的不幸必然怀有的那种异乎寻常的感情，那种感情不足总是比那种情感过分更加令人不快"[②]。由此看来，我们对他人的同情须得分个远近亲疏、浓淡多寡，才合乎自然和人伦。老吾老以及人之老，幼吾幼以及人之幼，固然是一种美德，但不能因此而弭平人与人之间的情感差异。

从本质上来看，斯密所批评的两类道德观念都犯了"平等主义"的错误：前一类想要追求的是一种普遍的、均质的道德和博爱精神，后一类想要追求的则是一种普遍的、均质的非道德或道德冷漠。在斯密看来，这两种态度都不足取，我们更应该像亚里士多德一样，在过与不及之间选择适宜与中道：不论是对自己，还是对他人，都应该保持必要而适度的关爱和同情。

里德指出，玛莎·纳斯鲍姆批评斯密在"富有人性的伦敦人"这一故事中所表现出的姿态前后不一、自相矛盾，因为，在全球一体化的今天，限制人们的同情心是矛盾的。不过，在里德看来，纳

---

① 亚当·斯密:《道德情操论》，第170页。
② 同上书，第172页。

斯鲍姆的批评并不成立，因为在伦敦人的故事中，令人不安的并不
是斯密主张的同情心有界限的观点，而是他认为扩展同情心会误导
人们放弃行为的逻辑，而去遵循情感的逻辑，从而产生各种可怕的
后果。斯密笔下"富有人性的伦敦人"从同情到冷酷的转变就证明
了这一点：上一刻还在为了远处的不幸而感慨万千、黯然神伤，下
一刻就会由于自己要遭遇的不幸而手足无措、慌乱不堪，甚至毫不
犹豫地去牺牲他人，保全自己。为此，里德认为，"富有人性的伦
敦人"这个故事向我们暗示了一个重要的观点：同情或共感的源泉
之一是自爱与自怜。①

　　事实上，斯密并不认为真正的美德建立在对邻人、对人类的同
情之爱的基础上，而是建立在一种更高级的爱的基础上，这种爱是
"一种对光荣而又崇高的东西的爱，一种对伟大和尊严的爱，一种
对自己品质中优点的爱"②。

　　针对卢梭的观点，里德也表达了一个很重要的洞见。他认为，
不论在任何情况下，道德都有一个不可消除的缺陷："道德所赋予
身边的人之裨益，取自普遍一般的人类；道德试图给予普遍人类的
裨益，是从那些对自己有最高道德要求的人们身上克扣而来的。"③
在他看来，卢梭认为的人性或同情只能出现在那些单纯的小社会，
在其中，人性之情转变成了爱国主义这一政治美德④，其结果是，
"凡是爱国者对外国人都是冷酷的——在他们心目中，外国人只是

---

① 汉宁·里德：《无处安放的同情》，第123—124页。
② 亚当·斯密：《道德情操论》，第166页。
③ 汉宁·里德：《无处安放的同情》，第42页，译文有改动。
④ 同上书，第38页。

同他们毫不相干的路人而已"[①]。斯密虽然主张由一个"中立的旁观者"监督和裁判我们的道德情感，但从他对同情的限制来看，同样会导向与卢梭一样的结论和现实后果。如果同情像他们所认为的那样只能限定在一个熟人社会、一个小社会中，那么这样的社会不免会陷入保守、封闭和排外。

因此，我们在警惕道德普遍主义者倡导的道德普遍化、道德全球化的同时，也应该警惕道德现实主义者主张的道德地方化和道德狭隘化。

---

① 汉宁·里德：《无处安放的同情》，第39页。

参考文献

一、中文部分

阿尔弗雷德·舒茨，2012 年：《社会世界的意义构成》，游淙祺译，北京：商务印书馆。

艾迪特·施泰因，2014 年：《论同感问题》，张浩军译，上海：华东师范大学出版社。

彼得·盖伊，2015 年：《弗洛伊德传》，北京：商务印书馆。

柏拉图，2010 年：《理想国》第五卷，顾寿观译，吴天岳校注，长沙：岳麓书社。

綦桑，2021 年：《移情是一种亚里士多德式的美德吗？》，载《哲学研究》第 3 期。

陈立胜，2011 年：《恻隐之心："同感"、"同情"与"在世基调"》，载《哲学研究》第 12 期。

陈真，2013 年：《论斯洛特的道德情感主义》，载《哲学研究》第 6 期。

崔延强主编，2021 年：《努斯：希腊罗马哲学研究》第 2 辑，《情感与怀疑：希腊哲学对理性的反思》，执行主编：梁中和，上海：上海人民出版社。

弗兰西斯·哈奇森，2009 年：《论美与德性观念的根源》，高乐田、黄文红、杨海军译，杭州：浙江大学出版社。

　2010 年：《道德哲学体系》（上），江畅、舒红跃、宋伟译，杭州：浙江大学出版社。

弗林斯，2006 年：《舍勒的心灵》，张志平、张任之译，上海三联书店。

弗洛伊德，2019 年：《精神分析引论》，北京：商务印书馆。

高娟和赵静波，2009 年：《发达国家心理咨询与治疗伦理问题研究的历史发展》，载《中国医学伦理学》第 3 期。

赫胥黎，2014 年：《天演论》（商务本），严复译，《严复全集》第一卷，福州：福建教育出版社。

胡塞尔，2017 年：《现象学的心理学》，游淙祺译，北京：商务印书馆。

2017 年：《第一哲学》下卷，王炳文译，北京：商务印书馆。

2017 年：《欧洲科学的危机与先验现象学》，王炳文译，北京：商务印书馆。

吉尔·萨维日·沙尔夫，2020 年：《投射性认同与内摄性认同》，北京：中国轻工业出版社。

贾晓明，2004 年：《现代精神分析与人本主义的融合——对共情的理解与应用》，载《北京理工大学学报》（社会科学版）第 5 期。

金雯，2018 年：《启蒙时代的"同情"》，载《兰州大学学报》（社会科学版）第 5 期。

康德，2004 年：《一位视灵者的梦》，载《康德著作全集》第二卷，李秋零译，北京：中国人民大学出版社。

李斯特威尔，2007 年：《近代美学史评述》，合肥：安徽教育出版社。

李醒尘主编，1990 年：《十九世纪西方美学名著选》（德国卷），上海：复旦大学出版社。

李义天，2018 年：《移情是美德伦理的充要条件吗？》，载《道德与文明》第 2 期。

2021 年：《美德之心》，北京：商务印书馆。

利普斯，1936 年：《伦理学底根本问题》，陈望道译，北京：中华书局。

林崇德、杨治良、黄希庭主编，2004 年：《心理学大辞典》，上海：上海教育出版社。

鲁道夫·贝尔奈特、耿宁和艾杜德·马尔巴赫，2011 年：《胡塞尔思想概论》，李幼蒸译，北京：中国人民大学出版社。

卢梭，1986 年：《忏悔录》，第一部，黎星译，北京：商务印书馆。

2008 年：《忏悔录》，陈筱卿译，重庆：重庆出版社。

2012 年:《卢梭全集》,第 1 卷,《忏悔录》(上),李平沤译,北京:商务印书馆。

迈克尔·斯洛特,2017 年:《道德到美德》,周亮译,南京:译林出版社。

牟春,2016 年:《"移情说"与中国现代美学观念的生成》,上海:上海书店出版社。

南希-麦克威廉斯,2019 年:《精神分析诊断:理解人格结构》,北京:中国轻工业出版社。

尼采,2020 年:《敌基督者》,载《尼采著作全集》第六卷,余明锋译,孙周兴校,北京:商务印书馆。

倪梁康,2007 年:《胡塞尔现象学概念通释》(修订版),北京:生活·读书·新知三联书店。

2009 年:《现象学的方法特征——关于现象学与人类学、心理学之间关系的思考》,载《安徽大学学报》(哲学社会科学版)第 3 期。

2013 年:《从移情心理学到同感现象学》,载《中国高校社会科学》第 3 期。

2021 年:《关于几个西方心理哲学核心概念的含义及其中译问题的思考(一)》,载《西北师大学报》第 3 期。

彼得·莱瑟姆,2017 年:《自体心理学导论》,北京:中国轻工业出版社。

荣格,2014 年:《移情心理学》,北京:世界图书出版公司。

莎士比亚,2001 年:《温莎的风流妇人》,梁实秋译,北京:中国广播电视出版社 / 远东图书公司。

2016 年:《温莎的风流娘儿们》,方平译,上海:上海译文出版社。

舍勒,2017 年:《同情感与他者》,刘小枫主编,朱雁冰、林克等译,北京:北京师范大学出版社。

孙向晨,2008 年:《面对他者:莱维纳斯哲学研究》,上海:上海三联书店。

苏国勋,2016 年:《理性化及其限制》,北京:商务印书馆。

王鸿赫,2020 年:《利普斯的代入感理论及其困境》,载《哲学与文化》第 11 期。

威廉·沃林格，2020 年：《抽象与移情》（修订版），王才勇译，北京：金城出版社。

吴琼，2011 年：《雅克·拉康：阅读你的症状》（下），北京：中国人民大学出版社。

谢地坤，2008 年：《走向精神科学之路：狄尔泰哲学思想研究》，南京：江苏人民出版社。

亚当·斯密，2011 年：《道德情操论》，蒋自强、钦北愚等译，胡企林校，北京：商务印书馆。

杨大春，2005 年：《感性的诗学：梅洛－庞蒂与法国哲学主流》，北京：人民出版社。

伊索·耿宁，2012 年：《心的现象》，倪梁康编，北京：商务印书馆。

游淙祺，2016 年：《现象学心理学与经验的世界》，载《现代哲学》第 3 期。

约斯·德·穆尔，2016 年：《有限性的悲剧：狄尔泰的生命释义学》，吕和应译，上海：上海三联书店。

朱刚，2006 年：《伦理学作为第一哲学如何可能？——试析列维纳斯的伦理思想及其对存在暴力的批判》，载《南京大学学报》第 6 期。

2010 年：《一种可能的责任"无端学"——与列维纳斯一道思考为他人的责任的"起源"》，载《中山大学学报》（社会科学版）第 1 期。

张德兴编，2000 年：《二十世纪西方美学经典文本》第一卷，上海：复旦大学出版社。

张法，2020 年：《西方当代美学史》，北京：北京师范大学出版社。

张浩军，2013 年：《施泰因论移情的本质》，载《世界哲学》第 2 期。

2016 年：《同感与道德》，载《哲学动态》第 6 期。

2018 年：《舒茨社会世界现象学视域中的他人问题》，载《学术研究》第 5 期。

2021 年：《理解 Einfühlung 的四条进路：以利普斯为核心的考察》，载《哲学研究》第 10 期。

2022 年：《精神分析语境中的移情》，载《现代哲学》第 1 期。

张任之，2019 年：《心性与体知：从现象学到儒家》，北京：商务印书馆。

中华人民共和国国家卫生健康委员会：《心理治疗规范》(2013 年)。

朱光潜，1987 年：《谈美》《悲剧心理学》，载《朱光潜全集》第二卷，合肥：安徽教育出版社。

二、外文部分

Agosta, Lou. 2014. *A Rumor of Empathy: Rewriting Empathy in the Context of Philosophy*. Palgrave Macmillan.

Andrews, Michael F. 2002. *Contributions to the Phenomenology of Empathy: Edmund Husserl. Edith Stein and Emmanuel Levinas*. UMI.

Bachelard, Suzanne. 1957. *La Logique de Husserl, étude sur Logique formelle et logique transcendantale*. Paris: Presses Universitaires de France.

Basch, V. *Essai Critique sur l'Esthétique de Kant*.

———. 1969. *A Study of Husserl's Formal and Transcendental Logic*. Translated by L.E.Embree. Evanston: Northwestern University Press.

Batson, D. et al. 1981. "Is Empathy Emotion a Source of Altruistic Motivation?" *Journal of Personality and Social Psychology* 40: 290–302.

Bergson, H. *L'Évolution Création*, 1 éd., Paris: Félix Alcan, 1907.

Berlin, I. 1997. *The Proper Study of Mankind: An Anthology of Essays*, edited by H. Hardy and R. Hausheer. Cambridge: Farrar, Strauss, and Giroux.

———. 2000. *Three Critics of the Enlightenment: Vico, Hamann, Herder*, edited by H. Hardy. Princeton, NJ: Princeton University Press.

Bisch of Köhler, D. 1989. *Spiegelbild und Empathie*, Bern.

Blair. 1999. "Psychophysiological Responsiveness to the Distress of Others in Children with Autism." *Personality and Individual Differences* 26.

Blum, L. A. 1980. *Friendship, Altruism and Morality*. London.

——. 1994. *Moral Perception and Particularity*. Cambridge.

Boring, E. G. 1929. *A History of Experimental Psychology*. New York: Appleton Century.

Brentano, Franz. 1955. *Psychology from an Empirical Standpoint*, London and New York: Routledge.

Carrington, Peter J. 1979. "Schütz on Transcendental Intersubjectivity in Husserl." *Human Studies* 2: 95–110.

Cohen, Richard A. 1986. *Face to Face with Levinas*. New York: State University of New York Press.

——. 2010. *Levinasian Meditations: Ethics, Philosophy, and Religion*, Pittsburgh and Pennsylvania: Duquesne University Press.

——. 2001. *Ethics, Exegesis, and Philosophy: Interpretation after Levinas*. Cambridge: Cambridge University Press.

Crowell, Steven Galt. 2001. *Husserl, Heidegger, and the Space of Meaning, Paths toward Transcendental Phenomenology*. Evanston: Northwestern University Press.

De Boer, Theo. 1979. *The Development of Husserl's thought*. Dordrecht / Boston / London: Kluwer Academic Publishers.

Derrida, Jacques. 1978. "Violence and Metaphysics." in *Writing and Difference*. Translated by Alan Bass. Chicago: The University of Chicago Press.

——. 1999. *Adieu to Emmauel Levinas*. Translated by Pascale-Anne Brault, and Michael Naas. Stanford: Stanford University Press.

De Waal, F. B. M. 1996. *Good Natured: The Origins of Right and Wrong in Humans and Other Animals*. Cambridge, MA: Harvard University Press.

Dilthey, Wilhelm. 1957. *Die geistige Welt, Gesammelte Schriften*, Band V. Göttingen: Vandenhoeck & Ruprecht.

——. 1957. *Der Aufbau der geschichtlichen Welt in den Geisteswissenschaften, Gesammelte Schriften*, Band VII. Göttingen: Vandenhoeck & Ruprecht.

——. 1959. *Einleitung in die Geisteswissenschaften, Gesammelte Schriften,* Band I. Göttingen: Vandenhoeck & Ruprecht.

Drummond, John J. 1975. "Husserl on the Ways to the Performance of the Reduction." *Man and World* 8 (1). The Hague: Martinus Nijhoff.

Earl of Listowel. 2016. *A Critical History of Modern Aesthetics.* London and New York: Routledge.

Edwards, Laura Hyatt. 2013. "A Brief Conceptual History of Einfühlung: 18-Century Germany to Post-World War II U. S. Psychology." *History of Psychology* 16: 269–281.

Feshbach, N. D. 1978. "Studies of Empathic Behavior in Children." In *Progress in Experimental Personality Research*, edited by B. A. Maher. Vol. 8. New York. pp. 1–47.

Fink, Eugen. 1933. „Die Phänomenologische Philosophie Edmund Husserls in der gegenwärtigen Kritik. " *Kantstudien.* Band 18.

——. 1952. "L' Analyse Intentionelle et le Problème de la pensée speculative." in *Problèmes actuels de la phénoménologie*, edités par H. L. van Breda. Paris: Desclée de Brouwer.

Fliess, R. 1953. "Counter-transference and Counter-identifation." *Jounal of the American Psychoanalytic Association.* 1: 268–284.

Forster, M. N. 2002. "Introduction." in J*ohann Gottfried Herder: Philosophical Writings*, edited by M. N. Forster. Cambridge, MA: Cambridge University Press. pp. xii–xli.

——. 2019. "Imagination and Interpretation: Herder' s Concept of Einfühlung." in *The Imagination in German Idealism and Romanticism*, edited by Gerad Gentry and Konstantin Pollok. Cambridge: Cambridge University Press.

Freud, Sigmund. 1953. "Fragment of an Analysis of a Case of Hysteria." (1905e 〔1901〕) in *The Standard Edition of the Complete Psychological Works of*

Sigmund Freud, ed. and trans. by J. Strachey. Vol. VII. London: The Hogarth Press. pp. 3–119.

——. 1955. "Group Psychology and the Analysis of the Ego." (1921c) in *The Standard Edition of the Complete Psychological Works of Sigmund Freud*, ed. and trans. by J. Strachey. Vol. XVIII. London: The Hogarth Press. pp. 67–144.

——. 1957. "The Future Prospects of Psycho-Analytic Therapy." (1910d) in *The Standard Edition of the Complete Psychological Works of Sigmund Freud*, ed. and trans. by J. Strachey. Vol. XI. London: The Hogarth Press. pp. 139–252.

——. 1958. "Observations on Transference-Love." (1905a) in *The Standard Edition of the Complete Psychological Works of Sigmund Freud*, ed. and trans. by J. Strachey. Vol. XII. London: The Hogarth Press. pp. 159–171.

——. 1958. "Recommendations to Physicians Practising Psycho-Analysis." (1912e) in *The Standard Edition of the Complete Psychological Works of Sigmund Freud*, ed. and trans. by J. Strachey. Vol. XII. London: The Hogarth Press. pp. 111–120.

——. 1958. "On Beginning the Treatment." (1913c) in *The Standard Edition of the Complete Psychological Works of Sigmund Freud*, ed. and trans. by J. Strachey. Vol. XII. London: The Hogarth Press. pp. 123–44.

——. 1962. "Studies on Hysteria." (1895d), in *The Standard Edition of the Complete Psychological Works of Sigmund Freud*, ed. and trans. by J. Strachey. Vol. II. London: The Hogarth Press. pp. 1–311.

Frey, D., and S. Greif. 1987. *Sozialpsychologie*. München; Weinheim.

Gallagher, Shaun. 2012. *Phenomenology*, Palgrave Macmillan.

——. 2013. *How the Body Shapes the Mind*, Oxford University Press.

Gallagher, Shaun, and Dan Zahavi. 2021, *The Phenomenological Mind*, Third Edition, Routledge.

Gladstein, G. 1984. "The Historical Roots of Contemporary Empathy Research."

Journal of the History of the Behavioral Science 20: 38–59.

Goethe, J. W. 1956. *Die Wahlverwandtschaften: Ein Roman.* Reclam Verlag.

Goldman, Alvin I. 2006. *Simulating Minds: The Philosophy, Psychology, and Neuroscience of Mindreading,* Oxford University Press.

Grant, Jan., and Jim Crawley. 2002. *Transference and Projection.* Maidenhead: Open University Press.

Grubrich-Stimitis, I. 1986. "Six Letters of Sigmund Freud and Sandor Ferenczi on the Interrelationship of Psychoanalytic Theory and Technique." *International Review of Psychoanalysis* 13: 259–277.

Hacker, P. M. S. 2017. *The Passions: A Study of Human Nature.* First Edition. Wiley-Blackwell Publishing.

Hackermeier, Margaretha. 2008. *Einfühlung und Leiblichkeit als Voraussetzung für intersubjektive Konstitution, Zum Begriff der Einfühlung bei Edith Stein und seine Rezeption durch Edmund Husserl, Max Scheler, Martin Heidegger, Maurice Merleau-Ponty und Bernhard Walderfels.* Hamburg: Dr. Kovač Verlag.

Hamauzu, Shinji. 2010. "Identity and Alterity: Schütz and Husserl on the Phenomenology of Intersubjectivity." in *Idendity and Alterity: Phenomenology and Cultural Traditions,* ed. by Kwok-Ying Lau, Chan-Fai Cheung, and Tze-Wan Kwan. Königshausen & Neumann Publisher.

Heidegger, Martin. 1962. *Being and Time.* Oxford: Blackwell.

——. 1967. *Sein und Zeit.* Tübingen: Max Niemeyer Verlag.

Herder, J. G. 1774. *Auch eine Philosophie der Geschichte zur Bildung der Menschheit.* Stanford University Libraries.

——. 1877. *Sämtliche Werke,* edited by B. Suphan et al. Band 3. Berlin: Weidemann.

——. 1877. *Sämtliche Werke,* edited by B. Suphan et al. Band 32. Berlin: Weidemann.

——. 1969. (original work published 1778) "Plastik." in *Herders Werke.* vol. 3. Berlin: Aufbau. S. 70–154.

——. 2002. *Philosophical Writings.* trans. and ed. by Michael N. Forster. Cambridge University Press.

——. 2002. "This Too a Philosophy of History for the Formation of Humanity." (1774) in *Herder: Philosophical Writings*, trans. and ed. by M. N. Forster. Cambridge: Cambridge University Press.

——. 2002. "On Cognition and Sensation, the Two Main Forces of the Human Soul." (1775) in *Herder: Philosophical Writings*, trans. and ed. by M. N. Forster. Cambridge: Cambridge University Press.

——. 2002. "On the Cognition and Sensation of the Human Soul." (1778) in *Herder: Philosophical Writings*, trans. and ed. by M. N. Forster. Cambridge: Cambridge University Press.

Herzog, Walter. 1991. "Die Banalität des Guten." In *Zeitschrift für Pädagogik.*

Hoffman, Martin L. 2000. *Empathy and Moral Development: Implications for Caring and Justice*, Cambridge: Cambridge University Press.

Hosser, D., und D. Beckurts. 2005. *Empathie und Delinquenz.* Forschungsbericht Nr. 96 des Kriminologischen Forschungsinstituts Niedersachen.

Hume, David. 1983. *An Enquiry Concerning the Principles of Morals.* Hackett Publishing.

——. 2009. *A Treatise of Human Nature.* The Floating Press.

Hunsdahl, J. 1967. "Concerning Einfühlung (empathy): A Concept Analysis of its Origin and Early Development." *Journal of the History of the Behavioral Sciences* 3: 180–191.

Husserl, E. 1963. *Husserliana* I: *Cartesianische Meditationen und Pariser Vorträge*, Hrsg. von St. Strasser. Den Haag: Martinus Nijhoff.

——. 1976. *Husserliana* III / 1: *Ideen zu einer reinen Phänomenologie und phänomenologischen Philosophie.* Erstes Buch: *Allgemeine Einführung in die reine Phänomenologie.* Text der 1.–3. Auflage. Hrsg. von Karl Schumann. Den Haag: Martinus Nijhoff.

——. 1952. *Husserliana* III/2: *Ideen zu einer reinen Phänomenologie und phänomenologischen Philosophie.* Zweites Buch: *Phänomenologische Untersuchungen zur Konstitution.* Hrsg. von Walter Biemel. Den Haag: Martinus Nijhoff.

——. 1954. *Husserliana* VI: *Die Krisis der europäischen Wissenschaften und die transzend-entale Phänomenologie. Eine Einleitung in die phänomenologische Philosophie.* Hrsg. von W. Biemel. Den Haag: Martinus Nijhoff.

——. 1956. *Husserliana* VII: *Erste Philosophie* (1923/24). Erster Teil: *Kritische Ideengeschichte.* Hrsg. von R. Boehm. Den Haag: Martinus Nijhoff.

——. 1959. *Husserliana* VIII: *Erste Philosophie* (1924/25). Zweiter Teil: *Theorie der phänomenologischen Reduktion.* Hrsg. von R. Boehm. Den Haag: Martinus Nijhoff.

——. 1962. *Husserliana* IX: *Phänomenologische Psychologie.* Hrsg. von W. Biemel. Den Haag: Martinus Nijhoff.

——. 1966. *Husserliana* XI : *Analysen zur passiven Synthesis.* (Aus Vorlesungs- und Forschungsmanuskripten 1918–1926) Hrsg. von M. Fleischer. Den Haag: Martinus Nijhoff.

——. 1970. *Husserliana* XII: *Philosophie der Arithmetik.* (Mit ergänzenden Texten 1890–1901) Hrsg. von L. Eley. Den Haag: Martinus Nijhoff.

——. 1973. *Husserliana* XIII: *Zur Phänomenologie der Intersubjektivität. Texte aus dem Nachlass.* Erster Teil: 1905–1920. Hrsg. von Iso Kern. Den Haag: Martinus Nijhoff.

——. 1973. *Husserliana* XIV: *Zur Phänomenologie der Intersubjektivität. Texte aus dem Nachlass.* Zweiter Teil: 1921–1928. Hrsg. von Iso Kern. Den

Haag: Martinus Nijhoff.

———. 1973. *Husserliana* XV: *Zur Phänomenologie der Intersubjektivität. Texte aus dem Nachlass*. Dritter Teil: 1929–1935. Hrsg. von Iso Kern. Den Haag: Martinus Nijhoff.

———. 1974. *Husserliana* XVII: *Formale und transzendentale Logik. Versuch einer Kritik der logischen Vernunft*. Hrsg. von P. Janssen. Den Haag: Martinus Nijhoff.

———. 1975. *Husserliana* XVIII: *Logische Untersuchungen*. Erster Band: *Prolegomena zur reinen Logik*. Hrsg. von E. Holenstein. Den Haag: Martinus Nijhoff.

———. 1984. *Husserliana* XIX / 1: *Logische Untersuchungen*. Zweiter Band: *Untersuchungen zur Phänomenologie und Theorie der Erkenntnis*. Erster Teil. Hrsg. von U. Panzer. Den Haag: Martinus Nijhoff.

———. 1984. *Husserliana* XIX / 2: *Logische Untersuchungen*. Zweiter Band: *Untersuchungen zur Phänomenologie und Theorie der Erkenntnis*. Zweiter Teil. Hrsg. von U. Panzer. Den Haag: Martinus Nijhoff.

———. 1930. "Nachwort zu meinen Ideen." in *Jahrbuch für Philosophie und phänomenologische Forschung*. Band XI. The Hague: Martinus Nijhoff. S. 554.

———. 1985. *Erfahrung und Urteil. Untersuchung zur Genealogie der Logik*. Redigiert und hrsg. von L. Landgrebe, mit Nachwort und Register von L. Eley. Hamburg: Claassen Verlag.

———. 1989. *Ideas Pertaining to a Pure Phenomenology and to a Phenomenological Philosophy*, Second Book: *Studies in the Phenomenology of Constitution*. Translated by Richard Rojcewicz, and André Schuwer. Kluwer Academic Publishers.

———. 1993. *Briefwechsel*, Band IV: *Die Freiburger Schüler*, hrsg. von Karl

Schuhmann. Dordrecht: Kluwer. S. 481f.

———. 2001. *Natur und Geist: Vorlesungen Sommersemester* 1927. Hrsg. von Michael Weiler. Dordrecht: Kluwer Academic Publishers.

———. 2001. *Collected Works* IX: *Analyses Concerning Passive and Active Synthesis: Lectures on Transcendental Logic*. Translated by Anthony J. Steinbock. Dordrecht/ Boston/London: Kluwer Academic Publishers.

Huxley, Thomas H. 1895. *Evolution and Ethics and Other Essays*, in *Collected Essays*, Vol. IX, London: Macmillan and Co.

Jahoda, G. 2005. "Theodor Lipps and the Shift from 'Sympathy' to 'Empathy'." *Journal of the History of the Behavioral Sciences* 41: 151–163.

Joachim Ritter, hrsg. 1972. *Historisches Wörterbuch der Philosophie*. Band 2. Basel: Schwabe & Co. AG.

Joachim Ritter, und Karlfried Gründer, Hrsg. 1998. *Historisches Wörterbuch der Philosophie*. Band 10. Basel: Schwabe & Co. AG.

Johnson, M. 1993. *Moral Imagination: Implications of Cognitive Science for Ethics*. Chicago: University of Chicago Press.

Kant, Immanuel. 1993. *Kritik der reinen Vernunft*. Hamburg: Felix Meiner Verlag.

———. 2001. *Prolegomena zu einer jeden künftigen Metaphysik, die als Wissenschaft wird auftreten können*. Hamburg: Felix Meiner Verlag.

Kern, Iso. 1964. *Husserl und Kant, eine Untersuchung über Husserls Verhältnis zu Kant und zum Neukantianismus*. Den Haag: Martinus Nijhoff.

———. 1973. „Einleitung des Herausgebers " in *Husserliana* XIII: *Zur Phänomenologie der Intersubjektivität. Texte aus dem Nachlass*. Erste Teil: 1905–1920. Hrsg. von Iso Kern. Den Haag: Martinus Nijhoff.

Kohut, Heinz. 1984. *How Does Analysis Cure?* Chicago: University of Chicago Press.

Köhler, Bischof. 1989. *Spiegelbild und Empathie*. Bern.

Lee, Vernon., and C. Anstruther-Thompson. 1912. *Beauty and Uglyness: And*

Other Studies in Psychological Aesthetics. New York: John Lane.

Levinas, E. 1967. *En Découvrant l'Existence avec Husserl et Heidegger.*

———. 1969. *Totality and Infinity.* Pittsburgh: Duquesne University Press.

———. 1978. *Existence and Existents.* The Hague: Martinus Nijhoff Publishers.

———. 1985. *Ethics and Infinity.* Pittsburgh: Duquesne University Press.

———. 1987. *Time and the Other.* Pittsburgh: Duquesne University Press.

———. 1998. *Otherwise than Being or Beyond Essence.* Pittsburgh: Duquesne University Press.

———. 1998. *Ethique comme philosophie première.* Editions Payot & Rivages.

———. 2000. *God, Death, and Time.* Standford: Stanford University Press.

———. 2002. *Is it Righteous to Be? Interviews with Emmanuel Levinas.* Stanford: Stanford University Press.

———. 2003. *Humanism of the Other.* Urbana and Chicago: University of Illinois Press.

Levinas, E., and Derrida. 1986. "The Question of the Closure of Metaphysics." in *Face to Face with Levinas*, ed. by Richard A. Cohen. New York: State University of New York Press.

Levinas, E., and Richard Kearney. 1986. "Dialogue with Emmanuel Levinas." in *Face to Face with Levinas*, ed. by Richard A. Cohen. New York: State University of New York Press.

Lipps, Theodor. 1897. *Raumästhetik und geometrisch-optische Täuschungen.* Leipzig: Barth.

———. 1903. Ästhetik, *Psychologie des Schönen und der Kunst* I: *Grundlegung der Ästhetik.* Hamburg / Leipzig: Verlag von Leopold Voss.

———. 1903. „Einfühlung, innere Nachahmung, und Organempfindung ", in *Archiv für die gesamte Psychologie*, 1(1903). in *Archiv für die gesamte Psychologie: Organ d. Deutschen Gesellschaft für Psychologie*, Hrsg. von

E. Meumann. Band 1. Frankfurt, M.: Akad. Verl.-Ges. S. 186. 转引自 Theodor Lipps. *Schriften zur Einfühlung. Mit einer Einleitung und Anmerkungen*, Hrsg. von Faustino Fabbianelli. Baden-Baden: Ergon Verlag. 2018. S. 36。

———. 1905. *Die ethischen Grundfragen. Zehn Vorträge.* Zweite teilsweise umgearbeitete Auflage. Hamburg und Leipzig: Verlag von Leopold Voss.

———. 1906. *Die ästhetische Betrachtung und die bildende Kunst. Ästhetik* Vol. II. Hamburg/Leipzig: Verlag von Leopold Voss.

———. 1909. *Leitfaden der Psychologie.* dritte Auflage. Lebzig: Verlag von Wilhelm Engelmann.

———. 2018. „Einfühlung und Altruismus." in *Schriften zur Einfühlung. Mit einer Einleitung und Anmerkungen*, Hrsg. Faustino Fabbianelli. Ergon Verlag.

———. 2018. *Schriften zur Einfühlung. Mit einer Einleitung und Anmerkungen*, Hrsg. von Faustino Fabbianelli. Ergon Verlag.

Lohmar, Dieter. 2006. "Mirror Neurons and the Phenomenology of Intersubjectivity," in *Phenomenology and the Cognitive Sciences* 5: 5–16.

Moran, Dermot. 2004. "The Problem of Empathy: Lipps, Scheler, Husserl and Stein." *Amor amicitiae-On the Love that is Friendship: Essays in Medieval Thought and Beyond in Honor of the Rev. Professor James McEvoy, Recherches de théologie et philosophie médiévales, Bibliotheca 6.* Louvain/Paris/Dudley, Mass.: Peeters.

Moran, Dermot., and Joseph Cohen. 2012. *The Husserl Dictionary.* Continuum Press.

Natorp, Paul. 1888. *Einleitung in die Psychologie nach kritischer Methode.* Freiburg i. B.: Mohr.

Nichols, Shaun. 2002. "Mindreading and the Cognitive Architecture Underlying Altruistic Motivation." *Mind & Language* 16: 425–455.

Noddings, Nel. 2002. *Educating Moral People.* New York: Teachers College Press.

———. 1984. *Caring: A Feminine Approach to Ethics and Moral Education,* Berkeley: University of California Press.

Nowak, Magdalena. 2011. "The Complicated History of Einfühlung." in *Argument* 1: 301–326.

Nussbaum, Martha C. 2001. *Upheavals of Thought: The Intelligence of Emotions*. New York: Cambridge University Press.

Petitot, Jean, Francisco J. Varela, Bernard Pachoud, and Jean-Michel Roy, 1999, eds. *Naturalizing Phenomenology: Issues in Contemporary Phenomenology and Cognitive Science*, Stanford: Stanford University Press.

Peters, Francis E. 1967. *Greek Philosophical Terms: A Historical Lexicon*, New York: New York University Press/London: University of London Press Limited.

Pigma, G. W. 1995. "Freud and the History of Empathy." *International Journal of Psycho-Analysis* 76: 237–256.

Piliavin A. J., et al. 1981. *Emergency Intervention*. New York: Academic Press.

Pinotti, A. 2010. "Empathy." in *Handbook of Phenomenological Aesthetics: Contributions to Phenomenology* 53: 93–98. New York: Springer.

Pliny. 1944. *Natural History*. Translated by H. Rackham. Volume I. Cambridge: Harvard University Press/London: William Heinemann Ltd.

———. 1952. *Natural History*. Translated by H. Rackham. Volume IX. Cambridge: Harvard University Press/London: William Heinemann Ltd.

Plüss, Andrea. 2010. *Empathie und moralische Erziehung*. LIT Verlag.

Preus, Anthony. 2015. *Historical Dictionary of Ancient Greek Philosophy*. the second edition. Lanham/Boulder/New York/London: Rowman & Littlefield Publishers.

Reich, A. 1951. "On Countertransference." *International Journal of Psycho-Analysis* 32: 25–31.

Ricoeur, Paul. 2000. *The Just*. Translated by David Pellauer. Chicago and London: The University of Chicago Press.

Robert Langs, ed. 1981. *Classics in Psycho-analytic Technique*. New York: Jason Aronson Press.

Sandler, Joseph., Christopher Dare, and Alex Holder. 1992. *The Patient and The Analyst*. Revised Edition. London and New York: Routledge.

Shaftesbury. 2001. *A Letter Concerning Enthusiasm*. In *Characteristiks of Men, Manners, Opinions, Times*. Volume I. Published by Liberty Fund.

——. 2001. *Sensus Communis: An Essay on the Freedom of Wit and Humour*. In *Characteristiks of Men, Manners, Opinions, Times*. Volume I. Published by Liberty Fund.

——. 2001. *An Inquiry concerning Vitue and Meri*t. In *Characteristiks of Men, Manners, Opinions, Times*. volume II. published by Liberty Fund.

Scheler, Max. 1926. *Wissensformen und die Gesellschaft*. Der Neue-Geist Verlag.

——. 1973. *Wesen und Formen der Sympathie. Max Schelers Gesammelte Werke*. Band 7. Bern und München: Francke Verlag.

——. 1980. *Der Formalismus in der Ethik und die Materiale Wertethik*. 6. durchgesehene Auflage. Bern und München: Francke Verlag.

Schloßberger, Matthias. 2005. *Die Erfahrung des Anderen: Gefühle im menschlichen Miteinander*. Oldenbourg Akademie Verlag.

Schütz, Alfred. 1962. *The Problem of Social Reality*. Collected Papers I, edited and introduced by Maurice Natanson, with a preface by H. L. van Breda. The Hague: Martinus Nijhoff.

——. 1962. *The Problem of Social Reality, Collected Papers* I, edited and introduced by Maurice Natanson, with a preface by H. L. van Breda. The Hague: Martinus Nijhoff.

——. 1971. „Begriffsund Theoriebildung in den Sozialwissenschaften. " in *Gesammelte Aufsätze*, Vol. I. *Das Problem der sozialen Wirklichkeit*. Den Haag: Martinus Nijhoff.

——. 2004. *Alfred Schütz Werkausgabe*, Band II. *Der sinnhafte Aufbau der sozialen Welt. Eine Einleitung in die verstehende Soziologie*, Hrsg. v. Martin Endreß und Joachim Renn. Kanstanz: UVK Verlagsgesellschaft mbH.

———. 2009. *Alfred Schütz Werkausgabe*, Band III.1. *Philosophisch-phänomenologische Schriften* 1. *Zur Kritik der Phänomenologie Edmund Husserls*, Hrsg. v. Gerd Sebald, nach Vorarbeiten von Richard Grathoff, Thomas Michalel. Kanstanz: UVK Verlagsgesellschaft mbH.

———. 2005. *Alfred Schütz Werkausgabe*, Band III.2. *Philosophisch-phänomenologische Schriften* 1, *Studien zu Scheler, James und Sartre*, Hrsg. v. Hansfried Kellner, und Joachim Renn. Kanstanz: UVK Verlagsgesellschaft mbH.

———. 2009. „Husserl und sein Einfluß auf mich. " in *Philosophisch-phänomenologische Schriften* 1. *Zur Kritik der Phänomenologie Edmund Husserls. Alfred Schütz Werkausgabe*, Band III.1, Hrsg. v. Gerd Sebald, nach Vorarbeiten von Richard Grathoff, Thomas Michalel, Kanstanz: UVK Verlagsgesellschaft mbH.

———. *Alfred Schütz Papers, General Collection*, Beinecke Rare Book and Manuscript Library, box 2o, folder 428.

Schütz, Alfred., und Aron Gurwitsch. 1985. *Briefwechsel* 1939–1959, Hrsg. v. Richard Grathoff. München Fink.

Schütz, Alfred., und Eric Vögelin. *Briefwechsel*. Fn. 2.

Shaughnessy, p. 1995. "Empathy and the Working Alliance: The Mistranslation of Freud's Einfühlung." *Psychoanalytic Psychology* 12: 221–231.

Slote, Michael. 2007. *The Ethics of Care and Empathy.* London and New York: Routledge.

———. 2010. *Moral Sentimentalism.* New York: Oxford University Press.

Smith, Adam. 1976. *The Theory of Moral Sentiments.* New York: Oxford University Press.

Sokolowski, Robert. 1970. T*he Formation of Husserl's Concept of Constitution.* The Hague: Martinus Nijhoff.

Stein, Edith. 1989. *On the Problem of Empathy.* Translated by Waltraut Stein. ICS

Publications, Washington, D. C.

———. 2002. *Aus dem Leben einer jüdischen Familie. Edith Stein Gesamtausgabe* 1. Freiburg.

———. 2008. *Zum Problem der Einfühlung. Edith Stein Gesamtausgabe* 5. Freiburg.

Stueber, Karsten R. 2010. Rediscovering Empathy: Agency, Folk Psychology, and the Human Sciences, The MIT Press.

Thompson, Evan. 2007. *Mind in Life: Biology, Phenomenology, and the Sciences of Mind*. Cambridge, MA: Harvard University Press.

Titchener, E. B. 1909. *Lectures on the Experimental Psychology of Thought-Processes*. New York: The Macmillan Company.

———. 1910. *A Text-book of Psychology*, part II. New York: The Macmillan Company.

———. 1915. *A Beginner's Psychology*. New York: The Macmillan Company.

Tomasello, M. 1999. *The Cultural Origins of Human Cognition*. Cambridge, MA. Harvard University Press.

Vetlesen, J. A. 1994. *Perception, Empathy and Judgment*. PA: Pennsylvania State University Press.

Vischer, F. T. 1873. *Kritische Gänge*. Neue Folge. Heft V.

Vischer, Robert. 1873. *Über das optische Formgefühl-Ein Beitrag zur Ästhetik*. Leipzig: Verlag Hermann Credner.

———. 1927. *Drei Schriften zum ästhetischen Formproblem*. Halle: Max Niemeyer Verlag.

Wispé, Lauren. 1986. "The Distinction Between Sympathy and Empathy: To Call Forth a Concept, A Word is Needed." *Journal of Personality and Social Psychology* 50: 314–321.

Zahavi, Dan. 2014. *Self and Other: Exploring Subjectivity, Empathy, and Shame*. New York: Oxford University Press.

人名索引

（按首字母 A–Z 排序）

主题索引
（按首字母 A–Z 排序）